Lecture Notes in Mathematics

Edited by A. Dold and B. Eckmann

660

Equations aux Dérivée Partielles

Proceedings, Saint-Jean-de-Monts,
June 1–4, 1977

Edité par Pham The Lai

Springer-Verlag
Berlin Heidelberg New York 1978

Editor
Pham The Lai
Université de Nantes
Institut de Mathématiques et
d'Informatique
2, chemin de la Houssinière
F-44072 Nantes Cedex

AMS Subject Classifications (1970): 35-XX

ISBN 3-540-08913-6 Springer-Verlag Berlin Heidelberg New York
ISBN 0-387-08913-6 Springer-Verlag New York Heidelberg Berlin

Printing and binding: Beltz Offsetdruck, Hemsbach/Bergstr.
2141/3140-543210

PREFACE

Grâce au concours de la Société Mathématique de France, du C. N. R. S., des Universités de Rennes et de Nantes, l'Institut de Mathématiques et d'Informatique de l'Université de Nantes a pu organiser, du 1er au 4 juin 1977, des Journées "Equations aux dérivées partielles" à Saint-Jean-de-Monts. Ces journées faisaient suite aux traditionnelles Journées de Rennes (1974, 1975, 1976).

Les conférences ont essentiellement été consacrées à exposer des résultats récents et des problèmes ouverts dans trois principaux domaines :

- opérateurs hypoelliptiques, opérateurs pseudo-différentiels
- théorie spectrale d'opérateurs elliptiques singuliers
- problème de Cauchy.

L'intérêt de mathématiciens, travaillant dans les E. D. P., s'est manifesté, pour ces Journées, par une participation importante : plus de 60 personnes y ont participé, venant du Collège de France, de l'Ecole Polytechnique, du laboratoire des Ponts et Chaussées et des Universités d'Alger, Bordeaux, Brest, Clermont-Ferrand, Lille, Nantes, Nice, Orsay, Paris Nord, Paris VI, Purdue, Reims, Rennes, Strasbourg, Toulouse et Tours.

Les Journées ont donc permis de regrouper des équipes différentes travaillant dans le domaine des équations aux dérivées partielles et provoqué un échange fructueux d'idées et de résultats.

Ce volume contient la presque totalité des travaux présentés aux Journées. Les conférences marquées d'un * ne sont pas publiées ici car elles ont déjà fait l'objet d'une publication antérieure.

Je remercie M. Didier ROBERT, de l'Institut de Mathématiques et d'Informatique de Nantes, qui m'a apporté une collaboration active à l'organisation de ces Journées.

La frappe et la présentation des textes sont assurées avec soin par Mme Gisèle GUILLEME, je l'en remercie vivement.

PHAM THE LAI

TABLE

LE THÉORÈME DE NISHIDA POUR LE PROBLÈME DE CAUCHY ABSTRAIT PAR UNE MÉTHODE DE POINT FIXE.

par

M.S. BAOUENDI et C. GOULAOUIC

On donne ici une nouvelle démonstration de la forme abstraite donnée par T. Nishida [5] du théorème de Cauchy - Kovalewsky nonlinéaire. La démonstration de [5] repose sur une méthode itérative utilisée précédemment par L. Nirenberg [4] pour démontrer le même résultat sous des hypothèses plus fortes. La preuve que l'on donne ici est plus simple que celle de [5] et repose sur l'existence d'un point fixe pour une contraction définie dans un sous-ensemble fermé d'un espace de Banach. Dans la définition des espaces apparait un poids qui est proche de celui utilisé par Nagumo [3] et essentiellement différent de celui utilisé dans [4] et [5].

Notons que le résultat de Nishida [5] contient celui de Ovsjannikov [6]. Des applications de tels résultats à des problèmes de Cauchy différentiels ou pseudodifférentiels peuvent être trouvées par exemple dans [5] [2] et leurs références.

La même méthode avec quelques modifications techniques permet de traiter aussi des problèmes de Cauchy caractéristiques [cf [1]].

***

1 - On rappelle d'abord le résultat de T. Nishida [5].

Soit (X_s) pour $0 < s \leq 1$ une chaîne décroissante d'espaces de Banach, c'est-à-dire pour $0 < s' < s \leq 1$,

$$X_s \subset X_{s'} \text{ et } \| \ \|_{s'} \leq \| \ \|_s .$$

Soient T, R et C des réels strictement positifs et une fonction continue $(t,u) \mapsto F(t,u)$ de $[-T,T] \times \{u \in X_s \ ; \ \|u\|_s < R\}$ dans $X_{s'}$, pour tous $0<s'<s<1$ et vérifiant : pour tous u,v dans X_s tels que $\|u\|_s \leq R$, $\|v\|_s \leq R$,

(1) $$\sup_{|t|\leq T} \|F(t,u) - F(t,v)\|_{s'} \leq \frac{C}{s-s'} \|u-v\|_s .$$

On suppose aussi qu'il existe $M > 0$ tel que l'on ait pour $0<s<1$,

(2) $$\sup_{|t|\leq T} \|F(t,0)\|_s \leq \frac{M}{1-s} .$$

On a alors le résultat (Nishida [5]) :

Théorème : Sous les hypothèses (1) et (2) il existe $a \in]0,T[$ et une unique fonction u qui, pour chaque $s \in]0,1[$ est continuement différentiable de $]-a(1-s), a(1-s)[$ dans X_s et vérifie

(3) $$\sup_{|t|<a(1-s)} \|u(t)\|_s < R \quad \text{et}$$

(4) $$\begin{cases} \dfrac{du(t)}{dt} = F(t,u(t)) \text{ pour } |t|<a(1-s) \\ u(0) = 0. \end{cases}$$

2 - Principe de la démonstration.

On constate d'abord (en posant u'=v) que pour prouver l'existence de u solution de (3) (4) il suffit de trouver une fonction $v \in C(]-a(1-s), a(1-s)[, X_s)$ pour chaque $s \in]0,1[$ et satisfaisant pour $|t| < a(1-s)$,

(5) $$\left\| \int_0^t v(\sigma) \, d\sigma \right\|_s < R$$

$$(6) \qquad v(t) = F(t, \int_0^t v(\sigma)\, d\sigma).$$

Pour $a>0$, on appelle E_a l'espace des fonctions u qui, pour tout $s \in]0,1[$, sont continues de $]-a(1-s), a(1-s)[$ dans X_s et vérifient

$$(7) \qquad |||u|||_a = \sup_{\substack{0<s<1 \\ |t|<a(1-s)}} \|u(t)\|_s \,(1-s) \sqrt{1-\frac{|t|}{a(1-s)}} < \infty \;;$$

cet espace E_a est muni de la norme $|||\ |||_a$ qui en fait un espace de Banach. On montre l'existence de v solution de (5) (6) en prouvant que, pour a assez petit, l'application $v \mapsto (t \mapsto F(t, \int_0^t v(\sigma)\, d\sigma))$ est une contraction dans un sous-ensemble fermé convenable de E_a.

La preuve de l'unicité de la solution de (3) (4) se fait plus simplement, après intégration des deux membres de (4).

Ces démonstrations reposent sur 3 lemmes.

3 - Quelques lemmes.

Lemme 1 Pour tous $a>0$, $u \in E_a$, $s \in]0,1[$ et $|t| < a(1-s)$, on a

$$\|\int_0^t u(\sigma)\, d\sigma\|_s \le 2a|||u|||_a.$$

Démonstration :

$$\|\int_0^t u(\sigma)\, d\sigma\|_s \le \int_{[0,t]} \|u(\sigma)\|_s \, d\sigma$$

$$\le |||u|||_a \int_0^{|t|} \frac{1}{1-s} \sqrt{\frac{a(1-s)}{a(1-s)-\sigma}}\, d\sigma$$

$$\le a|||u|||_a \int_0^1 \frac{d\rho}{\sqrt{1-\rho}}$$

$$\le 2a|||u|||_a.$$

Lemme 2 Pour tous $a>0$, $u \in E_a$, $s \in]0,1[$ et $|t| < a(1-s)$, on a :

$$\int_{[0,t]} \frac{\|u(\sigma)\|_{s(\sigma)}}{s(\sigma)-s} \, d\sigma \le \frac{8a}{1-s} |||u|||_a \sqrt{\frac{a(1-s)}{a(1-s)-|t|}}$$

avec $s(\sigma) = \frac{1}{2}(1+s-\frac{|\sigma|}{a})$.

Démonstration :

$$\int_{[0,t]} \frac{\|u(\sigma)\|_{s(\sigma)}}{s(\sigma)-s} \, d\sigma \le \int_{[0,t]} |||u|||_a \frac{\sqrt{\frac{a(1-s(\sigma))}{a(1-s(\sigma))-\sigma}}}{(1-s(\sigma))(s(\sigma)-s)} \, d\sigma$$

$$\le |||u|||_a \frac{4a^2}{a(1-s)} \int_0^{|t|/a(1-s)} \frac{d\tau}{(1-\tau)^{3/2}}$$

$$\le \frac{8a}{1-s} |||u|||_a \sqrt{\frac{a(1-s)}{a(1-s)-|t|}} \; .$$

Lemme 3 Soient $a \in]0,T[$, $s \in]0,1[$, $|t| < a(1-s)$, $u \in E_a$ avec $|||u|||_a < \frac{R}{4a}$ et $v \in E_{2a}$ avec $|||v|||_{2a} < \frac{R}{8a}$.

L'inégalité (1) implique :

$$(8) \quad \|F(t,\int_0^t u(\sigma)\, d\sigma) - F(t,\int_0^t v(\sigma)\, d\sigma)\|_s \le C \int_{[0,t]} \frac{\|u(\sigma)-v(\sigma)\|_{s(\sigma)}}{s(\sigma)-s} \, d\sigma$$

où $s(\sigma)$ est une fonction continue de σ sur $[0,t]$ vérifiant $s<s(\sigma)\le\frac{1}{2}(s+1-\frac{|\sigma|}{a})$.

Démonstration : On remarque d'abord que le membre de droite dans (8) est bien défini grâce au lemme 2.

On peut supposer $t > 0$. Soit un nombre entier $n \ge 1$; on note $t_j = \frac{jt}{n}$ pour $0 \le j \le n$ et $s_j = \inf_{t_{j-1}\le\sigma\le t_j} s(\sigma)$ pour $1 \le j \le n$.

On définit $\tilde{s}_n$ par

$$\tilde{s}_n(\sigma) = s_j \text{ pour } \sigma \in [t_{j-1},t_j[\text{ et } 1\le j\le n.$$

On a : $\tilde{s}_n(\sigma) \le s(\sigma)$ pour $0 < \sigma < t$.

On peut écrire :

$$(9)\quad \begin{aligned} & F(t,\int_0^t u(\sigma)d\sigma) - F(t,\int_0^t v(\sigma)d\sigma) \\ & = \sum_{j=1}^{n} F(t,\int_0^{t_j} u(\sigma)\, d\sigma + \int_{t_j}^{t} v(\sigma)d\sigma) - F(t,\int_0^{t_{j-1}} u(\sigma)d\sigma + \int_{t_{j-1}}^{t} v(\sigma)\, d\sigma) \end{aligned}$$

Il résulte du lemme 1 et des hypothèses faites sur $|||u|||_a$ et $|||v|||_{2a}$ que l'on a pour $j=1,\ldots,n$,

$$\|\int_0^{t_j} u(\sigma)\, d\sigma + \int_{t_j}^{t} v(\sigma)\, d\sigma\|_{s_j} < R$$

$$\|\int_0^{t_{j-1}} u(\sigma)\, d\sigma + \int_{t_{j-1}}^{t} v(\sigma)\, d\sigma\|_{s_j} < R.$$

En utilisant (1) on obtient :

$$\begin{aligned} & \|F(t, \int_0^t u(\sigma)\, d\sigma) - F(t, \int_0^t v(\sigma)\, d\sigma)\|_s \le \\ & \le C \sum_{j=1}^{n} \frac{1}{s_j - s} \|\int_{t_{j-1}}^{t_j} (u(\sigma) - v(\sigma))\, d\sigma\|_{s_j} \\ & \le C \sum_{j=1}^{n} \int_{t_{j-1}}^{t_j} \frac{\|u(\sigma)-v(\sigma)\|_{s_j}}{s_j - s}\, d\sigma \\ & \le C \int_0^t \frac{\|u(\sigma)-v(\sigma)\|_{\tilde{s}_n(\sigma)}}{\tilde{s}_n(\sigma)-s}\, d\sigma \\ & \le C \int_0^t \frac{\|u(\sigma)-v(\sigma)\|_{s(\sigma)}}{\tilde{s}_n(\sigma)-s}\, d\sigma \end{aligned}$$

et comme $\tilde{s}_n(\sigma)$ converge uniformément vers $s(\sigma)$, on obtient, par passage à la limite,

$$\|F(t,\int_0^t u(\sigma)\,d\sigma) - F(t,\int_0^t v(\sigma)\,d\sigma)\|_s \le C\int_0^t \frac{\|u(\sigma) - v(\sigma)\|_{s(\sigma)}}{s(\sigma)-s}\,d\sigma.$$

4 - Démonstration de l'existence d'une solution.

Soit $b \in]0,T[$; pour $u \in E_b$ et $|||u|||_b < \frac{R}{4b}$ on définit pour $s\in]0,1[$ et $|t| < b(1-s)$,

$$G(u)\ (t) = F(t,\int_0^t u(\sigma)\,d\sigma).$$

On a

$$\|G(u)(t)\|_s \le \|G(u)(t) - F(t,0)\|_s + \|F(t,0)\|_s.$$

Il résulte alors des lemmes 2 et 3 et de (2) :

$$\|G(u)(t)\|_s \le 8bC\ |||u|||_b \sqrt{\frac{b(1-s)}{b(1-s)-|t|}} + \frac{M}{1-s},$$

ce qui implique

(10) $$|||G(u)|||_b \le 8bC|||u|||_b + M.$$

Soient $u \in E_a$, $v \in E_{2a}$ avec $a \in]0,\frac{T}{2}[$ et $|||u|||_a < \frac{R}{4a}$ et $|||v|||_{2a} < \frac{R}{8a}$. Il résulte de (10) que $G(u)$ et $G(v)$ sont dans E_a ; les lemmes 2 et 3 impliquent

(11) $$|||G(u) - G(v)|||_a \le 8Ca|||u-v|||_a.$$

On suppose alors

(12) $$a < \inf(\frac{T}{2}\ ,\ \frac{R}{16\ RC+8M})$$

et on note E la fermeture dans E_a de la boule $\{u \in E_{2a}\ ;\ |||u|||_{2a} < \frac{R}{8a}\}$. L'ensemble E est un espace métrique complet contenu dans $\{u\in E_a\ ;\ |||u|||_a \le \frac{R}{8a}\}$. Il résulte immédiatement de (10)(11)(12) que G envoie E dans lui-même et vérifie

$$|||G(u)-G(v)|||_a \leq \frac{1}{2}|||u-v|||_a \text{ pour } u,v \text{ dans } E.$$

Donc G a un unique point fixe dans E, qui est évidemment une solution de (5) (6).

5 - Démonstration de l'unicité.

Soient u,v vérifiant (3)(4) ; on note $w = u-v$ et on a pour $|t|<a(1-s)$,

$$w(t) = \int_0^t (F(\sigma,u(\sigma))-F(\sigma,v(\sigma)))\, d\sigma \quad ,$$

$$\|w(t)\|_s \leq \int_{[0,t]} \|F(\sigma,u(\sigma))-F(\sigma,v(\sigma))\|_s \, d\sigma$$

(13)

$$\leq C \int_{[0,t]} \frac{\|u(\sigma)-v(\sigma)\|_{s(\sigma)}}{s(\sigma)-s} \, d\sigma$$

avec $s(\sigma) = \frac{1}{2}(1+s-\frac{|\sigma|}{a})$.

Il résulte alors de (3) que $w \in E_a$ avec $|||w|||_a \leq 2R$ et le lemme 2 et (13) impliquent :

$$|||w|||_a \leq 8aC|||w|||_a ,$$

ce qui implique $w = 0$ pourvu que l'on ait $a < \frac{1}{8C}$.

Le théorème est complètement démontré.

Remarque La même démonstration avec des modifications évidentes donne une solution holomorphe de (3) (4) si, en plus des hypothèses (1) (2) avec t complexe, F vérifie la condition :
Pour $0<s'<s<1$ et u holomorphe de $\{t \in \mathbb{C};\ |t| < T\}$ dans X_s et $\sup_{|t|<T} \|u(t)\|_s<R$, la fonction $t \mapsto F(t,u(t))$ est holomorphe à valeurs dans $X_{s'}$, pour $|t| < T$.

BIBLIOGRAPHIE

[1] M.S. Baouendi and C. Goulaouic, Remarks on the abstract form of nonlinear Cauchy-Kovalewsky theorems, to appear in Comm. in P.D.E. 1977.

[2] M.S. Baouendi and C. Goulaouic, Pseudodifferential nonlinear Cauchy problems and applications. To appear.

[3] Nagumo, Uber das Aufangsproblem Partieller Differentialgleichungen, Japan J. Math. 18 (1941) 41-47.

[4] T. Nishida, A note on the Nirenberg's theorem as an abstract form of the nonlinear Cauchy-Kovalewsky theorem in a scale of Banach spaces. To appear in J. Diff. Geometry.

[5] L. Nirenberg, An abstract form of the nonlinear Cauchy-Kovalewski theorem, J. Diff. Geometry 6 (1972) 4 p.561-576.

[6] L.V. Ovsjannikov, A nonlinear Cauchy problem in a scale of Banach spaces Dok. Akad. Nauk. SSSR 200 (1971) 4. Sov. Math. Dokl. 12 (1971) 5 p.1497-1502.

M.S. BAOUENDI : Dept. of Mathematics, Purdùe University,
WEST LAFAYETTE (IN) 47907 (U.S.A.)

C. GOULAOUIC : Centre de Mathématiques de l'Ecole Polytechnique
Plateau de Palaiseau
91128 PALAISEAU Cedex France

UNIQUE CONTINUATION THEOREMS FOR SOLUTIONS OF PARTIAL DIFFERENTIAL EQUATIONS AND INEQUALITIES

M. S. BAOUENDI E. C. ZACHMANOGLOU

In this paper we present a new general unique continuation theorem for solutions of linear P.D.E.'s with analytic coefficients. The solutions are assumed to vanish of infinite order on manifolds of codimension ≥ 1. Some new unique continuation results are also given for certain hyperbolic equations (and inequalities) with nonanalytic coefficients.

We give here only the main ideas of the proofs. The complete proofs will appear in [1].

§1. Unique continuation for PDE's with analytic coefficients.

Let Ω be an open set of $\mathbf{R}^n$ and $P(x,D)$ be a linear partial differential operator of order m with analytic coefficients in Ω. We denote by P_m the principal symbol of P and by $\Sigma(P)$ the characteristic set of P contained in $T^*(\Omega)\setminus 0$, i.e.

$$\Sigma(P) = \{(x,\xi);\ x \in \Omega,\ \xi \in \mathbf{R}^n\setminus\{0\},\ p_m(x,\xi) = 0\} .$$

If M and N are two differentiable manifolds contained in Ω, $M \subset N$, and if u is a continuous function defined in N, we say that u vanishes of infinite order on M if, for all $\alpha \in \mathbb{R}$, the function

$$x \to d(x,M)^{\alpha}u(x)$$

is bounded in any compact set of N. Here $d(x,M)$ denotes the distance of x from M.

We say that the manifold M is P-noncharacteristic if the normal bundle of M (in $T^*(\Omega)\setminus 0$) does not intersect $\Sigma(P)$, i.e. for all $x \in M$ and $\xi \in \mathbb{R}^n\setminus\{0\}$ normal to M at x, $p_m(x,\xi) \neq 0$.

We now are ready to state our first result.

Theorem 1.1. Let M and N be two analytic manifolds in Ω, $M \subset N$, and assume that M is P-noncharacteristic. There is a neighborhood V of M in N such that if u is a continuous function in Ω satisfying:

(i) $Pu = 0$ in Ω, and

(ii) the restriction of u to N vanishes of infinite order on M,

then u must vanish in V.

Condition (ii) in Theorem 1.1 may be replaced by a weaker condition which is easier to formulate in local coordinates (see [1]). In particular, if M divides N into two sides (in which case $\dim N = \dim M + 1$), then it is enough to assume that the restriction of u to N vanishes of infinite order on M from one side only. When $\dim M = n - 1$, the result is Holmgren's uniqueness theorem for continuous solutions.

Taking $N = \Omega$ in Theorem 1.1 we obtain the following corollary.

Corollary 1.1. Let M be an analytic manifold in Ω and assume that M is P-noncharacteristic. There is a neighborhood V of M in Ω such that if u is a continuous function in Ω satisfying

(i) $Pu = 0$ in Ω, and

(ii) u vanishes of infinite order on M,

then u must vanish in V.

Idea of proof of Theorem 1.1

Since we are looking for a local result, we can assume that

(1.1) $$\Omega = \{x \in \mathbb{R}^n;\ \sum_{i=1}^{r} x_i^2 < 2,\ \ \sum_{i=r+1}^{n} x_i^2 < 1\}$$

(1.2) $$M = \{x \in \Omega;\ x_i = 0 \ \text{ for } \ r+1 \le i \le n\}$$

(1.3) $$N = \{x \in \Omega;\ x_i = 0 \ \text{ for } \ r+p+1 \le i \le n\}$$

with $0 < r < r+p \le n$.

We set for $\rho \in (0,1]$

(1.4) $$\Omega_\rho = \{x \in \mathbb{R}^n;\ \sum_{i=1}^{r} x_i^2 < 2;\ \ \sum_{i=r+1}^{n} x_i^2 < \rho\}$$

We first state an auxiliary result which is a special case of Theorem 1.1.

Lemma 1.1: Let Ω, M, N and Ω_ρ be given by (1.1), (1.2), (1.3) and (1.4) respectively. There is $\rho \in (0,1]$ such that every $u \in C(\Omega)$ satisfying (i) and (ii) of Theorem 1.1 and vanishing for $\sum_{i=1}^{r} x_i^2 \ge 1$ must vanish in $N \cap \Omega_\rho$.

In order to show that Theorem 1.1 follows from Lemma 1.1, we consider the following change of variables $x = \theta(y)$ defined by

$$\begin{cases} x_i = y_i & \text{for } \ 1 \le i \le r \\ x_i = (1 - \sum_{k=1}^{r} y_k^2)y_i & r+1 \le i \le n\ , \end{cases}$$

and the new partial differential operator Q defined by

$$(1 - \sum_{i=1}^{r} x_i^2)^m P(x,D_x)u(x)\big|_{x=\theta(y)} = Q(y,D_y)u(\theta(y)).$$

If $u \in C(\Omega)$ and satisfies (i) and (ii) of Theorem 1.1, one can check that the function v defined by

$$v(y) = \begin{cases} u(\theta(y)) & \text{for } y \in \Omega \text{ and } 1 - \sum_{k=1}^{r} y_k^2 > 0 \\ 0 & \text{for } y \in \Omega \text{ and } 1 - \sum_{k=1}^{r} y_k^2 \le 0 \end{cases}$$

satisfies assumptions of Lemma 1.1 (for Q instead of P). Since M is Q-noncharacteristic v must vanish in Ω_ρ for some $\rho \in (0,1]$ and hence $u = 0$ in a neighborhood of 0 in N.

Idea of proof of Lemma 1.1.

The proof of this lemma is based on Theorem 4.1 in [3]. We prove that if g is an analytic function defined on M, and if u satisfies assumptions of Lemma 1.1, then the function

$$F(t_1,\ldots,t_p) = \int g(x_1,\ldots,x_n)u(x_1,\ldots,x_r,t_1,\ldots,t_p,0,\ldots,0)dx_1 \ldots dx_r$$

is analytic for $\sum_{i=1}^{p} t_i^2$ sufficiently small and vanishes of infinite order at 0; therefore F is identically zero. Using a density argument, we conclude that $u(x) = 0$ in $\Omega_\rho \cap N$ for some $\rho \in (0,1]$.

It should be noted that if u is assumed to be of class C^m in Theorem 1.1 then the proof can be based on the result of [4].

§2. Unique continuation for second order hyperbolic equations and inequalities.

It is well known from examples of Cohen and of Pliš that Theorem 1 cannot be generally true if the coefficients of P are assumed to be C^∞ (even when $N = \Omega$ and M is a hyperplane). However it is known that, for second order elliptic equations with nonanalytic coefficients, Theorem 1 holds with $N = \Omega$ and M a point in Ω. (See for example [2], [5] and their references).

For hyperbolic (or ultrahyperbolic) second order equations with nonanalytic coefficients we can obtain unique continuation results from noncharacteristic manifolds. Here we restrict ourselves to equations with principal part the wave operator $\Delta_x - \partial_t^2$ (with $\Delta_x = \sum_1^n \partial_{x_i}^2$) and the manifold M being a line segment of the t-axis. Actually the method of proof allows us to state our results for inequalities.

For $x \in \mathbb{R}^n$ we set $r = \left(\sum_{i=1}^n x_i^2\right)^{\frac{1}{2}}$ and $x = r\theta$ where θ varies over the unit sphere S_{n-1}. For $R > 0$, let

$$D_R = \{(x,t) \in \mathbb{R}^{n+1};\ r + |t| < R\} .$$

<u>Theorem 2.1.</u> <u>Let</u> $u \in C^2(D_R)$ <u>and assume that there exist positive constants</u> C_1 <u>and</u> C_2 <u>such that</u>

$$(2.1) \qquad |\Delta_x u - \partial_t^2 u| \le C_1(r^{-1}|\text{grad } u| + r^{-2}|u|) \quad \text{in } D_R , \quad \text{and}$$

$$(2.2) \qquad \int_{S_{n-1}} |\text{grad}_\theta u(r\theta,t)|^2 d\theta \le C_2 \int_{S_{n-1}} |u(r\theta,t)|^2 d\theta$$

<u>for</u> $r + |t| < R$. <u>If</u> u <u>and</u> grad u <u>vanish of infinite order on the line segment</u> $\{x = 0, |t| < R\}$ <u>then</u> u <u>must vanish in</u> D_R.

We have been unable to prove Theorem 2.1 without condition (2.2). It should be noted that the class of functions satisfying condition (2.2) includes: (a) Functions which have finite expansions with respect to an orthonormal basis of spherical harmonics in $L^2(S_{n-1})$; in particular, functions which depend only on r and t. (b) Functions of the form $u(x,t) = h(r,t)v(r\theta,t)$ where $h \in C^2$ for $r + |t| \le R$ and v is analytic in r and t for $r + |t| \le R$.

Inequality (2.1) is satisfied for example by solutions of the nonlinear equation

$$\Delta_x u - \partial_t^2 u = F(x,t,u,\text{grad } u)$$

provided that

$$|F(x,t,u,\text{grad } u)| \le C_3(r^{-1}|\text{grad } u| + r^{-2}|u|)$$

in D_R, for some positive constant C_3. In particular, inequality (2.1) is satisfied by solutions of the linear equation

$$\Delta_x u - \partial_t^2 u + \frac{1}{r} L(x,t,D_x,D_t)u + \frac{c(x,t)}{r^2} u = 0 \tag{2.3}$$

where L is a first order linear differential operator, the coefficients of L and c being bounded functions in D_R.

When the lower order terms in (2.3) depend only on r and t condition (2.2) can be dropped. We have

Theorem 2.2. *Let* $u \in C^2(D_R)$ *and satisfy*

$$\Delta_x u - \partial_t^2 u + \frac{a(r,t)}{r} \partial_r u + \frac{b(r,t)}{r} \partial_t u + \frac{c(r,t)}{r^2} u = 0$$

in D_R, *where* a,b,c *are bounded functions for* $r + |t| < R$. *If* u *and* $\text{grad } u$ *vanish of infinite order on the line segment* $\{x = 0, |t| < R\}$, *then* u *must vanish in* D_R.

Idea of proof of Theorems 2.1 and 2.2.

Theorem 2.1 is a consequence of the following weighted L^2 inequality:

For every $u \in C^2(\bar{D}_R)$ satisfying condition (2.2) and such that u and its first and second order derivatives vanish of infinite order on $\{x = 0, |t| \le R\}$, there is $C > 0$ such that, for all sufficiently large γ,

$$\int_{D_R} (r^{-2}|\text{grad } u|^2 + r^{-4}|u|^2)r^{-\gamma}dxdt \le \frac{C}{\gamma} \int_{D_R} |\Delta_x u - \partial_t^2 u|^2 r^{-\gamma}dxdt.$$

This inequality is proved by the method of multipliers applied to equations with coefficients which are singular in r.

Theorem 2.2 is proved by expanding u in spherical harmonics and applying Theorem 2.1 to each component.

REFERENCES

1. M. S. Baouendi and E. C. Zachmanoglou, Unique Continuation of solutions of partial differential equations and inequalities from manifolds of any dimension, to appear. Duke Journal.

2. H. Cordes, Über die Besstimmtheit der Lösungen elliptischer Differentialgleichungen durch Anfangsvorgaben, Nachr. Akad. Wiss. Göttingen IIa (1956), 230-258.

3. L. Hörmander, Uniqueness theorems and wave front sets for solutions of linear differential equations with analytic coefficients, Comm. Pure Appl. Math. 24 (1971), 617-704.

4. F. John, On linear partial differential equations with analytic coefficients, Comm. Pure Appl. Math. 2 (1949), 209-253.

5. M. H. Protter, Unique continuation for elliptic equations, Trans. AMS 95 (1960), 81-91.

DEPARTMENT OF MATHEMATICS, PURDUE UNIVERSITY
WEST LAFAYETTE, INDIANA 47907

HYPOELLIPTICITE POUR UNE EQUATION D'EVOLUTION ABSTRAITE DU SECOND ORDRE

par

P. BOLLEY, J. CAMUS, B. HELFFER

Dans cet article, on étudie l'hypoellipticité de l'opérateur suivant : $P = (\partial_t + at\,A)(\partial_t + bt^k A) + cA$ où $\partial_t = \frac{\partial}{\partial t}$, A est un opérateur auto-adjoint dans un espace de Hilbert H., a,b,c sont des nombres complexes et k est un entier impair > 1 . Plus précisément, on démontre le résultat suivant :

THEOREME - Si Re a.Re b < 0 et si $\frac{c}{a} \notin \mathbb{Z}$, l'opérateur P est hypoelliptique en t = 0 .

Cette notion d'hypellipticité est précisée plus loin ; en particulier, lorsque $H = L^2(\mathbb{R})$ et $A = -i\,\frac{\partial}{\partial x}$, on retrouve l'hypoellipticité classique.

Cette étude vient à la suite de plusieurs travaux faits sur des opérateurs de la forme $(\partial_t + at\,A)(\partial_t + bt\,A) + cA$ (cf. (5), (7), ...) ou plus généralement $(\partial_t + at^k A)(\partial_t + bt^k A) + ct^{k-1}A$ (cf. (4), (3), (6), (1), ...).

La démonstration du résultat annoncé est faite tout d'abord dans le cas où A est un opérateur auto-adjoint, défini positif et à inverse borné par une méthode qui nous a été inspirée par les techniques utilisées dans (7) et (3) ; puis dans le cas général on opère comme dans (1).

Notons que les méthodes de réduction à une variable et d'homothéties dans le cas où $A = -i\,\frac{\partial}{\partial x}$, utilisées par exemple dans (2), ne semblent pas s'adapter ici.

1. CAS OU A EST DEFINI POSITIF SUR H ET A INVERSE A^{-1} BORNE

1.1 Notations

On utilise les notations de (7) (cf. aussi (3)) que l'on rappelle ici.

Dans ce chapitre 1, A désigne un opérateur linéaire, non borné dans un espace de Hilbert H de domaine dense dans H , auto-adjoint défini positif et ayant un inverse borné A^{-1} (Par exemple l'opérateur A peut être $(1-\Delta_x)^{\theta/2}$, où $\theta > 0$, sur $\mathbb{R}^n$ ou bien une extension auto-adjointe de $|D_x|$ sur $\mathbb{R}$).

On introduit une famille d'"espaces de Sobolev" H^s pour $s \in \mathbb{R}$ ("dans la variable x") définis par A de la façon suivante : si $s \geq 0$, H^s est l'espace des éléments u de H tels que $A^s u \in H$ muni de la norme $\|u\|_s = \|A^s u\|_0$ où $\|u\|_0$ désigne la norme de u dans H ; si $s < 0$, H^s est le complété de H pour la norme $\|u\|_s = \|A^s u\|_0$. Etant donnés s et m dans $\mathbb{R}$, A^m est un isomorphisme (pour les structures d'espaces de Hilbert) de H^s sur H^{s-m} (Par exemple, l'opérateur A étant l'opérateur $(1-\Delta_x)^{\theta/2}$, où $\theta > 0$, sur $\mathbb{R}^n$, alors l'espace H^s est l'espace de Sobolev classique dans $\mathbb{R}^n$ d'ordre $s\theta$).

On note par H^∞ l'intersection des espaces H^s et par $H^{-\infty}$ leur réunion. On munit le premier de la topologie limite projective et le deuxième de la topologie limite inductive. Puisque pour chaque $s \in \mathbb{R}$, H^s et H^{-s} peuvent être regardés comme dual l'un de l'autre, H^∞ et $H^{-\infty}$ peuvent être regardés comme dual l'un de l'autre.

Soit J un sous-ensemble ouvert de $\mathbb{R}$. On note $C^\infty(J;H^\infty)$ l'espace des fonctions C^∞ dans J à valeurs dans H^∞. C'est l'intersection des espaces $C^j(J;H^k)$ (des fonctions j fois continuement différentiables dans J à valeurs dans H^k) pour tous j et k entiers ≥ 0. On munit $C^\infty(J;H^\infty)$ de la topologie C^∞ naturelle. Si K est un sous-ensemble compact de J, on note $C_0^\infty(K;H^\infty)$ le sous-espace de $C^\infty(J;H^\infty)$ formé des fonctions qui s'annulent identiquement hors de K. C'est un sous-espace fermé de $C^\infty(J;H^\infty)$ et on note $C_0^\infty(J;H^\infty)$ la limite inductive des $C_0^\infty(K;H^\infty)$ pour tout sous-ensemble compact K de J.

On note par $\mathcal{D}'(J;H^{-\infty})$ le dual de $C_0^\infty(J;H^\infty)$; c'est l'espace des distributions dans J à valeurs dans $H^{-\infty}$.

Soit l'opérateur P différentiel sur $\mathbb{R}$ défini par :

$$P = (\partial_t + at\,A)(\partial_t + bt^k A) + cA$$

où a,b,c sont des nombres complexes, k est un entier impair ≥ 3 et $\mathrm{Re}\,a.\mathrm{Re}\,b < 0$.

<u>DEFINITION 1.1</u> - On dit que P est hypoelliptique dans un ensemble ouvert J de $\mathbb{R}$ si, pour tout sous-ensemble J' de J et toute distribution $u \in \mathcal{D}'(J;H^{-\infty})$ tels que $Pu \in C^\infty(J';H^\infty)$, alors $u \in C^\infty(J';H^\infty)$. On dit que P est hypoelliptique au point $t = 0$ s'il existe un voisinage ouvert J de 0 tel que P soit hypoelliptique dans J.

Le résultat important de ce chapitre 1 est :

<u>THEOREME 1.1</u> - L'opérateur P est hypoelliptique en $t = 0$ dans chacun des cas suivants :

i) $\mathrm{Re}\,a > 0$, $\mathrm{Re}\,b < 0$, $\frac{c}{a} \neq 1,2,\ldots$

ii) $\mathrm{Re}\,a < 0$, $\mathrm{Re}\,b > 0$, $\frac{c}{a} \neq 0,-1,-2,\ldots$.

1.2 Une estimation sous-elliptique

Si J est un intervalle de $\mathbb{R}$, on note $V(J)$ le complété de $C_o^\infty(J;H^\infty)$ pour la norme :

$$\|u\|_{V(J)} = \{\int_J \{\|\partial_t u\|_o^2 + \|t^{\frac{k+1}{2}} Au\|_o^2 + \|A^{\frac{1}{2}} u\|_o^2)dt\}^{\frac{1}{2}}$$

et $V'(J)$ le dual de $V(J)$.

On a l'estimation suivante :

PROPOSITION 2.1 - Si $\mathrm{Re}\, a(|a|^2 - 2\mathrm{Re}\, c\,\bar{a}) > 0$, alors il existe $T > 0$ et $C > 0$ tels que pour tout u tel que $A^{1/2} u \in V(-T,T)$, on ait :

$$\|u\|_{V(-T,T)} \leqslant C \|Pu\|_{V'(-T,T)} \quad .$$

Démonstration - Pour $u \in C_o^\infty(J;H^\infty)$ où $J =]-T,T[$ on a :

$$\int_J((\partial_t+bt^kA)u,(\partial_t-\bar{a}tA)u)_o dt = \int_J (\|\partial_t u\|_o^2 - abt^{k+1}\|Au\|_o^2 + b(t^kAu,\partial_t u)_o - a(\partial_t u,tAu)_o)dt \ .$$

Or, par intégrations par parties on a :

$$2\,\mathrm{Re} \int_J (\partial_t u,tAu)_o dt = - \int_J (u,Au)_o dt$$
$$2\,\mathrm{Re} \int_J (\partial_t u,t^kAu)_o dt = - k \int_J (u,t^{k-1}Au)_o dt \ .$$

Par conséquent :

$$\mathrm{Re}\,\{\bar{a}\frac{\mathrm{Re}a}{|\mathrm{Re}a|}\int_J(\partial_t u+bt^kAu,\partial_t u-\bar{a}tAu)_o dt - c\bar{a}\frac{\mathrm{Re}a}{|\mathrm{Re}a|}\int_J (Au,u)_o dt\}$$

$$= \mathrm{Re}\bar{a}\frac{\mathrm{Re}a}{|\mathrm{Re}a|}\int_J \|\partial_t u\|_o^2 - |a|^2 \frac{\mathrm{Re}b\,\mathrm{Re}a}{|\mathrm{Re}a|}\int_J t^{k+1}\|Au\|_o^2\, dt + \frac{|a|^2}{2}\frac{\mathrm{Re}a}{|\mathrm{Re}a|}\int_J (u,Au)_o\, dt$$
$$+ \mathrm{Re}\,(\bar{a}b\frac{\mathrm{Re}a}{|\mathrm{Re}a|}\int_J (t^kAu,\partial_t u)dt) - \mathrm{Re}(c\bar{a}\frac{\mathrm{Re}a}{|\mathrm{Re}a|}\int_J (Au,u)_o dt)$$

$$= |\mathrm{Re}a|\int_J \|\partial_t u\|_o^2\, dt - \frac{|a|^2}{|\mathrm{Re}a|}\mathrm{Re}a\,\mathrm{Re}b\int_J t^{k+1}\|Au\|_o^2\, dt + (\frac{|a|^2}{2} - \mathrm{Re}\, c\bar{a})\frac{\mathrm{Re}a}{|\mathrm{Re}a|}$$
$$\int_J (Au,u)_o dt + \mathrm{Re}\,\bar{a}b\frac{\mathrm{Re}a}{|\mathrm{Re}a|}\mathrm{Re}(\int_J (t^kAu,\partial_t u)_o dt - \mathrm{Im}\,\bar{a}b\frac{\mathrm{Re}a}{|\mathrm{Re}a|}\mathrm{Im}\int_J (t^kAu,\partial_t u)_o dt$$

$$= |\mathrm{Re}a|\int_J \|\partial_t u\|_o^2\, dt - \frac{|a|^2}{|\mathrm{Re}a|}\mathrm{Re}a\,\mathrm{Re}b\int_J t^{k+1}\|Au\|_o^2\, dt + \int_J \frac{\mathrm{Re}a}{|\mathrm{Re}a|}(\frac{|a|^2}{2} - \mathrm{Re}c\bar{a} - k\frac{\mathrm{Re}\bar{a}b}{2}$$
$$t^{k-1})(Au,u)_o dt - \mathrm{Im}\,\bar{a}b\frac{\mathrm{Re}a}{|\mathrm{Re}a|}\mathrm{Im}\int_J (t^kAu,\partial_t u)_o\, dt \ .$$

Mais $\frac{\text{Rea}}{|\text{Rea}|}(|a|^2 - 2\,\text{Re}\,c\bar{a}) > 0$, $k > 1$ et A est défini positif ; donc il existe $T_1 > 0$ et $C_1 > 0$ tels que si u est nul pour $|t| \geq T_1$, on a :

$$\int_J \frac{\text{Rea}}{|\text{Rea}|}\left(\frac{|a|^2}{2} - \text{Re}\,c\bar{a} - \frac{\text{Re}\,\bar{a}b}{2}\,k\,t^{k-1}\right)(Au,u)_o dt \geq C_1 \int_J \|A^{\frac{1}{2}} u\|_o^2\, dt \quad .$$

De plus, pour tout $\varepsilon > 0$:

$$|2\,\text{Im} \int_J (t^k Au, \partial_t u)_o dt| \leq \varepsilon \int_J \|\partial_t u\|_o^2 + \frac{1}{\varepsilon} \int_J t^{k-1}\, t^{k+1}\, \|Au\|_o^2\, dt \quad .$$

Comme $\text{Rea}\,\text{Reb} < 0$ et $k+1$ pair, on voit qu'il existe $C_2 > 0$ et $T_2 > 0$ tels que si u est nulle pour $|t| \geq T_2$, on a :

$$|\text{Rea}| \int_J \|\partial_t u\|_o^2\, dt - \frac{|a|^2}{|\text{Rea}|}\,\text{Rea}\,\text{Reb} \int_J t^{k+1}\, \|Au\|_o^2\, dt - \text{Im}\,\bar{a}b\, \frac{\text{Rea}}{|\text{Rea}|}\,\text{Im} \int_J (t^k Au, \partial_t u)_o dt$$

$$\geq C_2 \left\{ \int_J \|\partial_t u\|_o^2\, dt + \int_J t^{k+1}\, \|Au\|_o^2\, dt \right\} \quad .$$

Donc, pour $T = \min(T_1, T_2)$, il existe $C > 0$ tel que pour tout $u \in C_o^\infty(J;H^\infty)$ on ait (avec $J =]-T,T[$) :

$$\|u\|_{V(J)}^2 \leq C\, |< Pu,u >_{V'(J)\times V(J)}| \quad .$$

Soit maintenant u tel que $A^{1/2} u \in V(J)$. Alors $Pu \in V'(J)$; en effet Pu s'écrit :

$$Pu = \partial_t^2 u + abt^{k+1} A^2 u + at\, A\, \partial_t u + bkt^{k-1}\, Au - bt^k\, A\, \partial_t u + c\, Au$$

et $V'(J)$ s'écrit :

$$V'(J) = H^{-1}(J;H) \oplus t^{\frac{k+1}{2}}\, L^2(J;H) \oplus L^2(J;H^{-\frac{1}{2}})$$

où $H^{-1}(J;H)$ est l'espace de Sobolev classique d'ordre -1 sur J à valeurs dans H ; on vérifie alors que si $A^{1/2} u \in V(J)$, alors chaque terme de Pu appartient à $V'(J)$.

Soit alors une suite (v_n) de $C_o^\infty(J;H)$ convergeant vers $A^{1/2} u$ dans $V(J)$; la suite (u_n) où $u_n = A^{-1/2} v_n$, qui appartient à $C_o^\infty(J;H^\infty)$, converge vers u dans $V(J)$ et $< Pu_n,u_n >_{V'(J)\times V(J)}$ converge vers $< Pu,u >_{V'(J)\times V(J)}$. D'où le résultat.

COROLLAIRE 2.1 - On suppose que $\text{Re}\, a\, (|a|^2 - 2\,\text{Re}\,c\bar{a}) > 0$. Il existe $T > 0$ et $C > 0$ tels que si $u \in V(-T,T)$ et $A^{1/2}\, Pu \quad V'(-T,T)$, alors $A^{1/2} u \in V(-T,T)$.

Démonstration --A est le générateur infinitésimal d'un semi-groupe $(T_h)_{h\geq 0}$ de contractions sur H . De façon classique, grâce à ce semi-groupe et à l'estimation de la proposition 2.1 on obtient le corollaire 2.1.

On définit l'espace $W(J)$ par :

$$W(J) = \{u \in \mathcal{D}'(J;H^{-\infty}) \ , \ \partial_t^2 u \ , \ t^{k+1} A^2 u \ , \ t A \ \partial_t u \ , \ Au \in L^2(J;H)\} \ .$$

On a le résultat de régularité maximale suivant :

COROLLAIRE 2.2 - On suppose que $\mathrm{Re}\, a(|a|^2 - 2 \,\mathrm{Re}\, c\bar{a}) > 0$. Il existe $T > 0$ tel que si $u \in V(-T,T)$ et $Pu \in L^2(-T,T;H)$ alors $u \in W(-T,T)$.

Démonstration - Ce résultat se déduit du corollaire 2.1.

1.3 Les espaces $H^{n,h}$ et $W^{n,h}$

Etant donnés un entier $n \geqslant 0$, un entier impair h et un intervalle ouvert borné J de $\mathbb{R}$, on définit l'espace $H^{n,h}(J)$ par (cf. ([3])) :

$$H^{o,h}(J) = L^2(J;H)$$

$$H^{n,h}(J) = \{u \in \mathcal{D}'(J;H^{-\infty}) \ ; \ \partial_t u \ , \ t^h \, Au \in H^{n-1,h}(J)\} \qquad \text{pour } n \geqslant 1 \ ;$$

cet espace étant muni de la norme canonique.

On définit également l'espace $W^{n,h}(J)$ par :

$$W^{n,h}(J) = \{u \in \mathcal{D}'(J;H^{-\infty}) \ ; \ \partial_t^2 u \ , \ t^{h+1} A^2 u \ , \ Au \ , \ t A \ \partial_t \ u \in H^{n,h}(J)\} \ ;$$

cet espace étant muni de la norme canonique.

L'opérateur P est linéaire et continu de $W^{n,h}(J)$ dans $H^{n,h}(J)$ et l'espace $W^{n,h}(J)$ est l'espace de régularité maximale associé à l'espace $H^{n,h}(J)$ pour l'opérateur P . Notons que $W^{o,h}(J) = W(J)$.

On définit de façon habituelle les espaces $W^{n,h}_{loc}(J)$ et $H^{n,h}_{loc}(J)$.

PROPOSITION 3.1 - Etant donné $n \geqslant 1$, l'espace $H^{n,h}(J)$ s'injecte continuement dans $H^{n-1,h}(J)$.

Démonstration - Ce résultat se démontre facilement par récurrence sur n .

PROPOSITION 3.2 - Si $0 \notin \bar{J}$, les deux propriétés suivantes sont équivalentes :

i) $u \in H^{n,h}(J)$

ii) $u \in \mathcal{D}'(J,H^{-\infty})$ avec $\partial_t^j \, A^{n-j} \, u \in L^2(J;H)$ pour $0 \leqslant j \leqslant n$.

Démonstration - Il est immédiat d'après la définition de $H^{n,h}(J)$ que i) implique ii).
On démontre que ii) implique i) par récurrence sur n à l'aide de l'inégalité de Hardy.

On caractérise maintenant l'espace $H^{n,h}(J)$ à l'aide de l'opérateur $t^{\frac{h-1}{2}} A^{\frac{1}{2}}$ et d'un opérateur Z du type $Z = \partial_t + dt^h A$ où d est un nombre complexe tel que $\operatorname{Re} d > 0$.

PROPOSITION 3.4 - Les deux propositions suivantes sont équivalentes :

i) $u \in H^{n,h}(J)$

ii) $u \in \mathcal{D}'(J;H^{-\infty})$ avec $t^{\frac{h-1}{2}j} A^{\frac{j}{2}} Z^{n-j} u \in L^2(J;H)$ pour $0 \leqslant j \leqslant n$.

Démonstration - Dans une première étape, on démontre que $H^{n,h}(J)$ coïncide avec l'espace $K^{n,h}(J)$ défini par :

$$K^{0,h}(J) = L^2(J;H)$$

$$K^{n,h}(J) = \{u \in \mathcal{D}'(J;H^{-\infty}) \ ; \ Zu \ , \ t^{\frac{h-1}{2}} A^{\frac{1}{2}} u \in K^{n-1,h}(J)\} \quad \text{pour } n \geqslant 1 .$$

Tout d'abord, si u est à support compact dans J, on vérifie (grâce à une intégration par parties) que l'on a :

$$h \, \|t^{\frac{h-1}{2}} A^{\frac{1}{2}} u\|^2_{L^2(J;H)} = -2 \operatorname{Re} \int_J (Zu, t^h Au)_0 dt + 2 \operatorname{Re} d \, \|t^h Au\|^2_{L^2(J;H)} ,$$

d'où pour tout $\varepsilon > 0$:

$$(2 \operatorname{Re} d - \varepsilon) \, \|t^h Au\|^2_{L^2(J;H)} \leqslant \frac{1}{\varepsilon} \, \|Zu\|^2_{L^2(J;H)} + h \, \|t^{\frac{h-1}{2}} A^{\frac{1}{2}} u\|^2_{L^2(J;H)} .$$

D'où l'on déduit le résultat pour $n = 1$. Le cas général se démontre par récurrence sur n en utilisant l'inégalité de Hardy pour vérifier que si $u \in H^{n,h}(J)$ alors $u \in K^{n,h}(J)$.

Ayant démontré cette première étape, il est immédiat que i) implique ii). Inversement, on montre que ii) implique i) par récurrence sur n en utilisant la proposition 4.1.

PROPOSITION 3.5 - Les deux propositions suivantes sont équivalentes :

i) $u \in W^{n,h}(J)$

ii) $u \in \mathcal{D}'(J;H^{-\infty})$ avec $t^{\frac{h-1}{2}} A^{\frac{j}{2}} Z^{p-j} u \in W(J)$ pour $0 \leq j \leq p \leq n$.

Démonstration - La démonstration de ce résultat est basée sur des formules de commutation de l'opérateur $t^{\frac{h-1}{2}j} A^{\frac{j}{2}} Z^{p-j}$ et des opérateurs qui interviennent dans la définition de l'espace $W^{n,h}(J)$.

1.4 Propriétés des opérateurs X et Y

Soit l'opérateur $Z = \partial_t + dt^h A$ où d est un nombre complexe et h un entier impair ≥ 1 .

On donne tout d'abord quelques inégalités.

PROPOSITION 4.1 - On suppose $\mathrm{Re}\, d > 0$. Etant donnés deux entiers q et $j \geq 0$, il existe une constante $C > 0$ telle que pour tout u à support compact dans J , on ait :

$$\|t^q u\|_{L^2(J;H)} \leq C \sum_{l=0}^{j} \|t^{\frac{h+1}{2} l} A^{\frac{l}{2}} t^{q+j-l} Z^{j-l} u\|_{L^2(J;H)} .$$

Démonstration - Par intégration par parties, on a :

$$(2q+1) \|t^q u\|^2_{L^2(J;H)} = -2 \,\mathrm{Re} \int_J (t^{q+1} Zu , t^q u)_0 dt + 2 \,\mathrm{Re}\, d \,\|t^{\frac{h+1}{2}+q} A^{\frac{1}{2}} u\|^2_{L^2(J;H)}$$

d'où l'on déduit le résultat pour $j = 1$.

Le cas général se démontre par récurrence sur j .

PROPOSITION 4.2 - On suppose $\mathrm{Re}\, d < 0$. Etant donnés deux entiers q et $j \geq 0$, il existe une constante $C > 0$ telle que pour tout u à support compact dans J , on ait :

$$\|t^q u\|_{L^2(J;H)} \leq C \|t^{q+j} Z^j u\|_{L^2(J;H)}$$

$$\|t^{q+j \frac{h-1}{2}} A^{\frac{j}{2}} u\|_{L^2(J;H)} \leq C \|t^q Z^j u\|_{L^2(J;H)}$$

$$\|t^{q+j h} A^j u\|_{L^2(J;H)} \leq C \|t^q Z^j u\|_{L^2(J;H)} .$$

Démonstration - L'intégration par parties faite dans la proposition 4.1 permet d'obtenir la première inégalité pour $j = 1$. Le cas général se démontre par récurrence sur j.
Des techniques analogues donnent les autres inégalités.

On rappelle maintenant un résultat de résolubilité locale relatif à l'opérateur Z démontré dans (7) :

DEFINITION 4.1 - On dit que Z est localement résoluble en $t = 0$ s'il existe un voisinage ouvert J de 0 tel que pour tout $f \in C_0^\infty(J;H)$ il existe $u \in \mathcal{D}'(J;H^{-\infty})$ tel que $Pu = f$.

PROPOSITION 4.3 - L'opérateur Z est localement résoluble (resp. hypoelliptique) en $t = 0$ si et seulement si $\mathrm{Re}\, d > 0$ (resp. < 0).

Démonstration - Cf. (7).

On note maintenant $X = \partial_t + atA$ et $Y = \partial_t + bt^kA$ où k est un entier. On a les formules suivantes :

PROPOSITION 4.4 - Pour tout entier $n \geq 1$, il existe des coefficients e_p et f_p pour $1 \leq p \leq \inf(k,n+1)$ tels que :

$$Y^n(XY+cA) = (XY+(c+na)A)Y^n + \sum_{p=1}^{\inf(k,n+1)} e_p\, t^{k-p}\, A\, Y^{n-p+1}$$

$$X^n(XY+cA) = (XY+(c-na)A)X^n + \sum_{p=1}^{\inf(k,n+1)} f_p\, t^{k-p}\, A\, X^{n-p+1} \quad .$$

Démonstration - Ces formules se démontrent par récurrence sur n.

PROPOSITION 4.5 - Pour tout entier $n \geq 1$, il existe des coefficients complexes g_p et h_p pour $1 \leq p \leq \inf(k,n)$ tels que :

$$Y^nX = XY^n + na\, A\, Y^{n-1} + \sum_{p=1}^{\inf(k,n)} g_p\, t^{k-p}\, A\, Y^{n-p}$$

$$X^nY = YX^n - na\, A\, X^{n-1} + \sum_{p=1}^{\inf(k,n)} h_p\, t^{k-p}\, A\, X^{n-p} \quad .$$

Démonstration - Ces formules se démontrent par récurrence sur n.

Plus généralement :

PROPOSITION 4.6 - Pour tous entiers m et $n \geqslant 1$, il existe des polynômes $Q(t;x,y)$ et $R(t;x,y)$ en x et y et à coefficients polynômes en t et des polynômes $p_{jq}(t)$ et $r_{jq}(t)$ pour $0 \leqslant j \leqslant n$ et $0 \leqslant j+q \leqslant m$ tels que :

$$Y^n X^m = \sum_{\substack{0 \leqslant j \leqslant n \\ 0 \leqslant j+q \leqslant m}} p_{jq}(t)\, A^j\, X^{m-q-j} + Q(t;\partial_t,A)\, Y$$

$$X^n Y^m = \sum_{\substack{0 \leqslant j \leqslant n \\ 0 \leqslant j+q \leqslant m}} r_{jq}(t)\, A^j\, Y^{m-q-j} + R(t;\partial_t,A)\, X \quad .$$

Démonstration - Pour m fixé, ces formules se démontrent par récurrence sur n à partir de la proposition 4.5.

1.5 Une condition nécessaire et suffisante d'hypoellipticité lorsque $\operatorname{Re} a < 0$ et $\operatorname{Re} b > 0$

Le principal résultat est le suivant :

THEOREME 5.1 - On suppose $\operatorname{Re} a < 0$ et $\operatorname{Re} b > 0$. Les deux propositions suivantes sont équivalentes :

i) il existe un entier $n_0 \geqslant 0$ tel que étant donnés un entier $n \geqslant n_0$ et un intervalle ouvert J de $\mathbb{R}$ contenant 0, pour toute distribution $u \in \mathcal{D}'(J;H^{-\infty})$, alors $Pu \in H^{n,k}_{loc}(J)$ implique $u \in W^{n,k}_{loc}(J)$;

ii) $\frac{c}{a} \neq -p$ pour tout entier $p \geqslant 0$.

On a ainsi un résultat de régularité maximale dans ces espaces avec poids qui permet d'en déduire facilement le théorème 1.1.

1.5.1 Démonstration de la condition nécessaire d'hypoellipticité

On transforme tout d'abord la propriété d'hypoellipticité de P sous forme d'une estimation :

PROPOSITION 5.1 - On suppose que étant donnés un entier $n \geqslant 0$ et un intervalle ouvert J de R contenant 0 , pour toute distribution $u \in \mathcal{D}'(J;H^{-\infty})$, alors $Pu \in H^{n,k}_{loc}(J)$ implique $u \in W^{n,k}_{loc}(J)$. Alors il existe $T > 0$ et $C > 0$ tels que pour tout $u \in C_0^\infty(-T,T;H^\infty)$ on ait :

$$\|u\|_{W^{n,k}(-T,T)} \leqslant C \|Pu\|_{H^{n,k}(-T,T)} .$$

Démonstration - Par un procédé classique (cf. [3] par exemple), on montre que pour tout compact K de J et tout $\theta_1 \in C_0^\infty(J)$, il existe $\theta_2 \in C_0^\infty(J)$ et une constante $C > 0$ tels que pour tout $u \in W^{n,k}_{loc}(J)$ à support dans K , on ait :

$$\|\theta_1 u\|_{W^{n,k}(J)} \leqslant C (\|\theta_2 Pu\|_{H^{n,k}(J)} + \|u\|_{L^2(J;H)}) .$$

De là on déduit qu'il existe $T' > 0$ et $C' > 0$ tels que pour tout $u \in C_0^\infty(-T',T';H^\infty)$ on ait :

$$\|u\|_{W^{n,k}(J)} \leqslant C' (\|Pu\|_{H^{n,k}(J)} + \|u\|_{L^2(J;H)}) .$$

Comme de plus $\|u\|_{L^2(J;H)} \leqslant T' \|\partial_t u\|_{L^2(J;H)} \leqslant T' \|u\|_{W^{n,k}(J)}$,

on en déduit alors le résultat.

On peut alors démontrer la condition nécessaire d'hypoellipticité pour l'opérateur P :

PROPOSITION 5.2 - On suppose qu'il existe un entier $n \geqslant 0$, $T > 0$ et $C > 0$ tels que pour tout $u \in C_0^\infty(-T,T;H^\infty)$ on ait :

$$\|u\|_{W^{n,k}(-T,T)} \leqslant C \|Pu\|_{H^{n,k}(-T,T)} .$$

Alors $\frac{c}{a} \neq -q$ pour tout q entier $\geqslant 0$.

Démonstration - Supposons qu'il existe q entier $\geqslant 0$ tel que $c+qa = 0$. Appliquons l'hypothèse à $X^q u$ pour $u \in C_0^\infty(J;H^\infty)$ où $J =]-T,T[$:

$$\|X^q u\|_{W^{n,k}(J)} \leqslant C \|P X^q u\|_{H^{n,k}(J)} .$$

Or, d'après la proposition 4.4, on en déduit puisque $c+qa = 0$:

$$P\, X^q = X^{q+1}\, Y - \sum_{l=1}^{\inf(k,q+1)} f_l\, t^{k-l}\, A\, X^{q-l+1} \quad .$$

De plus $Y^{p-h}(t^{k-1}u) = \sum_{j=0}^{\inf(k-1,p-h)} g_j\, t^{k-1-j}\, Y^{p-h-j}u$ pour certains coefficients complexes g_j .

Utilisant alors les équivalences de normes données par les propositions 3.5 et 3.4, on en déduit qu'il existe une constante $C > 0$ telle que pour tout $u \in C_o^\infty(J;H^\infty)$, on ait :

$$\sum_{0\leqslant h\leqslant p\leqslant n} \| t^{\frac{k-1}{2}h} A^{\frac{h}{2}} Y^{p-h} X^q u \|_{W(J)} \leqslant C \sum_{0\leqslant h\leqslant p\leqslant n} \| t^{\frac{k-1}{2}h} A^{\frac{h}{2}} Y^{p-h} X^{q+1} Y u \|_{L^2(J;H)}$$

$$+ \sum_{0\leqslant h\leqslant p\leqslant n} \; \sum_{1\leqslant l\leqslant \inf(k,q+1)} \; \sum_{0\leqslant j\leqslant \inf(k-1,p-h)} \| t^{\frac{k-1}{2}h+k-l-j} A^{\frac{h}{2}+1} Y^{p-h-j} X^{q+1-l} u \|_{L^2(J;H)}$$

On va montrer que chaque terme du second membre est de la forme $\| QYu \|_{L^2(J;H)}$ où Q est un "opérateur en ∂_t et A" ou bien peut être "absorbé" par un terme du premier membre à condition que u soit à support assez petit au voisinage de $t = 0$.

D'après la proposition 4.6, on a :

$$\| t^{\frac{k-1}{2}h+k-l-j} A^{\frac{h}{2}+1} Y^{p-h-j} X^{q+1-l} u \|_{L^2(J;H)} \leqslant C \Big(\| QYu \|_{L^2(J;H)}$$

$$+ \sum_{\substack{0\leqslant r\leqslant p-h-j \\ 0\leqslant s+r\leqslant q+1-l}} \| t^{\frac{k-1}{2}h+k-l-j} A^{r+\frac{h}{2}} X^{q+1-l-s-r} A u \|_{L^2(J;H)} \Big) .$$

En utilisant la proposition 4.2 et l'inégalité de Hardy, on obtient :

$$\| t^{\frac{k-1}{2}h+k-l-j} A^{r+\frac{h}{2}} X^{q+1-l-s-r} A u \|_{L^2(J;H)} \leqslant C \| t^{\frac{k-1}{2}h+k-j-l+s-r+n-h} A^{\frac{h}{2}} \partial_t^{n-h} X^q A u \|_{L^2(J;H)}$$

Or $r \leqslant p-h-j$ donc $k-j-l+s-r+n-h \geqslant k-1 \geqslant 2$; on en déduit donc que ce terme peut être absorbé par $\| X^q u \|_{W^{n,k}(J)}$ pour u à support assez petit au voisinage de $t = 0$.

En conséquence, il existe un entier $m \geqslant 0$ et deux constantes $T' > 0$ et $C > 0$ tels que pour tout $u \in C_o^\infty(-T',T';H^\infty)$ on ait :

$$\|X^q u\|_{W^{n,k}(J)} \leq C \sum_{j+h\leq m} \|\partial_t^j A^h Yu\|_{L^2(J;H)} \quad .$$

Or, d'après la proposition 4.2 :

$$\|u\|_{L^2(J;H)} \leq C \|X^q u\|_{L^2(J;H)} \quad .$$

Ainsi il existerait $T' > 0$, $C' > 0$ et un entier $m \geq 0$ tels que pour tout $u \in C_0^\infty(-T',T';H^\infty)$ on ait :

$$\|u\|_{L^2(J;H)} \leq C' \sum_{j+h\leq m} \|\partial_t^j A^h Yu\|_{L^2(J;H)} \quad .$$

Or, une telle inégalité entraînerait que $Y^* = -(\partial_t - \bar{b}t^k A)$ est localement résoluble en $t = 0$ (cf. ([7])) ; ce qui n'est pas d'après la proposition 4.3.

1.5.2 Démonstration de la condition suffisante d'hypoellipticité

La démonstration de la condition suffisante d'hypoellipticité de P est basée sur le résultat de régularité suivant :

PROPOSITION 5.3 - On suppose que $\mathrm{Re}\, a < 0$ et $\mathrm{Re}\, b > 0$, qu'il existe un entier $n \geq 1$ tel que $-(|a|^2 - 2\,\mathrm{Re}(c+na)\bar{a}) > 0$ et $\frac{c}{a} \neq 0, \ldots, -(n-1)$. Alors il existe $T > 0$ tel que pour u vérifiant :

$$t^{\frac{k-1}{2}h} A^{\frac{h}{2}} Y^{p-h} u \in V(-T,T) \quad \text{pour } 0 \leq h \leq p \leq n$$

$$t^{\frac{k-1}{2}h} A^{\frac{h}{2}} Y^{p-h} Pu \in L^2(-T,T;H) \quad \text{pour } 0 \leq h \leq p \leq n \quad (\text{ie } Pu \in H^{n,k}(-T,T))$$

alors

$$t^{\frac{k-1}{2}h} A^{\frac{h}{2}} Y^{p-h} u \in W(-T,T) \quad \text{pour } 0 \leq h \leq p \leq n \quad (\text{ie } u \in W^{n,k}(-T,T)) .$$

Démonstration - 1. On démontre le résultat pour $h = 0$, ie $Y^p u \in W(J)$ pour $0 \leq p \leq n$ où $J =]-T,T[$. Cette démonstration est faite par récurrence sur p .

1.1 On montre tout d'abord que $Y^n u \in W(J)$. Comme $-(|a|^2 - 2\,\mathrm{Re}(c+na)\bar{a}) > 0$, il suffit d'après le corollaire 2.2 que $Y^n u \in V(J)$ et que $(XY+(c+na)A)Y^n u \in L^2(J;H)$. Or, par hypothèse, $Y^n u \in V(J)$, $Y^n Pu \in L^2(J;H)$ et $t^{k-p} A\, Y^{n-p+1} u \in L^2(J;H)$ pour $1 \leq p \leq \inf(k,n+1)$ car $t^{((k-1)/2)h} A^{h/2} Y^{n-h} u \in V(J)$ pour $0 \leq h \leq n$.

Tenant compte de la formule de concaténation de la proposition 4.4, on a le résultat cherché.

1.2 On suppose que pour un p donné avec $1 \leq p \leq n-1$, on a $Y^q u \in W(J)$ pour $p+1 \leq q \leq n$. On montre alors que $Y^p u \in W(J)$. Pour cela on calcule :
$Y^p Pu - Y^{p+2} u = (Y^p X - XY^p)Yu + (X-Y)Y^{p+1} u - c\,A\,Y^p u$
d'après la proposition 4.5 :

$$= (pa+c+g_1 t^{k-1})A\,Y^p u + \sum_{h=2}^{\inf(k,p)} g_h t^{k-h} A\,Y^{p-h+1} + (a-bt^{k-1})tAY^{p+1} u .$$

Or $Y^p Pu \in L^2(J;H)$ par hypothèse, $t^{k-h} A\,Y^{p-h+1} u \in L^2(J;H)$ pour $2 \leq h \leq \inf(k,p)$ car $t^{((k-1)/2)h} A^{h/2} Y^{p-h} u \in V(J)$ pour $0 \leq h \leq p \leq n$ par hypothèse, $Y^{p+2} u \in L^2(J;H)$ car $Y^{p+1} u \in W(J)$ par hypothèse de récurrence et $A\,Y^{p+1} u \in L^2(J;H)$ car $Y^{p+1} u \in W(J)$ par hypothèse de récurrence. De là, on en déduit que si $pa+c \neq 0$, il existe T éventuellement plus petit que le précédent tel que $A\,Y^p u \in L^2(J;H)$ avec $J =]-T,T[$.
Par suite, pour tout nombre complexe λ, compte tenu de l'hypothèse $Y^p Pu \in L^2(J;H)$, on a $Y^p(XY-\lambda A)u \in L^2(J;H)$. Or $t^{k-h} A\,Y^{p+1-h} u \in L^2(J;H)$ pour $1 \leq h \leq \inf(k,p+1)$. Donc, d'après la formule de concaténation de la proposition 4.4, on a $(XY+(\lambda+pa)A)Y^p u \in L^2(J;H)$ avec $Y^p u \in V(J)$; le corollaire 2.2 montre alors que $Y^p u \in W(J)$ dès que $-(|a|^2 - 2\,\mathrm{Re}(\lambda+pa)\bar{a}) > 0$.

1.3 On montre enfin que $u \in W(J)$. Pour cela on calcule :
$Pu - Y^2 u = (a-bt^{k-1})t\,A\,Yu + c\,Au$. Or $Pu \in L^2(J;H)$, $Y^2 u \in L^2(J;H)$ car $Yu \in V(J)$ par hypothèse et $(a-bt^{k-1})t\,A\,Yu \in L^2(J;H)$ car $Yu \in W(J)$ d'après 1.2. De là, on en déduit que si $c \neq 0$, alors $Au \in L^2(J;H)$. On termine comme en 1.2.

2. Soit maintenant h tel que $1 \leq h \leq n-1$ et supposons que $t^{((k-1)/2)l} A^{l/2} Y^{p-l} u \in W(J)$ pour $0 \leq l \leq p \leq n$ avec $l \leq h-1$. Montrons que $t^{((k-1)/2)h} A^{h/2} Y^{p-h} u \in W(J)$ pour $h \leq p \leq n$.

2.1 On montre d'abord par récurrence sur p que $A\,t^{((k-1)/2)h} A^{h/2} Y^{p-h} u \in L^2(J;H)$.
Pour cela, on forme $A^{h/2}(X\,t^{((k-1)/2)h} Y^{p-h+1} u) - A^{h/2} t^{((k-1)/2)h} Y^{p-h} Pu =$

$$(-c-(p-h)a+g_1 t^{k-1})\,t^{((k-1)/2)h} A^{h/2} Y^{p-h} u - \sum_{l=2}^{\inf(k,p-h)} g_l\, t^{k-l+((k-1)/2)h} A^{h/2+1}$$

$$Y^{p-h-l+1} u - \frac{k-1}{2}\,h\,A^{h/2}\,t^{((k-1)/2)h-1}\,Y^{p-h+1} u .$$ On examine chacun des termes ; ce qui permet de montrer que si $c+(p-h)a \neq 0$, il existe T éventuellement plus petit que le précédent tel que $A\,t^{((k-1)/2)h} A^{h/2} Y^{p-h} u \in L^2(J;H)$ pour $J =]-T,T[$.

2.2 On montre maintenant que $t^{(k-1/2)h} A^{h/2} Y^{p-h}u \in W(J)$ pour $h \leqslant p \leqslant n$. De ce qui précède, on déduit, comme en 1.2, que $(XY+(\lambda+(p-h)aA))(t^{(k-1/2)h} A^{h/2} Y^{p-h}u) \in L^2(J;H)$ pour tout λ et $t^{(k-1/2)h} A^{h/2} Y^{p-h}u \in L^2(J;H)$. Le corollaire 2.2 montre alors que $t^{(k-1/2)h} A^{h/2} Y^{p-h}u \in W(J)$.

3. On démontre enfin que $t^{(k-1/2)n} A^{n/2} u \in W(J)$. Le calcul fait en 2.1 vaut pour $p = h = n$, d'où l'on déduit que $A\, t^{k-1/2\, n} A^{n/2} u \in L^2(J;H)$. Puis on termine comme précédemment.

La proposition 5.3 est ainsi démontrée.

On peut alors démontrer la condition suffisante d'hypoellipticité. Soit n_0 tel que $-(|a|^2 - 2\,\mathrm{Re}(c+n_0 a)\bar{a}) > 0$. Soient un entier $n \geqslant n_0$, J un intervalle de $\mathbb{R}$ et u une distribution de $\mathcal{D}'(J;H^{-\infty})$ telle que $Pu \in H^{n,k}_{loc}(J)$. En dehors de $t = 0$, P est elliptique ; par suite, le résultat de régularité est vrai en dehors de $t = 0$ et il suffit de démontrer cette régularité sur un voisinage $J =]-T,T[$ de 0. Tout d'abord, comme $t = 0$ n'est pas caractéristique pour P, il existe $s \in \mathbb{R}$ tel que $t^{(k-1/2)h} A^{h/2} Y^{p-h} A^s u \in V(J)$ pour $0 \leqslant h \leqslant p \leqslant n$. Comme on peut supposer $s \leqslant 0$, l'hypothèse $Pu \in H^{n,k}(J)$ implique que $P(A^s u) \in H^{n,k}(J)$. Donc, d'après la proposition précédente 5.3, on en déduit en particulier que $t^{(k-1/2)h} A^{h/2} Y^{p-h}(A^{s+1/2}u) \in V(J)$ pour $0 \leqslant h \leqslant p \leqslant n$. De proche en proche, on arrive ainsi à $t^{(k-1/2)h} A^{h/2} Y^{p-h}u \in V(J)$ pour $0 \leqslant h \leqslant p \leqslant n$ et donc $u \in W^{n,k}(J)$ d'après la proposition 5.3.

Remarque 5.1 - Lorsque $\mathrm{Re}\, a < 0$ et $\mathrm{Re}\, b > 0$, l'opérateur X est hypoelliptique en $t = 0$ alors que Y n'est pas hypoelliptique en $t = 0$, d'après la proposition 4.3. La régularité de l'opérateur $P = XY+cA$ faite précédemment est donnée dans des espaces construits à partir de l'opérateur Y qui n'est pas hypoelliptique.

1.6 Une condition nécessaire et suffisante d'hypoellipticité lorsque $\mathrm{Re}a > 0$ et $\mathrm{Re}b < 0$

Le principal résultat est le suivant :

THEOREME 6.1 - On suppose $\mathrm{Re}a > 0$ et $\mathrm{Re}b < 0$. Les deux propositions suivantes sont équivalentes :

i) il existe un entier $n_o \geqslant 0$ tel que étant donnés un entier $n \geqslant n_0$ et un intervalle ouvert J de $\mathbb{R}$ contenant 0, pour toute distribution $u \in \mathcal{D}'(J;H^{-\infty})$, alors $Pu \in H^{n,1}_{loc}(J)$ implique $u \in W^{n,1}_{loc}(J)$;

ii) $\frac{c}{a} \neq p$ pour tout entier $p \geqslant 1$.

On a ainsi un résultat de régularité maximale dans ces espaces avec poids qui permet d'en déduire facilement le théorème 1.1.

Les démonstrations sont analogues au cas précédent (où $Re a < 0$) ; en fait, elles se simplifient notablement puisque les espaces $H^{n,1}$ et $W^{n,1}$ ne font plus intervenir de poids lorsqu'on les définit à partir des opérateurs $A^{1/2}$ et X . La démonstration de la condition nécessaire utilise l'inégalité

$$\|u\|_{W^{n,1}(J)} \leqslant C \, \|Pu\|_{H^{n,1}(J)}$$

que l'on applique à $Y^{q-1}u$ (et non à $Y^q u$, car il y a une commutation de X et de Y à effectuer) si l'on suppose que $-c+qa = 0$ pour un q entier $\geqslant 1$; on arrive ainxi à une inégalité qui montrerait que $X^* = -(\partial_t - a\,t\,A)$ est localement résoluble en $t = 0$; ce qui n'est pas.

Remarque 6.1 - Lorsque $Re a > 0$ et $Re b < 0$, l'opérateur X n'est pas hypoelliptique en $t = 0$ alors que Y est hypoelliptique en $t = 0$ d'après la proposition 4.3. La régularité de l'opérateur $P = XY+cA$ faite précédemment est donnée dans des espaces construits à partir de l'opérateur X qui n'est pas hypoelliptique.

2. CAS GENERAL

2.1 Notations

Soit $(E_\lambda)_{-\infty<\lambda<+\infty}$ la résolution spectrale de A (cf. ([8])). On utilise les notations de ([1]) que l'on rappelle ici.

Pour $\varepsilon > 0$, on considère les trois projections orthogonales de H définies par les opérateurs $E_{-\varepsilon}$, $E_{+\varepsilon} - E_{-\varepsilon}$ et $I - E_\varepsilon$ et les sous-espaces correspondants $H_- = E_{-\varepsilon}H$, $H_0 = (E_\varepsilon - E_{-\varepsilon})H$ et $H_+ = (I-E_\varepsilon)H$. Ces espaces sont orthogonaux deux à deux et déterminent H par $H = H_- \oplus H_0 \oplus H_+$. Soit A_- la restriction de A aux éléments de son domaine qui sont dans H_- ; dans H_- , l'opérateur A_- est auto-adjoint, défini négatif et à inverse borné. Soit A_0 la restriction de A aux éléments de H_0 ; dans H_0 , l'opérateur A_0 est auto-adjoint et borné. Enfin soit A_+ la restriction de A aux éléments de son domaine qui appartiennent à H_+ ; dans H_+ , l'opérateur A_+ est auto-adjoint, défini positif et à inverse borné. Ces trois opérateurs déterminent l'opérateur A par $A = A_- + A_0 + A_+$.

Puisque $-A_-$ est un opérateur auto-adjoint, défini positif et à inverse borné dans H_- , on peut définir comme en I la famille d'espaces de Sobolev H_-^s pour $s \in \mathbb{R}$. De même, puisque A_+ est un opérateur auto-adjoint, défini positif et à inverse borné dans H_+ , on peut définir la famille d'espaces de Sobolev H_+^s pour $s \in \mathbb{R}$. On pose alors $H^s = H_-^s \oplus H_0 \oplus H_+^s$ et on définit comme en 1. les espaces $C^\infty(J;H^\infty)$ et $\mathcal{D}'(J;H^{-\infty})$ où J est un intervalle ouvert de $\mathbb{R}$.

DEFINITION 1.1 - On dit que P est hypoelliptique dans un ensemble ouvert J de $\mathbb{R}$ si pour tout sous-ensemble ouvert J' de J et toute distribution $u \in \mathcal{D}'(J;H^{-\infty})$ tels que $Pu \in C^\infty(J';H^\infty)$, alors $u \in C^\infty(J';H^\infty)$.

On dit que P est hypoelliptique au point $t = 0$ s'il existe un voisinage ouvert J de 0 tel que P soit hypoelliptique dans J .

2.2 Condition suffisante d'hypoellipticité quand $\mathrm{Re}a \, \mathrm{Re}b < 0$

L'opérateur P est le même qu'en I . Le principal résultat est le suivant :

THEOREME 2.1 - Si $\mathrm{Re}a \, \mathrm{Re}b < 0$ et si $\frac{c}{a}$ n'est pas un entier de $\mathbb{Z}$, alors P est hypoelliptique en $t = 0$.

Démonstration - Supposons par exemple $\mathrm{Re}a > 0$ et $\mathrm{Re}b < 0$.

Si $\frac{c}{a} \neq p$ pour tout entier $p \geqslant 1$, le théorème 1.1 de 1. montre que l'opérateur $P_+ = (\partial_t + at\, A_+)(\partial_t + bt^k A_+) + c\, A_+$ est hypoelliptique en $t = 0$ relativement à l'espace H_+ .

Si $\frac{c}{a} \neq -p$ pour tout entier $p \geqslant 0$, le théorème 1.1 de 1. montre que l'opérateur $P_- = (\partial_t + (-a)t(-A_-))(\partial_t + (-b)t^k(-A_-)) + (-c)(-A_-)$ est hypoelliptique en $t = 0$ relativement à l'espace H_- .

Enfin, l'opérateur $P_0 = (\partial_t + at\, A_0)(\partial_t + bt^k A_0) + c\, A_0$ est hypoelliptique en $t = 0$ relativement à l'espace H_0 puisque A_0 est un opérateur borné dans H_0 .

Comme P est égal à $P_- + P_0 + P_+$, on en déduit que P est hypoelliptique en $t = 0$ dès que $\frac{c}{a} \neq p$ pour tout entier p de $\mathbb{Z}$.

BIBLIOGRAPHIE

(1) ARAMAKI J. - Some remarks on local solvability and hypoellipticity of second order abstract evolution equations.
J. of Hokkaïdo University (1976) , 302-307 .

(2) BOLLEY P. , CAMUS J. et HELFFER B. - Remarques sur l'hypoellipticité.
C. R. Acad. Sc. Paris t. 283 (29 novembre 1976) , Série A , 979-982 .

(3) GIGLIOLI A. - A class of second order evolution equations with double characteristics.
Ann. Sc. Norm. Sup. Pisa , Cl. Sci. IV , Ser 3 , (1976) , 187-229 .

(4) GIGLIOLI A. et TREVES F. - An example in the solvability theory of linear PDE'S
Am. J. Math. 96 (1974) , 366-384 .

(5) GRUSIN V.V. - On a class hypoelliptic operators.
Mat. Sbornik, 83 (125) (1970) , 456-473 .

(6) MENIKOFF A. - Some examples of hypoelliptic partial differential equations.

(7) TREVES F. - Concatenation of second order evolution equations applied to local solvability and hypoellipticity.
Comm. Pure Appl. Math. , 26 (1973) , 201-205 .

(8) YOSIDA K. - Functional analysis.
Springer Verlag , Berlin, 1966 .

Pierre BOLLEY
Université de Nantes
Institut de Mathématiques et d'Informatique
44072 NANTES Cedex

Jacques CAMUS
Université de Rennes
Département de Mathématiques
35031 RENNES Cedex

Bernard HELFFER
Ecole Polytechnique
Centre de Mathématiques
91120 PALAISEAU

NOYAU, RESOLVANTE ET VALEURS PROPRES

D'UNE CLASSE D'OPERATEURS ELLIPTIQUES ET DEGENERES

par

P. BOLLEY, J. CAMUS et PHAM THE LAI

INTRODUCTION. - Dans cet article, on étudie le comportement asymptotique des valeurs propres pour la classe des opérateurs elliptiques dégénérés quasi-homogènes introduite dans ([5]) et variationnels.

Ce sont des opérateurs qui, dans une carte locale, s'écrivent :

$$(*) \qquad L(t\ ;\ D_x,D_t) \equiv \sum_{|\alpha|+j\leq m} a_{\alpha j}\ t^{\sigma+\delta|\alpha|+j}\ D_x^{\alpha}D_t^{j}\ ,$$

où $m \in \mathbb{N}$, $\delta > 0$, $\sigma \in \mathbb{Z}$ avec $\sigma + m$ et $\sigma + \delta m \in \mathbb{N}$.

Leur symbole $L(t\ ;\ \xi,\tau)$ vérifie la propriété de quasi-homogénéité suivante :

$$L(t/\lambda\ ;\ \lambda^{\delta}\xi,\lambda\tau) = \lambda^{-\sigma}L(t\ ;\ \xi,\tau)\ .$$

Dans cette direction, des résultats ont déjà été obtenus :

1 - Pour l'opérateur

$$L = \operatorname{div} \varphi \operatorname{grad} + \sum_{i,j} \Lambda_{ij}^{*} \Lambda_{ij}$$

où φ est une fonction $C^{\infty}(\overline{\Omega})$ équivalente à la distance au bord Γ de Ω , Ω étant un ouvert de $\mathbb{R}^n$ et où

$$\Lambda_{ij} = \varphi_i \frac{\partial}{\partial x_j} - \varphi_j \frac{\partial}{\partial x_i}$$

est un champ de vecteurs tangents à Γ ; on sait alors que si

$$N(\lambda) = \sum_{\lambda_j \leq \lambda}$$

est la fonction de répartition des valeurs propres λ_j d'une réalisation dans $L^2(\Omega)$ de l'opérateur L , on a : $N(\lambda) \sim c.\lambda^{n/2}$ comme dans le cas elliptique, la constante c s'exprimant par une intégrale sur le domaine Ω , cf. M. S. BAOUENDI - C. GOULAOUIC ([3]), M. GUILLEMOT-TESSIER ([6]).

2 - Pour l'opérateur $L = \operatorname{div} \varphi \operatorname{grad}$, on sait alors que $N(\lambda) \sim c\lambda^{n-1}$ si $n > 2$, la constante c s'exprimant à l'aide d'une intégrale sur le bord Γ de Ω , cf.

C. NORDIN [10], I. L. VULIS - M. Z. SOLOMJAK [16].

Plus généralement, G. METIVIER [9], PHAM THE LAI [11] [12], M. TOUGERON [14] ont obtenu l'équivalent $N(\lambda) \sim c.\lambda^{(n-1)/(2m-k)}$ pour les opérateurs L d'ordre 2m, dégénérant au bord à l'ordre k dans toutes les directions (ie : $\delta = 1$ et $\sigma = k - 2m$) pour $n > \frac{2m}{k}$, $N(\lambda) \sim c.\lambda^{n/2m}$ pour $n < \frac{2m}{k}$ et lorsque $n = \frac{2m}{k}$, $N(\lambda) \sim c.\lambda^{1/k}\text{Log}\,\lambda$, la constante c s'exprimant pour $n \geqslant \frac{2m}{k}$ à l'aide d'une intégrale sur le bord Γ de Ω et pour $n < \frac{2m}{k}$ à l'aide d'une intégrale sur Ω.

On va montrer que pour les opérateurs généraux (*), on a : $N(\lambda) \sim c.\lambda^{-\delta(n-1)/\sigma}$ pour $n > \frac{\delta m}{\sigma + \delta m}$, la constante c s'exprimant à l'aide d'une intégrale sur le bord et dépendant de la réalisation choisie pour l'opérateur L, $N(\lambda) \sim c.\lambda^{n/m}$ pour $n < \frac{m}{\sigma + \delta m}$ et $N(\lambda) \sim c.\lambda^{n/m}\text{Log}\,\lambda$ lorsque $n = \frac{m}{\sigma + \delta m}$, la constante c s'exprimant à l'aide d'une intégrale sur Γ et ne dépendant pas de la réalisation choisie.

En particulier, pour les opérateurs considérés par M. S. BAOUENDI [2] et M. I. VISIK - V. V. GRUSIN [15] :

$$\Lambda^*\Lambda + \sum_{i,j=1}^{n} D_j(a_{ij}\varphi^{\rho}D_i)$$

où Λ est un champ de vecteurs transversal à Γ sur Γ et ρ un entier > 0, on obtient que $N(\lambda) \sim c.\lambda^{((\rho+2)/4)(n-1)}$ pour $n > \frac{\rho + 2}{\rho}$, la constante c dépendant de la réalisation choisie et s'exprimant à l'aide d'une intégrale sur le bord Γ, $N(\lambda) \sim c.\lambda^{n/2}$ pour $n < \frac{\rho + 2}{\rho}$ et lorsque $n = \frac{\rho + 2}{\rho}$, $N(\lambda) \sim c.\lambda^{n/2}\text{Log}\,\lambda$, la constante c ne dépendant pas de la réalisation choisie et s'exprimant à l'aide d'une intégrale sur Γ. Un résultat de même nature est donné par A. MENIKOFF - J. SJOSTRAND [8] à ce colloque.

A la différence de [9], nous suivrons la méthode des noyaux d'Agmon ce qui permettra de traiter le cas des opérateurs L non nécessairement auto-adjoints (avec cependant une hypohtèse restrictive du type Sobolev Min $(-\sigma, -\sigma/\delta) > n$). En outre, à la différence de [11] et [14], nos résultats s'appliqueront à des réalisations assez générales des opérateurs L (ie : sans hypothèse de régularité sur le domaine D(L)).

1. - NOTATIONS ET RESULTATS

Soit Ω un ouvert borné de $\mathbb{R}^n$. On suppose que $\overline{\Omega}$ est une variété à bord, de bord Γ de classe C^∞. On se donne une fonction $\varphi : \mathbb{R}^n \to \mathbb{R}$ de classe C^∞ vérifiant :

$$\begin{cases} \Omega = \{x \in \mathbb{R}^n \ ; \ \varphi(x) > 0\}, \\ \Gamma = \{x \in \mathbb{R}^n \ ; \ \varphi(x) = 0\}, \\ \text{grad}\,\varphi(x) \neq 0 \ \text{ pour } x \in \Gamma, \end{cases}$$

où $\text{grad}\,\varphi(x) = (\frac{\partial\varphi}{\partial x_1}(x),\ldots,\frac{\partial\varphi}{\partial x_n}(x))$.

Soient $(X_i)_{0 \leqslant i \leqslant q}$ des champs de vecteurs à coefficients C^∞ sur $\mathbb{R}^n$ tels que :

(i) X_o est transversal à Γ sur Γ ie : $(X_o\varphi)(x) \neq$ pour $x \in \Gamma$;

(ii) X_i , pour $i = 1,\ldots,q$, est tangent à Γ sur Γ ie : $(X_i\varphi)(x) = 0$ pour $x \in \Gamma$;

(iii) pour tout $x \in \bar{\Omega}$, le rang du système $(X_i(x))_{0\leq i\leq q}$ est égal à n .

On supposera que $X_o(x)$ est, en chaque point de Γ , intérieur à Ω .

Etant donnés $m \in \mathbb{N}$, $-\sigma$ et δ des nombres réels > 0 avec $\sigma + m \geqslant 0$ et $\sigma + \delta m \geqslant 0$, on considère l'espace :

$$W^m_{\sigma,\delta}(\Omega) = \{u \in L^2(\Omega) \quad ; \quad \varphi^{\mathrm{Max}(0,\sigma+<\delta,\alpha>)} X^\alpha u \in L^2(\Omega) \quad \text{pour} \quad |\alpha| \leqslant m\}$$

muni de la norme canonique.

On a noté

$$X^\alpha = X_o^{\alpha_o} \ldots X_q^{\alpha_q} \quad \text{pour} \quad \alpha = (\alpha_o,\ldots,\alpha_q) \in \mathbb{N}^{q+1}$$

et

$$<\delta,\alpha> = \delta \sum_{i=1}^{q} \alpha_i + \alpha_o \, .$$

On notera V l'un quelconque des sous-espaces $V_\ell(\Omega) = \{u \in W^m_{\sigma,\delta}(\Omega) \; ; \; \gamma_j u = 0$ pour $0 \leqslant j \leqslant \ell\}$ pour ℓ entier avec $0 \leqslant \ell < -\sigma - \frac{1}{2}$, ou bien l'espace $W^m_{\sigma,\delta}(\Omega)$. ($\gamma_j u$ désigne la trace sur Γ de la dérivée normale d'ordre j de u).

Soit maintenant $a(u,v)$ une forme intégro-différentielle définie sur V par :

$$a(u,v) = \sum_{(\alpha,\beta)\in\mathcal{M}} \int_\Omega a_{\alpha\beta}(x)\, \varphi(x)^{\ell_{\alpha\beta}}\, X^\alpha(x;D)u \, . \, \overline{X^\beta(x;D)v}\, dx$$

où $a_{\alpha\beta} \in C^\infty(\bar{\Omega})$, $\mathcal{M} = \{(\alpha,\beta) \in \mathbb{N}^{q+1} \times \mathbb{N}^{q+1} \; ; \; |\alpha| \leqslant m \, , \; |\beta| \leqslant m\}$, $\ell_{\alpha\beta} = 2(\alpha + \delta m) + (1-\delta)(\alpha_o + \beta_o) \in \mathbb{N}$ et $D = \frac{1}{i}\left(\frac{\partial}{\partial x_1},\ldots,\frac{\partial}{\partial x_n}\right)$.

On suppose de plus que, pour $|\alpha| = |\beta| = m$, les coefficients $a_{\alpha\beta}(x)$ sont réels et symétriques.

On suppose aussi que la forme $a(u,v)$ est V-coercive, ie. : qu'il existe une constante $c > 0$ telle que : pour tout $v \in V$,

$$\mathrm{Re}\; a(v,v) \geqslant c.\|v\|_V^2 \, .$$

On en déduit alors que :

(A) l'opérateur différentiel

$$L(x;D) \equiv \sum_{(\alpha,\beta)\in\mathcal{M}} X^\beta(x;D)\,(a_{\alpha\beta}(x)\, \varphi(x)^{\ell_{\alpha\beta}}\, X^\alpha(x;D))$$

est elliptique d'ordre $2m$ dans Ω ;

(B) pour tout $x \in \Gamma$ et pour tout vecteur $\xi \neq 0$ cotangent en x à Γ , la forme

$$a^{\xi,x}(u,v) = \int_0^{+\infty} \sum_{\substack{(\alpha,\beta)\in\mathcal{M} \\ |\alpha|=|\beta|=m}} a_{\alpha\beta}(x)\, t^{\ell_{\alpha\beta}} X^\alpha(x;\xi+\mathrm{grad}\,\varphi(x)D_t)u . \overline{X^\beta(x;\xi+\mathrm{grad}\,\varphi(x)D_t)v}\, dt$$

est fortement $V(\mathbb{R}_+)$-coercive ie : il existe $c_\xi > 0$ telle que : pour tout $v \in V(\mathbb{R}_+)$,

$$a^{\xi,x}(v,v) \geq c \,.\, \| v \|^2_{V(\mathbb{R}_+)} \,.$$

On a noté, par définition, $X_i(x;\xi+\mathrm{grad}\ \varphi(x)D_t) = X_i(x;\xi)$ pour $i = 1,\ldots,q$ et $X_0(x;\xi+\mathrm{grad}\ \varphi(x)D_t) = X_0(x;\mathrm{grad}\ \varphi(x))D_t$.

On notera L (resp. $L^{\xi,x}$) l'opérateur associé au triplet $\{a,V,L^2(\Omega)\}$ (resp. $\{a^{\xi,x},V(\mathbb{R}_+),L^2(\mathbb{R}_+)\}$).

On a alors :

THEOREME I-1. - Pour tout $x \in \Gamma$, pour tout $\xi \neq 0$ vecteur cotangent en x à Γ , on a :

(i) l'opérateur $L^{\xi,x}$ est auto-adjoint strictement positif, à résolvante compacte si $\sigma + \delta m > 0$;

(ii) on suppose $-\sigma > \frac{1}{2}$ et $\sigma + \delta m > \frac{\delta}{2}$; alors, si $(\mu_{\xi,j}(x))_{j\geq 1}$ désigne la suite des valeurs propres de $L^{\xi,x}$, rangées par ordre croissant, il existe une constante $c > 0$ telle que :

$$\mu^{-1}_{\xi,j}(x) < c.j^{-2(\sigma+\delta m)/\delta} \;;$$

(iii) on suppose de plus $n > \frac{\delta m}{\sigma + \delta m}$ et on pose :

$$\rho_j(x) = \int_{S_{T_x}} \mu^{\delta(n-1)/2}_{\omega,j}(x)d\omega \;,$$

où S_{T_x} désigne la sphère unité du plan tangent T_x en x à Γ ; alors la série $\sum_{j\geq 1} \rho_j(x)$ est convergente et la somme est une fonction bornée sur Γ .

REMARQUE I-1. - Le résultat (ii) donnant une minoration des valeurs propres $\mu_{\xi,j}$ est en fait optimal comme le prouve le résultat de ([12]) ; en particulier pour $\delta = 1$, cela ne dépend pas de l'ordre de l'opérateur mais uniquement de la dégénérescence $k = (2\sigma + m)$.

L'injection de l'espace $W^m_{\sigma,\delta}(\Omega)$ dans $L^2(\Omega)$ étant compacte, l'opérateur L admet une suite $(\lambda_j)_{j\geq 1}$ de valeurs propres que l'on supposera rangées par ordre croissant des modules et si on note :

$$N(\lambda) = \sum_{\mathrm{Re}\,\lambda_j \leq \lambda} 1 \;,$$

on a :

THEOREME I-2. - On suppose $\mathrm{Min}\,(-\sigma,-\sigma/\delta) > n/2$; on a alors :

(i) si $n > \frac{\delta m}{\sigma + \delta m}$, $N(\lambda)$ vérifie la formule asymptotique :

$$N(\lambda) = c.\lambda^{-\delta(n-1)/2\sigma} + \mathcal{O}(\lambda^{-\delta(n-1)/2\sigma}) \;,\quad \lambda \to +\infty$$

avec la constante c

$$c = \frac{1}{(2\pi)^{n-1}} \cdot \int_\Gamma \Big[\sum_{j>1} \rho_j(x)\Big] d\sigma \; ;$$

(ii) si $n = \frac{\delta m}{\sigma + \delta m}$, $N(\lambda)$ vérifie la formule asymptotique :

$$N(\lambda) = c.\lambda^{n/2m} \operatorname{Log} \lambda + \mathcal{O}(\lambda^{n/2m}) \,, \quad \lambda \to +\infty \,,$$

avec la constante c

$$c = \int_\Gamma \frac{w(x)}{\varphi(x) \, \| \operatorname{grad} \varphi(x) \|} d\sigma$$

où $w(x) = \frac{2m}{n} \sin \frac{n}{2m} \int_{\mathbb{R}^n} \frac{d\xi}{\sum_{\substack{|\alpha|=|\beta|=m \\ (\alpha,\beta)\in \mathcal{M}}} a_{\alpha\beta}(x) \, \varphi^{\alpha,\beta}(x) \, X^{\alpha+\beta}(x;\xi) + 1}$;

(iii) si $n < \frac{\delta m}{\sigma + \delta m}$, $N(\lambda)$ vérifie la formule asymptotique :

$$N(\lambda) = v.\lambda^{n/2m} + \mathcal{O}(\lambda^{n/2m}) \,, \quad \lambda \to +\infty$$

avec la constante c

$$c = \frac{1}{(2\pi)^n} \int_\Omega w(x) dx \,.$$

REMARQUE I-2. - La condition $n < \frac{\delta m}{\sigma + \delta m}$ est exactement la condition d'intégralité de la fonction W sur Ω ; la fonction W, au voisinage de Γ étant équivalente à $\varphi(x)^{-(\sigma n/m)-1-\delta(n-1)}$.

Précisons que ce théorème I-2 peut être amélioré dans le sens suivant : la condition $\operatorname{Min}(-\sigma, -\sigma/\delta) > \frac{n}{2}$ est inutile chaque fois que l'on sait établir le résultat de régularité optimal du domaine $D(L)$ de l'opérateur L, à savoir $D(L) \subset W^{2m}_{2\sigma,\delta}(\Omega)$. Ceci est vrai en particulier pour les opérateurs elliptiques $(\sigma = -m$ et $\delta = 1)$ et pour les opérateurs considérés dans ([11]) et ([14]) ($\delta = 1$ et réalisation de Neumann). Cependant une telle régularité est fausse en général. Toutefois, on a le résultat suivant :

PROPOSITION I-1. - On a : $D(L) \subset W^{2m}_{2\sigma,\delta}(\Omega)$ dans les cas particuliers suivants :

(i) $\sigma = -m$ et $\delta \geq 1$ ($\delta = 1$, cas elliptique ; $\delta > 1$, cas ([2]) et ([15])) ;

(ii) $\delta \geq 1$ et réalisation de Neumann (ie : $V = W^m_{\sigma,\delta}(\Omega)$) ou réalisation de Dirichlet "modifié" (ie : $V = V_\ell(\Omega)$ avec $\ell = -2\sigma - m$) ;

(iii) réalisation de Neumann ou de Dirichlet "modifié" pour les opérateurs différentiels de la forme :

$$L \equiv \Lambda^{*m} \varphi^{2(\sigma+m)} \Lambda^m + \sum_{i,j=1}^{n} \Lambda^{*m}_{ij} \varphi^{2(\sigma+\delta m)} \Lambda^m_{ij}$$

où Λ est un champ de vecteurs transversal à Γ sur Γ et où

$$\Lambda_{ij} = \varphi_i \frac{\partial}{\partial x_j} - \varphi_j \frac{\partial}{\partial x_i} \quad \text{avec} \quad \varphi_k = \frac{\partial \varphi}{\partial x_k}$$

(P^* désigne l'adjoint formel de l'opérateur P).

Cette proposition s'établit par les mêmes méthodes que dans ([4]).

II. - DEMONSTRATION DES THEOREMES I-1 et I-2

Le principe de la démonstration est celui de l'estimation des résolvantes $R_\lambda = (L + \lambda I)^{-1}$ comme dans ([1]) pour le cas elliptique et ([11]) pour un cas particulier.

Etant donné qu'il n'y a pas, en général, la régularité optimale du domaine D(L) , nous sommes amenés à raisonner directement sur la forme a(u,v) comme dans ([7]). On commence donc par établir un résultat abstrait qui est utile à la fois pour le théorème I-1 et le théorème I-2.

II-1. - RESULTAT ABSTRAIT

Soit V un espace de Hilbert dense dans $L^2(\Omega)$. On suppose que V s'injecte continûment dans $L^2(\Omega)$ et que :

$$V \subset C^0(\Omega)$$

de façon compacte.

On suppose de plus que l'on a l'estimation du type Sobolev :

$$\text{(S)} \qquad \forall u \in V\,,\ \forall x \in \Omega\ ;\ |u(x)| \leqslant c.\ \varphi^{-\alpha}(x) \| u \|_V^\gamma \| u \|_{L^2}^{1-\gamma}$$

avec $\alpha, \gamma \geqslant 0$, φ une fonction > 0 sur Ω et c une constante indépendante de u dans V .

Soit V' l'antidual de V et T un opérateur linéaire continu de V' dans V . On notera <,> la dualité entre V et V' dont la restriction à $L^2(\Omega)$ est le produit scalaire de $L^2(\Omega)$.

Enfin, on notera $\| T \|_{V',V}$ la norme de l'opérateur T agissant de V' dans V et de manière analogue les normes $\|T\|_{V',L^2}$, $\|T\|_{L^2,V}$ et $\|T\|_{L^2,L^2}$. On a alors :

THEOREME II-1.1. - L'opérateur T , considéré comme un opérateur de $L^2(\Omega)$ dans $L^2(\Omega)$ est un opérateur intégral avec un noyau K(x,y) continu sur $\Omega \times \Omega$ et vérifiant :

$$|K(x,y)| \leqslant c^2.[\varphi(x)\,\varphi(y)]^{-\alpha}(\| T \|_{V',V}^\gamma \, \| T \|_{V',L^2}^{1-\gamma})^\gamma \, (\| T \|_{L^2,V}^\gamma \, \|T \|_{L^2,L^2}^{1-\gamma})^{1-\gamma}$$

On va appliquer ce résultat à une situation variationnelle : soit a(u,v) une forme sesquilinéaire continue sur $V \times V$, V-coercive ie : pour tout $u \in V$

$$\mathrm{Re}\ a(u,u) \geq c.\|u\|_V^2$$

avec une constante $c > 0$ indépendante de u .

On note L l'opérateur associé au triplet $\{a,V;L^2\}$. Pour tout $\lambda \geq 0$, la forme $a_\lambda(u,v) = a(u,v) + \lambda\langle u,v\rangle$ est V-coercive et l'opérateur associé est $L + \lambda I$ où I est l'injection canonique de V dans V' . On notera $R_\lambda = (L + \lambda I)^{-1}$, on a alors :

PROPOSITION II-1.1. - Pour tout $\lambda > 0$, on a :

$$\|R_\lambda\|_{V',V} \leq c \quad ; \quad \|R_\lambda\|_{V',L^2} \leq \frac{c}{\sqrt{\lambda}} \quad ; \quad \|R_\lambda\|_{L^2,V} \leq \frac{c}{\sqrt{\lambda}} \quad ; \quad \|R_\lambda\|_{L^2,L^2} \leq \frac{c}{\lambda} .$$

Cette proposition est immédiate ; on en déduit avec le théorème II-1.1 le

COROLLAIRE II-1.1. - L'opérateur R_λ , considéré comme opérateur de $L^2(\Omega)$ dans $L^2(\Omega)$, est un opérateur intégral avec un noyau $R_\lambda(x,y)$ continu sur $\Omega \times \Omega$ tel que : pour tout $(x,y) \in \Omega \times \Omega$,

$$|R_\lambda(x,y)| \leq c.[\varphi(x)\,\varphi(y)]^{-\alpha}\,\lambda^{-1+\gamma} . \tag{2.1}$$

On va maintenant appliquer ces résultats au cas où V est un sous-espace de l'espace $W^m_{\sigma,\delta}(\Omega)$; ceci nous amène à établir des théorèmes de plongement du type "Sobolev avec poids" pour les espaces $W^m_{\sigma,\delta}(\Omega)$.

II-2. - INEGALITES DU TYPE SOBOLEV

Soient $W^m_{\sigma,\delta}(\mathbb{R}^n_+)$ l'espace : $W^m_{\sigma,\delta}(\mathbb{R}^n_+) = \{u \in L^2(\mathbb{R}^n_+)\ ;\ t^{\sigma+\delta|\alpha|+j}D^j_tD^\alpha_x u \in L^2(\mathbb{R}^n_+)$, $\sigma + \delta|\alpha| + j \geq 0,\ |\alpha| + j \leq m\}$ pour $n > 1$ et $W^m_{\sigma,\delta}(\mathbb{R}_+) = \{u \in L^2(\mathbb{R}_+)$; $t^{\sigma+\delta k+j}D^j_t u \in L^2(\mathbb{R}_+)$, $\sigma + \delta k + j \leq 0$, $k + j \leq m\}$. On a alors :

PROPOSITION II-2.1. - On a :

(i) $W^m_{\sigma,\delta}(\mathbb{R}_+) \subset H^{-\sigma}(\mathbb{R}_+)$;

(ii) si $u \in W^m_{\sigma,\delta}(\mathbb{R}_+)$, u est continue sur $\mathbb{R}_+$ et il existe une constante $c > 0$ telle que pour tout $u \in W^m_{\sigma,\delta}(\mathbb{R}_+)$, pour tout $t > 0$, on ait :

$$|u(t)| \leq c.t^{-(\sigma+m)/2m}\,\|u\|^{1/2m}_{W^m_{\sigma,\delta}}\,\|u\|^{1-1/2m}_{L^2} ;$$

(iii) on suppose $-\sigma > 1/2$; alors si $u \in W^m_{\sigma,\delta}(\mathbb{R}_+)$, u est continue bornée sur $\mathbb{R}_+$ et il existe une constante $c > 0$ telle que pour tout $u \in W^m_{\sigma,\delta}(\mathbb{R}_+)$, pour tout $t > 0$, on ait :

$$|u(t)| \leqslant c.\| u \|^{-1/2\sigma}_{W^m_{\sigma,\delta}} \| u \|^{1+1/2\sigma}_{L^2} \;;$$

$$|u(t)| \leqslant c.t^{-(\sigma+\delta m)+1/2(\delta-1)} \| u \|_{W^m_{\sigma,\delta}} \;.$$

La dernière inégalité traduit le comportement de u au voisinage de $t = +\infty$.

PROPOSITION II-2.2. - Pour $n > 1$, on a :

(i) $W^m_{\sigma,\delta}(\mathbb{R}^n_+) \subset H^{\mathrm{Min}(-\sigma,-\sigma/\delta)}(\mathbb{R}^n_+)$;

(ii) on suppose $m > \frac{n}{2}$; alors si $u \in W^m_{\sigma,\delta}(\mathbb{R}^n_+)$, u est continue sur $\mathbb{R}^n_+$ et il existe une constante $c > 0$ telle que, pour tout $u \in W^m_{\sigma,\delta}(\mathbb{R}^n_+)$, pour tout $(t,x) \in \mathbb{R}^n_+$, on ait

$$|u(t,x)| \leqslant c.t^{-((\sigma+m)/2m)-((n-1)/2m)(\sigma+\delta m)} \|u\|^{n/2m}_{W^m_{\sigma,\delta}} \|u\|^{1-(n/2m)}_{L^2} \;;$$

(iii) on suppose $\mathrm{Min}(-\sigma,-\frac{\sigma}{\delta}) \;\; \frac{n}{2}$; alors si $u \in W^m_{\sigma,\delta}(\mathbb{R}^n_+)$, u est continue et bornée sur $\mathbb{R}^n_+$ et il existe une constante $c > 0$ telle que, pour tout $u \in W^m_{\sigma,\delta}(\mathbb{R}^n_+)$, pour tout $(t,x) \in \mathbb{R}^n_+$ on ait :

$$|u(t,x)| \leqslant c.\| u \|^{-(1+\delta(n-1))/2\sigma}_{W^m_{\sigma,\delta}} \| u \|^{1+((1+\delta(n-1))/2\sigma)}_{L^2}$$

De cette proposition II-2.2, on déduit la

PROPOSITION II-2.3. - On a :

(i) $W^m_{\sigma,\delta}(\Omega) \subset H^{\mathrm{Min}(-\sigma,-\sigma/\delta)}(\Omega)$;

(ii) on suppose $m > n/2$; alors si $u \in W^m_{\sigma,\delta}(\Omega)$, u est continue sur Ω et il existe une constante $c > 0$ telle que, pour tout $u \in W^m_{\sigma,\delta}(\Omega)$, pour tout $x \in \Omega$, on ait :

$$|u(x)| \leqslant c.\, \varphi(x)^{-((\sigma+m)/2m)-((n-1)/2m)(\sigma+\delta m)} \| u \|^{n/2m}_{W^m_{\sigma,\delta}} \| u \|^{1-(n/2m)}_{L^2} \;;$$

(iii) on suppose $\mathrm{Min}\,(-\sigma,-\frac{\sigma}{\delta}) > \frac{n}{2}$; alors si $u \in W^m_{\sigma,\delta}(\Omega)$, u est continue et bornée sur Ω et il existe une constante $c > 0$ telle que pour tout $u \in W^m_{\sigma,\delta}(\Omega)$, pour tout $x \in \Omega$, on ait :

$$|u(x)| \leqslant c.\| u \|^{-(1+\delta(n-1)/2\sigma}_{W^m_{\sigma,\delta}} \| u \|^{1+((1+\delta(n-1)/2\sigma)}_{L^2} \;.$$

La démonstration des propositions II-2.2 et II-2.3 est basée sur la théorème classique de plongement de Sobolev.

On peut maintenant établir le théorème II-1.1 concernant le problème spectral à une variable.

II.3. - DEMONSTRATION DU THEOREME I-1

En combinant le théorème II-1.1 et la proposition II-2.1 on obtient facilement le théorème I-1, l'opérateur $L^{\xi,x}$ étant auto-adjoint $\geqslant 0$: la consition $-\sigma > \frac{1}{2}$ est exactement la condition de Sobolev pour que $V(\mathbb{R}_+) \hookrightarrow C^0(\mathbb{R}_+)$; la condition $\sigma + \delta m > \frac{\delta}{2}$ traduit l'intégrabilité sur la diagonale du noyau $G^{\xi,x}(t,\tau)$ associé à l'opérateur $(L^{\xi,x} + \lambda I)^{-1}$.

Utilisant ensuite la formule classique

$$\sum_{j\geqslant 1} (\mu_{\xi,j}(x) + \lambda)^{-1} = \int_0^{+\infty} G_\lambda^{\xi,x}(t,t)dt$$

on obtient la minoration donnée des valeurs propres $\mu_{\xi,j}(x)$ de $L^{\xi,x}$.

L'assertion (iii) du théorème I-1 est immédiate ; cette condition (iii) est en relation avec l'étude d'un modèle dans le demi-espace $\mathbb{R}_+^n$ lorsque la dimension n satisfait l'inégalité : $n > \frac{\delta m}{\sigma + \delta m}$.

II-4. - ETUDE D'UN MODELE SUR $\mathbb{R}_+^n$ LORSQUE $n > \frac{\delta m}{\sigma + \delta m}$

Soit $a(u,v)$ la forme intégro-différentielle définie sur $V(\mathbb{R}_+^n)$ par :

$$a(u,v) = \int_{\mathbb{R}_+^n} \sum_{|\alpha|=|\beta|=m} a_{\alpha\beta} y_n^{\ell_{\alpha\beta}} D_y^\alpha u \, . \, \overline{D_y^\beta v} \, dy$$

où $\ell_{\alpha\beta} = 2(\sigma + \delta m) + (1 - \delta)(\alpha_n + \beta_n)$, $a_{\alpha\beta} = a_{\beta\alpha} \in \mathbb{R}$.

On suppose que cette forme a est $V(\mathbb{R}_+^n)$-coercive.

Soit L l'opérateur associé au triplet $\{a,V,L^2\}$ et $G_\lambda = (L + \lambda I)^{-1}$ pour $\lambda \geqslant 0$.

Pour chaque vecteur $\xi \in \mathbb{R}^{n-1}$, on considère la forme a^ξ définie sur $V(\mathbb{R}_+)$ par :

$$a^\xi(u,v) = \sum_{|\alpha|=|\beta|=m} a_{\alpha\beta} \int_0^{+\infty} y_n^{\ell_{\alpha\beta}} \xi^{\alpha'+\beta'} D_{y_n}^{\alpha_n} u \, . \, \overline{D_{y_n}^{\beta_n} v} \, dy_n$$

où $\alpha = (\alpha',\alpha_n)$ et $\beta = (\beta',\beta_n)$.

La forme a étant $V(\mathbb{R}_+^n)$-coercive, la forme a^ξ est $V(\mathbb{R}_+)$-coercive. On notera L^ξ l'opérateur associé au triplet $\{a , V(\mathbb{R}_+), L^2(\mathbb{R}_+)\}$ et $G_\lambda^\xi = (L^\xi + \lambda I)^{-1}$.

On peut alors exprimer le noyau $G_\lambda(y,z)$ de G_λ en fonction du noyau $G_\lambda(t,\tau)$ de G_λ^ξ , de façon précise, on a :

PROPOSITION II-4.1. - <u>On suppose</u> $\mathrm{Min}\,(-\sigma, -\frac{\sigma}{\delta}) > \frac{n}{2}$. <u>Alors, pour tout</u> $\lambda > 0$, <u>la résolvante</u> G_λ <u>de</u> L <u>existe et est un opérateur à noyau</u> $G_\lambda(y,z)$ <u>continu sur</u> $\mathbb{R}_+^n \times \mathbb{R}_+^n$ <u>et on a</u> : <u>pour tout</u> $(y,z) \in \mathbb{R}_+^n \times \mathbb{R}_+^n$:

$$G_\lambda(y,z) = \frac{1}{(2\pi)^{n-1}} \int_{\mathbb{R}^{n-1}} e^{i<y'-z',\xi>} \lambda|\xi|^{(2\sigma+1)/\delta} G^{\omega}_{|\xi|^{2\sigma/\delta}}(y_n|\xi|^{1/\delta}, z_n|\xi|^{1/\delta}) d\xi$$

où $\omega = \xi/|\xi|$.

On obtient alors le résultat suivant :

THEOREME II-4.1. - On suppose Min $(-\sigma, -\frac{\sigma}{\delta}) > \frac{n}{2}$ et $n > \frac{\delta m}{\sigma + \delta m}$. On note, pour simplifier $G_\lambda(y_n, y_n)$ pour $G_\lambda((0,y_n),(0,y_n))$. Désignons par $(\mu_{\omega,j})_{j\geq 1}$ la suite des valeurs propres de L^ω , rangées par ordre croissant. Alors, pour tout $\lambda > 0$, $G_\lambda(y_n, y_n)$ est intégrable sur $\mathbb{R}_+$ et on a :

$$\int_0^{+\infty} G_\lambda(y_n,y_n) dy_n = \frac{1}{(2\pi)^{n-1}} \cdot \frac{\delta\pi(n-1)}{2\sigma} \cdot \left(\sin \frac{\delta\pi(n-1)}{2\sigma}\right)^{-1} \cdot \left[\sum_{j\geq 1} \rho_j\right] . \lambda^{-1-(\delta(n-1)/2\sigma)}$$

où $\rho_j = \frac{1}{n-1} \int_{S^{n-2}} \mu_{\omega,j}^{\delta(n-1)/2\sigma} d\omega$, S^{n-2} désignant la sphère unité de $\mathbb{R}^{n-1}$.

La condition $n > \frac{\delta m}{\sigma + \delta m}$ traduit, avec l'estimation (ii) théorème I-1 des valeurs propres $\mu_{\omega,j}$ de l'opérateur L^ω , la convergence de la série $\sum_{j\geq 1} \rho_j$.

On déduit en particulier du théorème II-4.1 que :

$$\lim_{\lambda \to +\infty} \lambda^{1+(\delta(n-1)/2\sigma)} \int_0^{+\infty} G_\lambda(y_n,y_n) dy_n = \gamma$$

existe.

Utilisant les estimations (2.1) du noyau G_λ et la proposition II-2.2, on en déduit aussitôt que l'on a aussi : pour tout $\varepsilon > 0$,

$$\lim_{\lambda \to +\infty} \lambda^{1+(\delta(n-1)/2\sigma)} \int_0^{\varepsilon} G_\lambda(y_n,y_n) dy_n = \gamma .$$

Cette remarque est la base de la démonstration du théorème I-2 (i).

II-5. - DEMONSTRATION DU THEOREME I-2 (i)

Pour $x_\Gamma \in \Gamma$, on considère l'équation différentielle :

$$\begin{cases} \frac{dx}{dt} = X_0(x) \\ x(0) = x_\Gamma . \end{cases}$$

Cette équation admet une solution unique $x(t;x_\Gamma)$ définie pour $|t| \leq \eta_0$ indépendant de $x_\Gamma \in \Gamma$.

Désignons par R_λ l'opérateur $(L + \lambda I)^{-1}$; on a alors :

PROPOSITION II-5.1. - On suppose qu'il existe une fonction $\gamma(x_\Gamma)$ définie et continue sur Γ telle que : il existe $\tau > 0$ tel que :

(2.2) $$\lim_{\lambda\to+\infty} \lambda^{1+(\delta(n-1)/2\sigma)} \int_0^\tau R_\lambda(x(t;x_\Gamma), x(t;x_\Gamma))dt = \gamma(x_\Gamma) .$$

Alors, sous les hypothèses $\text{Min}(-\sigma, -\frac{\sigma}{\delta}) > \frac{n}{2}$ et $n > \frac{\delta m}{\sigma + \delta m}$, pour tout $\lambda \geq 0$ la résolvante R_λ de L existe et est un opérateur à noyau $R_\lambda(x,x')$ continu sur $\Omega \times \Omega$ et on a :

$$\lim_{\lambda\to+\infty} \lambda^{1+(\delta(n-1)2\sigma)} \int_\Omega R_\lambda(x,x)dx = \int_\Gamma X_0(x_\Gamma;\nu_{x_\Gamma})\gamma(x_\Gamma)d\sigma$$

où ν_{x_Γ} désigne la normale unitaire, intérieurs à Ω, en x_Γ à Γ.

Cette proposition résulte des estimations (2.1) du noyau R_λ, de la proposition II-2.3 et de la formule suivante : pour une fonction continue ≥ 0, on a :

$$\int_{\Omega_\eta} f(x)dx = \{\int_\Gamma (X_0(x;x_\Gamma) \int_0^\eta f(x(t;x_\Gamma))dt)d\sigma\} \qquad (1 + 0(\eta))$$

pour η tendant vers 0 où $\Omega_\eta = \{x = x(t;x_\Gamma) \ ; \ x_\Gamma \in \Gamma \ , \ 0 < t < \eta\}$.

Pour établit la formule (2.2), on procède par cartes locales, associées à des difféomorphismes convenables, et on se ramène au cas du demi-espace $\mathbf{R}^n_+$ pour lequel on utilise les résultats du paragraphe précédent. Les diverses réductions pour se ramener au cas du modèle à coefficients constants dans le demi-espace sont basées sur le lemme de compacité suivant :

LEMME II-5.1. - Soient m un entier ≥ 1 et $\delta_1 = \text{Min}(1,\delta)$. Il existe une constante $c > 0$ telle que pour tout $\varepsilon > 0$, pour tout $u \in W^m_{\sigma,\delta}(\Omega)$, on ait :

$$\| u \|_{W^{m-1}_{\sigma+\delta_1,\delta}(\Omega)} \leq c.\{\varepsilon \| u \|_{W^m_{\sigma,\delta}(\Omega)} + \varepsilon^{-m+1} \| u \|_{L^2(\Omega)}\} .$$

De la proposition II-5.1 et du paragraphe II-4, on déduit donc que :

(2.3) $$\int_\Omega R_\lambda(x,x)dx = c.\lambda^{-\delta(n-1)/2\sigma} + \mathcal{O}(\lambda^{-\delta(n-1)/2\sigma}) , \quad \lambda \to +\infty$$

où $c = \frac{1}{(2\pi)^{n-1}} \cdot \int_\Gamma \left[\sum_{j\geq 1} \rho_j(x)\right] d\sigma$ avec $\rho_j(x) = \int_{S T_x} \mu^{\delta(n-1)/2\sigma}_{\omega,j}(x)d\omega$.

Par ailleurs, en suivant la méthode d'Agmon ([1]), on a la formule

(2.4) $$\sum_{j\geq 1} \frac{1}{\lambda_j + \lambda} = \int_\Gamma R_\lambda(x,x)dx$$

$(\lambda_j)_{j\geq 1}$ étant la suite des valeurs propres de l'opérateur L, rangées par ordre croissant des modules.

Pour obtenir le comportement asymptotique de la fonction $N(\lambda) = \sum_{\text{Re }\lambda_j \leq \lambda} 1$, on va estimer la série $\sum_{j\geq 1} \frac{1}{\text{Re }\lambda_j + \lambda}$ pour $\lambda \to +\infty$.

Les formules (2.3) et (2.4) donnent une estimation de la série $\sum_{j\geq 1} \frac{1}{\lambda_j + \lambda}$. Et pour comparer les séries $\sum_{j\geq 1} \frac{1}{\lambda_j + \lambda}$ et $\sum_{j\geq 1} \frac{1}{\mathrm{Re}\,\lambda_j + \lambda}$, on a besoin de localiser les valeurs propres λ_j de l'opérateur L dans le plan complexe. De façon précise, on a :

PROPOSITION II-5.2. - _On a_ :

(i) _Il existe une constante_ $c_1 > 0$ _telle que l'ensemble résolvant_ $\rho(L)$ _de_ L, _considéré comme opérateur de_ $L^2(\Omega)$ dans $L^2(\Omega)$, contienne l'ensemble

$$\mathcal{R} = \{\mu \in \mathbb{C} \ ; \ \mathrm{Re}\,\mu \leqslant 0\} \cup \{\mu \in \mathbb{C} \ ; \ |\mathrm{Im}\,\mu| \geqslant c_1 |\mu|^{1-(1/2m)} \ , \ |\mu| \geqslant c_1\} \ ;$$

(ii) _Il existe une constante_ $c_2 > 0$ _telle que, pour tout_ $\mu \in \mathcal{R}$, $\mu \neq 0$, _on ait_ :

$$\| (L - \mu I)^{-1} \|_{L^2,L^2} \leqslant \frac{c_2}{d(\mu)}$$

_où_ $d(\mu)$ _désigne la distance de_ μ _à_ $\mathbb{R}_+$.
En particulier, pour $0 < \theta < 2\pi$, $e^{i\theta}$ _est une direction de croissance minimale de la résolvante._

Cette proposition résulte immédiatement de la coercivité de la forme a et du lemme II-5.1.

Il résulte alors de cette proposition qu'il existe une constante $c > 0$ telle que : pour $\lambda > 0$ assez grand, on ait :

$$\left| \sum_{j\geq 1} \frac{1}{\lambda_j + \lambda} - \sum_{j\geq 1} \frac{1}{\mathrm{Re}\,\lambda_j + \lambda} \right| < c.|\lambda|^{-1/2m} \left| \sum_{j\geq 1} \frac{1}{\lambda_j + \lambda} \right| .$$

Finalement,

$$\sum_{j\geq 1} \frac{1}{\mathrm{Re}\,\lambda_j + \lambda} = c.\lambda^{-\delta(n-1)/2\sigma} + \mathcal{O}(\lambda^{-\delta(n-1)/2\sigma}) \ , \quad \lambda \to +\infty$$

et l'assertion (i) du théorème II-2 résulte du lemme Taubérien classique (cf. ([1]) p. 248 par exemple).

II-6. - DEMONSTRATION DU THEOREME I-2 (iii)

Pour tout $x \in \Omega$, on considère l'opérateur elliptique d'ordre $2m$ à coefficients constants

$$L'(x,D) + \lambda \equiv \sum_{\substack{|\alpha|=|\beta|=m \\ (\alpha,\beta)\in \mathcal{M}}} a_{\alpha\beta}(x)\, \varphi^{\ell_{\alpha\beta}}(x)\, X^{\alpha+\beta}(x;D) + \lambda$$

où $\lambda > 0$.

Cet opérateur admet une solution élémentaire $F_{x,\lambda}(y)$ définie par :

$$F_{x,\lambda}(y) = \frac{1}{(2\pi)^n} \int_{\mathbb{R}^n} \frac{e^{i<y,\xi>}}{L'(x;\xi) + \lambda} \, d\xi ,$$

et si $n < \frac{\delta m}{\sigma + \delta m}$, la fonction $x \mapsto F_{x,\lambda}(0)$ est intégrable sur Ω .

On compare alors les noyaux $R_\lambda(x,x)$ et $F_{x,\lambda}(0)$, de façon précise on démontre que

$$\lim_{\lambda \to +\infty} \lambda^{1-(n/2m)} \int_\Omega \left[R_\lambda(x,x) - F_{x,\lambda}(0)\right] dx = 0 .$$

On termine ensuite comme dans le paragraphe II-5.

II-7. - DEMONSTRATION DU THEOREME I-2 (ii)

On procède comme dans ([12]) avec des modifications techniques supplémentaires.

BIBLIOGRAPHIE

([1]) S. AGMON, lectures on elliptic boundary value problems, Van Nostrand Mathematical Studies, Princeton (1965).

([2]) M. S. BAOUENDI, Sur une classe d'opérateurs elliptiques dégénérés, Thèse Paris (1966), Bull. Soc. Math. France 95 (1967), 45-87.

([3]) M. S. BOUENDI - C. GOULAOUIC, Régularité et théorie spectrale pour une classe d'opérateurs elliptiques dégénérés, Arch. Rational Mech. Anal. 34 (1969), 361-379.

([4]) P. BOLLEY - J. CAMUS, Régularité pour une classe de problèmes aux limites elliptiques dégénérées variationnels, Boll. Un. Mat. Ital. (5) 14B (1977), 77-100

([5]) P. BOLLEY - J. CAMUS - B. HELFFER, Sur une classe d'opérateurs partiellement hypoelliptiques, J. Math. Pures Appl. 55 (1966), 131-171.

([6]) M. GUILLEMOT-TESSIER, Application des méthodes variationnelles à l'étude spectrale d'opérateurs dégénérés, C. R. Acad. Sc. Paris 277 (1973), 739-742.

([7]) K. MARUO - H. TANABE, On the asymptotic distribution of eigenvalues of operators associated with strongly elliptic sesquilinear forms, Osaka J. Math. 8 (1971), 323-345.

([8]) A. MENIKOFF - J. SJOSTRAND, Exposé à ce colloque plus communication personnelle.

([9]) G. METIVIER, Comportement asymptotique des valeurs propres d'opérateurs elliptiques dégénérés, Astérisque 34-35 (1976), 215-249.

([10]) C. NORDIN, The asymptotic distribution of eigenvalues of a degenerate elliptic operator, Ark. Mat. 10 (1972), 3-21.

([11]) PHAM THE LAI, Comportement asymptotique du noyau de la résolvante et des valeurs propres d'une classe d'opérateurs elliptiques dégénérés non nécessairement auto-adjoints, J. Math. Pures Appl. 55 (1976), 379-420.

([12]) PHAM THE LAI, Comportement asymptotique des valeurs propres d'une classe d'opérateurs elliptiques dégénérés en dimension 2, C. R. Acad. Sc. Paris 278 (1974), 1619-1622 - Séminaire Jean Leray, Collège de France.

(13) PHAM THE LAI - D. ROBERT, Exposé à ce colloque.

(14) M. TOUGERON-SABLE, Comportement asymptotique des valeurs propres pour une classe d'opérateurs elliptiques dégénérés, A paraître Tôhoku Math. J..

(15) M. I. VISIK - V. V. GRUSIN, On a class of higher order degenerate elliptic equations, Math. USSR-Sb. 8 (1969) n°1.

(16) I. L. VULIS - M. Z. SOLOMJAK, Spectral asymptotic behavior of degenerate elliptic operators, Soviet. Math. Dokl. 13 (1972), 1484-1488.

Pierre BOLLEY et PHAM THE LAI
Université de Nantes
Institut de Mathématiques et d"Informatique

44072 NANTES CEDEX

Jacques CAMUS
Université de Rennes
Département de Mathématiques

35031 RENNES CEDEX

PROLONGEMENT A LA FRONTIERE DES SOLUTIONS DU PROBLEME DES DERIVEES OBLIQUES

par

Jean-Michel BONY

On considère, pour un opérateur elliptique du second ordre A, un problème des dérivées obliques :

$$Au = f \text{ dans } \Omega \quad ; \quad \ell u = \phi \text{ sur } \partial\Omega ,$$

où le champ de vecteurs associé à ℓ n'est transversal que sur une partie $\partial\Omega_{e\ell\ell}$ de la frontière, et où toutes les données sont analytiques.

Il est bien connu que u se prolonge analytiquement à travers $\partial\Omega_{e\ell\ell}$. On démontre ici qu'il existe un ouvert $\hat{\Omega}$ contenant $\Omega \cup \partial\Omega_{e\ell\ell}$, indépendant de f et ϕ, tel que u se prolonge dans l'intersection de $\hat{\Omega}$ et d'un voisinage (dépendant de f et ϕ) de $\overline{\Omega}$. Au voisinage d'un point de $\partial\Omega$ où le champ est tangent, cela donne un contrôle de la manière dont l'ouvert où se prolonge u "décolle" de Ω.

Un résultat analogue, dans le cadre C^∞, a été établi par Melin et Sjöstrand [6], dans le cas particulier où le champ de vecteurs satisfait à des hypothèses du type Egorov-Kondratiev. Ils construisent une parametrix à l'aide d'opérateurs intégraux de Fourier à phase complexe, et décrivent alors un $\hat{\Omega}$ presque optimal de manière précise.

Nous utiliserons une méthode très différente qui généralise en quelque sorte l'étude du cas extrêmement particulier suivant. Si l'on suppose qu'il existe un opérateur différentiel du premier ordre L, prolongeant ℓ et commutant avec A, la fonction $v = Lu$ vérifie alors $Av = Lf$, $v_{|\partial\Omega} = \phi$ et se prolonge donc analytiquement au voisinage de $\partial\Omega$ d'après le théorème de Morrey-Nirenberg.

L'équation $Lu = v$ permet alors de prolonger u le long des courbes intégrales du champ de vecteurs associé à L. On peut prendre pour $\hat{\Omega}$ la réunion des courbes intégrales coupant Ω, à condition de le considérer comme ouvert étalé au-dessus de $\mathbb{R}^n$ et d'accepter des prolongements multiformes. Sinon, on peut toujours restreindre $\hat{\Omega}$ pour obtenir des prolongements uniformes, mais il n'y a plus d'ouvert $\hat{\Omega}$ optimal.

Dans le cas général, nous construirons dans le domaine complexe un opérateur L possédant les propriétés précédentes, mais qui sera un opérateur micro-différentiel (= pseudo-différentiel au sens de [7], défini sur un ouvert de l'espace cotangent) du premier ordre. Nous montrerons encore que des fonctions $v = L_\Sigma u$ se prolongent dans un voisinage de $\bar{\Omega}$. Le prolongement de u sera alors conséquence des théorèmes de prolongement de solutions d'équations micro-différentielles dans le domaine complexe de [3].

Nous supposerons chez le lecteur une certaine familiarité avec le calcul micro-différentiel précisé dans le domaine complexe développé dans [1] et [3]. Des extensions de ce calcul permettraient d'obtenir une description géométrique très précise d'ouverts $\hat{\Omega}$ que l'on peut espérer presque optimaux (voir Remarque 5.2).

1 - ENONCE DES RESULTATS

Soit Ω un ouvert borné de $\mathbb{R}^n$, intérieur de son adhérence, à frontière $\partial\Omega$ analytique. Nous noterons Ω_ε l'ensemble des points dont la distance à Ω est inférieure à ε. Nous noterons $\mathcal{A}(\Omega)$, $\mathcal{A}(\bar{\Omega})$, $\mathcal{A}(\partial\Omega)$ l'espace des fonctions analytiques réelles respectivement dans Ω, au voisinage de $\bar{\Omega}$, sur la variété analytique $\partial\Omega$.

Soit $A(x,D_x)$ un opérateur différentiel elliptique du second ordre, à coefficients réels et analytiques, défini au voisinage de $\bar{\Omega}$:

$$Au(x) = \sum_{i,j=1}^{n} a_{ij}(x) \frac{\partial^2 u}{\partial x_i\, \partial x_j}(x) + \sum_{i=1}^{n} b_i(x) \frac{\partial u}{\partial x_i}(x) + c(x)\, u(x).$$

Soit, d'autre part, $\ell(x',D_x)$ un opérateur frontière du premier ordre, à coefficients réels et analytiques sur $\partial\Omega$:

$$\ell u(x') = \sum_{i=1}^{n} \ell_i(x') \frac{\partial u}{\partial x_i}(x') + \ell_0(x')\, u(x') \quad , \qquad x' \in \partial\Omega \ .$$

Nous noterons $\partial\Omega_{e\ell\ell}$ l'ensemble des points x' de $\partial\Omega$ où le vecteur de composantes $\ell_i(x')$ est transversal à $\partial\Omega$. On peut alors énoncer le théorème principal.

Théorème 1.- Il existe un ouvert $\hat{\Omega}$, contenant $\Omega \cup \partial\Omega_{ell}$ tel que, pour toute fonction $u \in C^1(\bar{\Omega})$ vérifiant

$$Au = f \in \mathcal{A}(\bar{\Omega})$$

$$\ell u = \phi \in \mathcal{A}(\partial\Omega),$$

il existe $\varepsilon > 0$ tel que u se prolonge en une fonction analytique dans $\hat{\Omega} \cap \Omega_\varepsilon$.

2 - CONSTRUCTION DE L'OPERATEUR L.

Le problème étant de nature locale à la frontière, on peut se ramener par un difféomorphisme convenable au cas où $\partial\Omega$ est défini par $x_n = 0$. Il est même possible de choisir ce difféomorphisme de telle manière que, dans les nouvelles coordonnées, les coefficients $a_{in}(x)$; $i = 1,\dots,n-1$; de A s'annulent pour $x_n = 0$. Enfin, en choisissant une solution w de $Aw = 0$, non nulle au voisinage de l'origine, et en remplaçant u par u/w, ce qui ne modifie pas le problème, on se ramène au cas où le terme d'ordre 0 de A est nul (cette dernière réduction n'a rien d'essentiel, elle simplifiera les démonstrations du § 3). On aura donc, dans tout ce qui suit

$$Au = \Sigma\, a_{ij} \frac{\partial^2 u}{\partial x_i\, \partial x_j} + \Sigma\, b_i \frac{\partial u}{\partial x_i} \ , \text{ avec } a_{in}(x',0) = 0$$

$$\ell u(x') = \sum_{i=1}^{n} \ell_i(x') \frac{\partial u}{\partial x_i} + \ell_0(x')\, u(x')$$

$$\partial\Omega_{e\ell\ell} = \{x' \mid \ell_n(x') \neq 0\} \ .$$

Théorème 2. Il existe un opérateur micro-différentiel d'ordre 1 : $L(z',z_n,D_{z'},D_{z_n})$, défini dans un ouvert U de $\mathbb{C}^n \times (\mathbb{C}^n \setminus \{0\})$, vérifiant

$$\forall k > 0,\ \exists h > 0,\ \ U \supset \{(z,\zeta)\} \mid \frac{|\zeta'|}{|\zeta_n|} < k \text{ et } z_n < h\,\} \quad ,$$

tel que

$$AL - LA = 0 \ .$$

$$L(z',z_n,D_{z},D_{z_n}) = \ell(z',D_{z'},D_{z_n}) + z_n\, M(z',z_n,D_{z'},D_{z_n})$$

où M est un opérateur micro-différentiel d'ordre 1 défini dans U.

La démonstration est standard. Le symbole de L s'écrit a priori $L_1(z,\zeta) + L_0(z,\zeta) + L_{-1}(z,\zeta) + \ldots$ La commutation de L et A conduit à introduire le champ hamiltonien

$$H_A = \frac{\partial A}{\partial \zeta_i}\frac{\partial}{\partial z_i} - \frac{\partial A}{\partial z_i}\frac{\partial}{\partial \zeta_i} .$$

On doit avoir $H_A \cdot L_1 = 0$, ce qui signifie que L_1 doit être constant le long des courbes intégrales de H_A, et les équations "de transport"

$$H_A\, L_{-p} = \text{fonction de } L_1, L_0, \ldots, L_{-p+1} ,$$

avec les conditions initiales pour $z_n = 0$:

$$L_1\,(z',0,\zeta) = \Sigma\, \ell_i(z')\, \zeta_i$$

$$L_0\,(z',0,\zeta) = \ell_0\,(z')$$

$$L_{-p}\,(z',0,\zeta) = 0 .$$

Les courbes intégrales de H_A : $z(t)$, $\zeta(t)$ vérifient

$$\frac{dz_n}{dt} = 2\,(a_{nn}\,(z(t))\,\zeta_n(t) + \sum_{i\neq n} a_{ni}(z(t))\,\zeta_i(t)) .$$

Les termes a_{ni} sont nuls pour $z_n = 0$, alors que a_{nn} ne l'est pas. On a donc $\frac{dz_n}{dt} \neq 0$ pour $\frac{|\zeta_i(t)|}{|\zeta_n(t)|} < k$ dès que $|z_n|$ est assez petit. Il en résulte aisément que les équations de transport peuvent être résolues dans un ouvert U du type décrit au théorème 1. Nous laissons au lecteur le soin de vérifier les estimations portant sur les L_{-p} assurant que L est bien le symbole d'un opérateur micro-différentiel.

Enfin, comme tout opérateur micro-différentiel s'écrit de façon unique sous la forme $L = z_n\, P\,(z',z_n,D_{z'},D_{z_n}) + Q(z',D_{z'},D_{z_n})$, (voir [7] ch. 2, Th. 226), les conditions aux limites imposées montrent que $Q = \ell(z',D_{z'},D_{z_n})$, ce qui achève la démonstration du théorème.

3 - PROLONGEMENT DANS LE DOMAINE COMPLEXE DES SOLUTIONS DE $Au = f$

Proposition 3.1.- Soit u définie dans Ω vérifiant $Au = f \in \mathcal{A}(\bar\Omega)$. Alors u se prolonge en une fonction holomorphe dans le domaine $\{z=x+iy \mid 0<x_n<\varepsilon; |y|<C\, x_n\}$, où ε dépend de A et f, et où C ne dépend que de A.

L'opérateur A étant elliptique, les directions purement imaginaires sont non caractéristiques en tout point x réel. Il en résulte qu'il existe une constante C telle que les directions $\xi+i\eta$, avec $|\xi| \leqslant C|\eta|$, sont non caractéristiques en tout point $z = x+iy$ avec y assez petit. D'après le théorème de prolongement ([2], th. 2.1), si u est une solution de $Au = f$ définie pour $|x - x_0| < r$ (et donc admettant un prolongement holomorphe dans un certain voisinage complexe), u se prolonge holomorphiquement dans le domaine défini par $|y| < C(r-|x-x_0|)$ pourvu que f se prolonge elle-même dans ce domaine. La proposition 3.1 en découle immédiatement.

Remarque 3.2.- Nous avons besoin d'un résultat plus précis, utilisant l'hypothèse $u \in C^1(\bar\Omega)$ pour obtenir des bornes sur le prolongement holomorphe. Cela pourrait se faire par des méthodes du type ci-dessus. Plus précisément, il faudrait reprendre les arguments de [2] § 6, en contrôlant la croissance des fonctions holomorphes à chaque utilisation du théorème de Cauchy-Kowalewski et du théorème du "Edge of the Wedge" (à l'aide par exemple des méthodes de Bros-Iagolnitzer [4]). Il sera plus simple de recourir à la méthode classique des ouverts emboîtés.

Lemme 3.3.- Supposons que f et les coefficients de A soient holomorphes pour $|z| \leqslant 1$, et soit u, définie pour $|x| \leqslant 1$, solution de $Au = f$. Alors, il existe $\rho > 0$, $K > 0$ tels que u admette un prolongement holomorphe pour $|z| \geqslant \rho$, vérifiant

$$\sup_{|z|\leqslant\rho} |u(z)| \leqslant K \left(\sup_{|x|\leqslant 1} |u(x)| + \sup_{|z|\leqslant 1} |f(z)|\right).$$

De plus, on peut choisir ρ et K ne dépendant que de m et M, lorsque l'opérateur A vérifie :

$$\sup_{|z|\leqslant 1} \left(\Sigma|a_{ij}(z)| + \Sigma\, |k_i(z)|\right) \leqslant M$$

$$\Sigma\, a_{ij}\,(x)\, \xi_i\, \xi_j \geqslant m\, |\xi|^2$$

Nous laissons au lecteur le soin de reprendre point par point la démonstration du théorème 7.5.1. de [5] (qui établit le résultat dans le cas d'un seul opérateur elliptique) en vérifiant qu'à chaque étape, les constantes peuvent être choisies ne dépendant que de m et M. Par exemple, le caractère uniforme de (7.5.2) (avec la numérotation de [5] résulte d'estimations classiques sur le problème de Dirichlet, et l'estimation cruciale (7.5.9.) doit être remplacée par

$$\varepsilon^{|\alpha|} N_{j\varepsilon} (D^{\alpha}u) \leq B_0 \Big(\sup_{|x|\leq 1} |u(x)| + \sup_{|z|\leq 1} |f(z)|\Big) B^{|\alpha|}$$

avec B_0 et B ne dépendant que de m et M.

Corollaire 3.4.- Avec $\rho' = \rho/2$ et K' ne dépendant que de m et M, on a

$$\sum_j \operatorname{Sup}_{|z|\leq\rho'} \Big|\frac{\partial u}{\partial z_j}(z)\Big| \leq K' \Big(\sum_j \sup_{|x|\leq 1} \Big|\frac{\partial u}{\partial x_j}(x)\Big| + \sup_{|z|\leq 1} |f(z)|\Big)$$

On a en effet, d'après les inégalités de Cauchy

$$\sum_j \sup_{|z|\leq\rho'} \Big|\frac{\partial u}{\partial z_j}\Big| \leq K_1 \sup_{z\leq\rho} |u(z)| \leq K' \Big(\sup_{x\leq 1} |u(x)| + \sup_{|z|\leq 1} |f(z)|\Big)$$

$$\leq K' \Big(u(0) + \sum_j \sup_{|x|\leq 1} \Big|\frac{\partial u}{\partial x_j}(x)\Big| + \sup_{|z|\leq 1} |f(z)|\Big)$$

Il suffit d'appliquer cette inégalité à la fonction $w(x) = u(x) - u(0)$, qui vérifie encore $Aw = f$, pour obtenir le résultat.

Théorème 3.5.- Soit $u \in C^1(\bar{\Omega})$ vérifiant $Au = f \in \mathcal{Q}(\bar{\Omega})$. Alors u se prolonge en une fonction holomorphe dans le domaine $D = \{z = x+iy \mid 0 < x_n < \varepsilon \; ; \; |y| < C\, x_n\}$, où ε dépend de A et f, et où C ne dépend que de A, et de plus, les dérivées premières de $u(z)$ sont uniformément bornées dans D.

Si une boule $|x-x_0| \leq r$ est contenue dans Ω, et est telle que f soit holomorphe dans $|z - x_0| \leq r$, avec $r < 1$, on peut appliquer le corollaire 3.4. à la fonction $v(x) = u(x_0 + rx)$ qui vérifie l'équation

$$\sum a_{ij} (x_0+rx) \frac{\partial^2 v}{\partial x_i \partial x_j}(x) + r \sum b_i (x_0+rx) \frac{\partial v}{\partial x_i}(x) = r^2 f(x_0 + rx) \quad ,$$

Lorsque x_0 et $r<1$ varient, les opérateurs ci-dessus vérifient des estimations uniformes, et v se prolonge donc pour $|z|\leqslant\rho'$. La fonction u se prolonge donc en une fonction holomorphe définie pour $|z-x_0|\leqslant\rho' r$, et y vérifie la majoration

$$r\,\Sigma \sup \left|\frac{\partial u}{\partial z_i}\right| \leqslant K' \left(r\,\|u\|_{C^1} + r^2 \sup |f(z)|\right)$$

$$\Sigma \sup \left|\frac{\partial u}{\partial z_i}\right| \leqslant K' \left(\|u\|_{C^1} + \sup |f(z)|\right) .$$

Le théorème s'en déduit immédiatement, avec $C=\rho'$.

4 - REGULARITE A LA FRONTIERE DE Lu

Soit $D=\{z=x+iy \mid 0<x_n<\varepsilon\,,\ |y|<C\,x_n\}$ le domaine apparaissant dans le théorème 3.5. Choisissons $k>1/C$, d'après le théorème 2, il existe $h>0$ tel que $L(z,\zeta)$ est défini pour $\left|\frac{\zeta'}{\zeta_n}\right|<k$ et $|z_n|<h$.

Soit alors σ vérifiant $0<\sigma<\mathrm{Min}\,(h,\varepsilon)$, et soit Σ l'hyperplan d'équation $z_n=\sigma$. Il est alors facile de construire, pour chaque point $(x',0)$ de $\partial\Omega$, un ouvert convexe Δ de $\mathbb{C}^n$, contenant $\partial\Omega$ au voisinage de $(x',0)$, et vérifiant

$$\Delta\cap\Sigma\subset D \quad ; \quad \Delta\subset\{z \mid z_n<h\}$$

Δ et $\Delta\cap D$ sont k-Σ-plats (au sens de [3]).

Rappelons que, dans ces conditions, si P est un opérateur micro-différentiel défini pour $|z_n|<h$ et $\left|\frac{\zeta'}{\zeta_n}\right|<k$ on peut définir un opérateur P_Σ vérifiant (voir [3] , § 2)

$$f\in\mathcal{O}(\Delta) \Longrightarrow P_\Sigma f\in\mathcal{O}(\Delta)$$

$$f\in\mathcal{O}(\Delta\cap D) \Longrightarrow P_\Sigma f\in\mathcal{O}(\Delta\cap D).$$

Rappelons de plus que, si P et Q sont des opérateurs du type ci-dessus, on a $P_\Sigma\circ Q_\Sigma=(PQ)_\Sigma+T_\Sigma$, où l'opérateur T_Σ , composé d'opérateurs micro-différentiels et d'opérateurs "de simple couche" (voir [1] , n° 2.2 et 2.3) vérifie :

$$f\in\mathcal{O}(\Delta\cap D) \Longrightarrow T_\Sigma f\in\mathcal{O}(\Delta).$$

Théorème 4.- Sous les hypothèses du théorème 1, et avec les notations précédentes, la fonction $v = L_\Sigma u$ est solution d'un problème de Dirichlet $Av \in \mathcal{A}(\bar{\Omega})$; $v|_{\partial\Omega} = \phi \in \mathcal{A}(\partial\Omega)$ au voisinage de 0, et est donc analytique jusqu'au bord.

En effet, on a $u \in \mathcal{O}(D)$, et on peut écrire dans $\mathcal{O}(\Delta \cap D)$:

$$\begin{aligned} A L_\Sigma u &= (AL)_\Sigma u + T_\Sigma u \\ &= (LA)_\Sigma u + T_\Sigma u \\ &= L_\Sigma Au + T_\Sigma u + T'_\Sigma u \end{aligned}$$

Mais $L_\Sigma Au = L_\Sigma f$ appartient à $\mathcal{O}(\Delta)$, de même que $T_\Sigma u$ et $T'_\Sigma u$. On a donc bien, en restreignant au domaine réel :

$$Av \in \mathcal{A}(\bar{\Omega}) .$$

D'autre part, avec les notations du théorème 2, on a

$$v = L_\Sigma u = \ell u + z_n M_\sigma u \quad \text{où } M \text{ est d'ordre } 1$$

$$v = \ell u + z_n (M D_{z_n}^{-1})_\Sigma D_{z_n} u + z_n T''_\Sigma u$$

La fonction $T''_\Sigma u$ appartient à $\mathcal{O}(\Delta)$, et donc $z_n T''_\Sigma u$ s'annule sur $\partial\Omega$. La fonction $D_{z_n} u$ est bornée dans $\Delta \cap D$, et d'après les estimations de [3] , prop. 2.4.3, on a, pour tout $\varepsilon > 0$

$$|(M D_{z_n}^{-1})_\Sigma D_{z_n} u \leq C^{te} (\mathrm{Re}\, z_n)^{-\varepsilon} .$$

Il en résulte que la fonction $z_n (M D_{z_n}^{-1})_\Sigma D_{z_n} u$, restreinte au domaine réel, tend uniformément vers 0 au bord. La fonction v restreinte au domaine réel, définie a priori dans Ω , se prolonge continûment par $\phi \in \mathcal{A}(\partial\Omega)$ au bord, et il suffit d'appliquer le théorème de Morrey-Nirenberg pour conclure.

5 - PROLONGEMENT DES SOLUTIONS A LA FRONTIERE

Il résulte de ce qui précède que $u(z)$ est définie dans un domaine $\Delta_1 = \Delta \cap D$ qui est k-Σ-plat (où Σ est l'hyperplan $z_n = \sigma$), et qui contient l'ouvert défini par $0 < x_n < \sigma$; $|y| < C x_n$. La fonction $v = L_\Sigma u$, a priori définie dans Δ_1, se prolonge en fait pour $|z_n| < \varepsilon_1$.

Les quantités σ et ε_1 dépendent de f et ϕ et nous n'avons pas cherché à les contrôler, mais elles sont uniformes sur toute la frontière. Elles ne dépendent pas du caractère transversal ou non de ℓ. Les constantes C et k ne dépendent que de l'opérateur A.

Proposition 5.1. Pour chaque $x'_0 \in \partial\Omega$, soit G l'intérieur de l'enveloppe convexe de la réunion de

$$F = \{z = x+iy \mid x_n = \gamma \ ; \ |x'-x'_0|<\alpha \ ; \ |y|<2C\gamma\}$$

et des deux points $x' = x'_0$; $x_n = \gamma \pm 2\gamma$.

Si $\ell_n(x'_0) \neq 0$, on peut choisir $\alpha>0$ et $\gamma>0$ tels que, en posant

$$A = \{(\zeta',\zeta_n) \mid \left|\frac{\zeta'}{\zeta_n}\right|<k \ \text{ et } \ \exists z \in G, \ L_1(z,\zeta) = 0\}$$

tout hyperplan qui coupe G sans couper F ait une normale n'appartenant pas à $\bar{A}$.

Toute solution u de $L_\Gamma u = v \in \mathcal{O}(G)$ qui est définie au voisinage de F se prolonge alors à G tout entier (on a noté Γ l'hyperplan défini par $z_n = \gamma$).

La dernière partie de la proposition résulte immédiatement du théorème 2.5.4 de [3]. Il reste à construire l'ouvert G.

Pour α et γ assez petits, on peut trouver $\delta>0$ tel que

$$|\mathrm{Re}\ \ell_n(z)| > \delta \text{ pour } z \in G .$$

Si $\xi+i\eta$ est la normale à un hyperplan coupant G et non F, on a

$$|\xi'|/|\xi_n| \leq \gamma/\alpha \ \text{ et } \ |\eta|/|\xi_n| \leq C.$$

$$\mathrm{Re}\ L_1(z,\zeta) = \mathrm{Re}\ \ell_n(z).\xi_n + \sum_{j \neq n} \mathrm{Re}\ \ell_j(z).\xi_j - \sum \mathrm{Im}\ \ell_j(z).\eta_j + \mathrm{Re}(z_n M_1(z,\zeta))$$

En valeur absolue, le premier terme est minoré par $\delta|\xi_n|$, tandis que chacun des trois autres peut être majoré par $\frac{1}{4}\delta|\xi_n|$ pourvu que l'on ait respectivement : γ/α assez petit, γ donc $\mathrm{Im}\ z$ donc $\mathrm{Im}\ \ell_j(z)$ assez petit, γ donc $|z_n|$ assez petit. Cela achève la démonstration.

Démonstration du théorème 1.-

Définissons l'ouvert $\hat{\Omega}$ par

$$\hat{\Omega} = \{(x',x_n) \mid x_n > -\gamma(x')\} ,$$

où $\gamma(x')$ est le nombre γ intervenant dans la proposition 5.1, lorsque ℓ est transversal au point x', et où $\gamma(x')$ est nul si ℓ est tangent.

Soit x'_0 un point où ℓ est transversal. Nous distinguerons deux cas, selon les relations entre σ, ε_1 et γ.

<u>1er cas</u> : $3\gamma \leqslant \sigma$ et $(3+2C)\gamma \leqslant \varepsilon_1$

L'ouvert G est k-Γ-plat, est contenu dans Δ_1 et dans $\{z \mid z_n < \varepsilon_1\}$. D'après le théorème 2.5.1. de [3], compte tenu du fait que $G \cap \Gamma \subset \Delta_1$, la fonction $L_\Sigma\ u - L_\Gamma\ u$, a priori définie dans $\Delta_1 \cap G$, se prolonge en une fonction holomorphe dans G. Comme la fonction $L_\Sigma\ u = v$ est également holomorphe dans G, on a $L_\Gamma\ u \in \mathcal{O}(G)$. D'après la proposition 5.1., on a $u \in \mathcal{O}(G)$, et u se prolonge pour $x_n > -\gamma$.

<u>2ème cas</u> : $3\gamma > \sigma$ ou $(3+2C)\gamma > \varepsilon_1$.

Soit G' l'ouvert transformé de G par l'homothétie de centre $(x'_0,0)$ et de rapport $\mathrm{Min}\ (\frac{\sigma}{3\gamma}, \frac{\varepsilon_1}{(3+2C)\gamma})$. L'argument précédent s'applique alors complètement à G', on a $u \in \mathcal{O}(G')$ et u se prolonge pour $x_n > -\mathrm{Min}\ (\frac{\sigma}{3}, \frac{\varepsilon_1}{3+2C})$.

En posant $\varepsilon = \mathrm{Min}\ (\frac{\sigma}{3}, \frac{\varepsilon_1}{3+2C})$, quantité dépendant de f et ϕ, mais pas du caractère transversal ou non de ℓ, on obtient $u \in \mathcal{Q}(\hat{\Omega} \cap \Omega_\varepsilon)$).

<u>Remarque 5.2.</u> Le principe de la méthode utilisée est que, si l'on peut déformer continûment un ouvert (l'ouvert D, défini localement par $|y| < C\ x_n$ en l'occurence) en un autre $(D \cup G)$ de telle manière que la frontière reste non caractéristique pour L, la fonction u se prolonge dans ce nouvel ouvert.

La démonstration précédente est très loin de donner une idée d'un ouvert $\hat{\Omega}$ (presque) optimal. On perd en fait beaucoup d'information en construisant des ouverts G convexes et symétriques en les variables x', alors que L est voisin d'un champ de vecteurs (très) oblique.

On pourrait obtenir des résultats nettement plus précis, et géométriquement très proches du cas particulier évoqué dans l'introduction où l'opérateur L est différentiel, en développant les considérations suivantes.

"En général", les courbes bicaractéristiques dans $\mathbb{C}^n$, pour l'opérateur L, issues des (x_0,ζ) tels que $L_1(x_0,\zeta) = 0$, décrivent deux nappes de surface (homéomorphes aux deux nappes d'un cône de révolution) Σ_1 et Σ_2 issues de x_0, emprisonnant deux volumes Γ_1 et Γ_2 d'autant plus effilés et proches du domaine réel que x_0 est voisin de $\partial\Omega$. Les bicaractéristiques dans $\mathbb{R}^n$ décrivent les deux nappes $\Sigma_j^{\mathbb{R}} = \Sigma_j \cap \mathbb{R}^n$, $j = 1,2$.

On peut alors définir $\hat{\Omega}_{\delta,\alpha}$, où δ est une application de $\mathbb{R}_+^*$ dans lui-même vérifiant $\lim \delta(t) = 0$ pour $t \to 0$, et où α est un nombre > 0, de la façon suivante : $x_0 \in \hat{\Omega}_{\delta,\alpha}$ si chaque demi-bicaractéristique réelle de la famille associée à $\Sigma_1^{\mathbb{R}}$ (ou $\Sigma_2^{\mathbb{R}}$) coupe $\partial\Omega$ au bout d'un temps inférieur à $\delta[\mathrm{dist}\,(x_0,\bar{\Omega})]$ et en faisant avec $\partial\Omega$ un angle supérieur à α .

Si $x_0 \in \hat{\Omega}_{\delta,\alpha}$ est suffisamment proche de $\partial\Omega$, alors chacune des demi-bicaractéristiques (dans $\mathbb{C}^n$) de la famille associée à Σ_1 coupe l'ouvert D assez près de $\partial\Omega$. Le problème est de montrer que u se prolonge à $D \cup \Gamma_1$. Il n'est pas très difficile de construire une famille continue d'ouverts non caractéristiques joignant D à $D \cup \Gamma_1$, mais il faudrait également réécrire tout le calcul micro-différentiel précisé développé dans [3] , dans le cas d'ouverts non convexes (analogues des ouverts k-Σ-plats, formules intégrales pour P_Σ : noyaux et contours d'intégration adaptés......., théorèmes de prolongement).

Il faut restreindre les ouverts $\hat{\Omega}_{\delta,\alpha}$ si l'on veut obtenir des prolongements non multiformes. Cela dit, même si l'on accepte de considérer les $\hat{\Omega}_{\delta,\alpha}$ comme des ouverts étalés au-dessus de $\mathbb{R}^n$, ces ouverts croissent lorsque δ croît et α décroît, et la méthode utilisée ne suggère pas l'existence d'un $\hat{\Omega}$ maximal.

BIBLIOGRAPHIE

[1] J.M. Bony, Propagation des singularités différentiables pour une classe d'opérateurs différentiels à coefficients analytiques,
S.M.F. Astérisque, 34-35 (1976) 43-91.

[2] J.M. Bony et P. Schapira, Existence et prolongement des solutions holomorphes des équations aux dérivées partielles,
Inventiones Math. 17(1972) 95-105.

[3] J.M. Bony et P. Schapira, Propagation des singularités analytiques pour les solutions des équations aux dérivées partielles,
Ann. Inst. Fourier, Grenoble, 26,1 (1976) 81-140.

[4] J. Bros et D. Iagolnitzer, Support essentiel et structure analytique des distributions,
Séminaire Goulaonic-Lions-Schwartz (1975), n° 18.

[5] L. Hörmander, Linear Partial Differential Operators, Springer (1963).

[6] A. Melin et J. Sjöstrand, A calculus for Fourier integral operators in domains with boundary and applications to the oblique derivative problem,
Preprint Université Paris-Sud, Orsay (1977).

[7] M. Sato, T. Kawai et M. Kashiwara, Hyperfunctions and pseudo-differential equations,
Lect. Notes in Math, 287 (1973), Springer 265-529.

Jean-Michel BONY
Mathématiques - Bât. 425
Université Paris-Sud
91405 - Orsay

UNE CLASSE D'OPERATEURS PSEUDO-DIFFERENTIELS PARTIELLEMENT HYPOELLIPTIQUE-ANALYTIQUES

Elisabeth CROC
Yves DERMENJIAN
Viorel IFTIMIE

I - INTRODUCTION

Comme cet exposé généralise [1] les démonstrations similaires ne seront pas répétées.

Précisons quelques données valables pour tout l'article. Ω est un ouvert de $\mathbb{R}^n$ où la variable est notée $x = (x',x'')$ avec $x' = (x_1, \ldots, x_p)$ et $x'' = (x_{p+1}, \ldots$ $\ldots, x_n)$, p étant un entier fixé une fois pour toute.

Définition 1.1.

Une distribution u *sur* Ω *est dite partiellement analytique en* x' *(p.a. en* x'*) si pour tout couple d'ouverts* $U \subset \mathbb{R}^p$, $V \subset \mathbb{R}^{n-p}$, $U \times V \subset \Omega$ *et toute fonction* $\psi \in C_0^\infty(V)$, *la distribution* u_ψ *sur* U *définie par*

$$u_\psi : \phi(x') \longrightarrow \langle u(x',x''),\ \phi(x')\ \psi(x'')\rangle$$

est une fonction analytique.

Définition 1.2.

Un opérateur linéaire $P : \mathcal{E}'(\Omega) \longrightarrow \mathcal{D}'(\Omega)$ *est dit partiellement hypoelliptique-analytique en* x' *(p.a. en* x'*) si pour tout ouvert* $U \subset \Omega$ *et toute distribution* $u \in \mathcal{E}'(\Omega)$

$$Pu_{|U} \text{ p.a. en } x' \Longrightarrow u \text{ est p.a. en } x'.$$

Nous donnons une condition suffisante avec le théorème 1.5. pour avoir un opérateur partiellement hypoelliptique-analytique.

Gårding et Malgrange ont résolu entièrement ce problème en 1961 lorsque P est un opérateur différentiel à coefficients constants([3]). Jöran Friberg ([2]) dans sa thèse, en 1963, a défini, entre autres choses, une classe d'opérateurs différentiels, P, à coefficients variables, tels que si $Pu = 0$ et u a une certaine régularité en x'' alors u est partiellement analytique en x'. Nous pouvons montrer de plus,

- que ces opérateurs vérifient les conditions du théorème 1.5. et donc que nous considérons une classe plus générale d'opérateurs,
- que notre résultat est plus général, même dans le cas des opérateurs différen-

tiels de Friberg, puisque nous ne supposons aucune régularité en x" pour les solutions de Pu = 0.

En outre, nous construisons une paramétrix locale de ces opérateurs

Considérons un opérateur linéaire $P : \mathcal{E}'(\Omega) \longrightarrow \mathcal{D}'(\Omega)$ et U un ouvert de Ω, nous supposons, de plus, que Pu = f où f est une distribution dont la restriction à U est partiellement analytique. Si $\phi \in C_0^\infty(\omega)$ est telle que $\phi = 1$ sur U, nous pouvons écrire :

$$u = (I - Q\phi P)u + Q\phi Pu = (I - Q\phi P)u + Q\phi f$$

où Q est un autre opérateur linéaire de $\mathcal{E}'(\omega)$ dans $\mathcal{D}'(\omega)$, $\overline{U} \subset \omega \subset \overline{\omega} \subset \Omega$.

Nous pouvons conclure que la restriction de u à U est partiellement analytique en x' si nous avons les deux résultats suivants :

a) Q et P appartiennent à une classe $\mathcal{C}$ d'opérateurs telle que

$$u_{|U} \text{ p.a. en } x' \Longrightarrow Ru_{|U} \text{ est p.a. en } x' \text{ si } R \in \mathcal{C} .$$

b) $I - Q\phi P$ est un opérateur régularisant, c'est-à-dire :

$$(I - Q\phi P)(\mathcal{E}'(\omega))_{|U} \subset \mathcal{D}'_{\text{p.a.}}(U).$$

$\mathcal{D}'_{\text{p.a.}}(\Omega)$ désigne l'ensemble des distributions sur Ω partiellement analytiques en x' sur Ω.

Ainsi nos objectifs et notre méthode sont clairs.

Remarque 1.3.

On sait que si P est un opérateur différentiel à coefficients constants une condition nécessaire et suffisante pour qu'il soit hypoelliptique est qu'il existe une constante C telle que pour tout multi-indice β , on ait :

$$\left|\frac{P^{(\beta)}(\xi)}{P(\xi)}\right| \leq C\,(1 + |\xi|)^{-\rho|\beta|} \quad \text{si} \quad |\xi| > C .$$

Si $\rho = 1$, c'est d'ailleurs une condition nécessaire et suffisante pour l'hypoellipticité-analytique (P est alors elliptique).

Hörmander ([4]) en a tiré partie pour donner une condition suffisante afin qu'un opérateur pseudo-différentiel P, de symbole p, soit hypoelliptique - C^∞ :

$$\left|\frac{p^{(\beta)}_{(\alpha)}(x,\xi)}{p(x,\xi)}\right| \leq C_{K,\alpha,\beta}\,(1 + |\xi|)^{m-\rho|\beta|+\delta|\beta|} \quad \text{si} \quad |\xi| > R$$

$$|p^{-1}(x,\xi)| \leq C_K\,(1 + |\xi|)^m \quad \text{si} \quad |\xi| > R .$$

Remarque 1.4.

Gårding et Malgrange ont montré qu'une condition nécessaire et suffisante pour qu'un opérateur différentiel P , à coefficients constants, soit partiellement hypoelliptique-analytique s'écrivait comme suit :

$$\left|\frac{p^{(\beta)}(\xi)}{p(\xi)}\right| < C(1+|\xi'|)^{-|\beta|} \qquad \text{si } |\xi'| > R$$

Poursuivant l'analogie avec la remarque 1.3. on obtient le résultat principal sous la forme du :

Théorème 1.5.

Nous supposons que $p \in S_A^{m',m''}(\Omega)$ *et que pour tout compact* K *de* Ω *et tous multi-indices* α, β , *il existe des constantes positives* A_K, C_K, R_K *telles que :*

$$|p_{(\alpha)}^{(\beta)}(x,\xi)\, p^{-1}(x,\xi)| \leq C_K A_K^{|\alpha+\beta|} \alpha'!\, \alpha''!^s\, \beta!\, (1+|\xi'|)^{-|\beta|}, \quad \text{si } x \in K \text{ et } |\xi'|>R_K$$

et

$$|p^{-1}(x,\xi)| \leq C_K (1+|\xi'|)^{\tilde{m}'} (1+|\xi''|)^{\tilde{m}''} \quad , \quad \text{si} \quad x \in K \quad \text{et} \quad |\xi'| > R_K .$$

On peut même supposer que $\tilde{m}'$ *et* $\tilde{m}''$ *dépendent du compact* K.
Alors l'opérateur P *associé au symbole* p *par la formule*

$$(Pu)(x) = (2\pi)^{-n} \iint e^{i\langle x-y,\xi\rangle}\, p(x,\xi)\, u(y)\, dy\, d\xi \quad \textit{lorsque} \quad u \in C_0^\infty(\Omega) \text{ et } x \in \Omega ,$$

est partiellement hypoelliptique-analytique en x' .

On désigne par s un nombre réel strictement positif et qui sera fixé, une fois pour toute, dans cet exposé. On peut le supposer supérieur à 2, par exemple.

II - METHODES

Définition 2.1.

Si m', m'' *sont réels et* Ω *un ouvert de* $\mathbb{R}^n$, $S_A^{m',m''}(\Omega\times\mathbb{R}^N)$ *est l'ensemble des fonctions* p *de* $C^\infty(\Omega\times\mathbb{R}^N)$ *telles que pour tout compact* K *de* Ω *et tous multi-indices* α,β , *il existe des constantes* A_K, R_K, C_K *ne dépendant que de* K *et* $C_{K,\beta}$ *ne dépendant que de* K *et* β , *telles que :*

$$(2.1) \quad |D_x^\alpha D_\xi^\beta p(x,\xi)| \leq C_{K,\beta} A_K^{|\alpha|}\, \alpha'!\, \alpha''!^s (1+|\xi'|)^{m'-|\beta|}(1+|\xi''|)^{m''}, \text{ si } x\in K \text{ et } \xi \in \mathbb{R}^N$$

$$(2.2) \quad |D_x^\alpha D_\xi^\beta p(x,\xi)| \leq C_K A_K^{|\alpha|+|\beta|} \alpha'!\alpha''!^s \beta! (1+|\xi'|)^{m'-|\beta|}(1+\xi''|)^{m''} \quad ,$$

$$\text{si } x \in K \text{ et } \xi' \in \mathbb{R}^N \text{ avec } |\xi'| > R_K$$

On pose $\xi = (\xi', \xi'')$ *où* $\xi' = (\xi_1,\ldots,\xi_k)$ *et* $\xi'' = (\xi_{k+1},\ldots,\xi_N)$, k *étant un entier fixé, compris entre* 1 *et* N . *Si* $n = N$ *et* $p = k$ *on écrira* $S_A^{m',m''}(\Omega \times \mathbb{R}^N) = S_A^{m',m''}(\Omega)$.

Définition 2.2.

$L_A^{m',m''}(\Omega)$ *désigne l'ensemble des opérateurs,* P , *linéaires de* $C_0^\infty(\Omega)$ *dans* $C^\infty(\Omega)$ *qui s'écrivent :*

$$(2.3) \qquad (Pu)(x) = (2\pi)^{-n} \iint e^{i<x-y,\xi>} p(x,\xi)\, u(y)\, dy\, d\xi$$

où $p \in S_A^{m',m''}(\Omega)$.

Si $a(x,y,\xi)$ appartient à $S_A^{m',m''}(\Omega \times \Omega \times \mathbb{R}^n)$ $(k = p)$ on a le :

Théorème 2.2.

1. Le noyau, K_A *, de l'opérateur linéaire continu* A *de* $\mathcal{E}'(\Omega)$ *dans* $\mathcal{D}'(\Omega)$ *défini par l'égalité*

$$(2.4) \qquad (Au)(x) = (2\pi)^{-n} \iint e^{i<x-y,\xi>} a(x,y,\xi)\, u(y)\, dy \quad \textit{lorsque} \quad u \in C_0^\infty(\Omega)$$

est partiellement analytique en (x',y') *sur* $\Omega \times \Omega \setminus \Delta$ *(*Δ *désigne la diagonale de* $\Omega \times \Omega$*).*

2. Si $u \in C_0^\infty(\Omega)$, Au *est partiellement analytique en* x' *sur* $\Omega \setminus \mathrm{supp}\, u$.

3. Si $P \in L_A^{m',m''}(\Omega)$, $u \in \mathcal{E}'(\Omega)$ *et* $u_{|U}$ *est partiellement analytique en* x' *alors* $Pu_{|U}$ *est partiellement analytique en* x' *sur l'ouvert* $U \subset \Omega$.

Les démonstrations de ces théorèmes figurent dans [1] (voir les théorèmes 4.1, 4.3 et le corollaire 4.2) et utilisent, en particulier, le théorème 2.4. et le lemme 2.2. de [2] .

Nous avons ainsi trouvé la classe $\mathcal{C}$ du I/a), à savoir, $L_A^{m',m''}(\Omega)$. Il nous reste à résoudre le point b) du I. Pour celà il faut introduire la notion de somme asymptotique puis examiner la composition des opérateurs.

Théorème 2.3.

Soit une suite $\{p_j\}_0^\infty$, *où* $p_j \in S_A^{m'-j,m''}(\Omega \times \mathbb{R}^N)$, *telle que, pour tout compact* K *de* Ω *, il existe des constantes* A_K, R_K *et* C_K *vérifiant pour tout entier* j *et tous multi-indices* α, β :

$$|D_x^\alpha D_\xi^\beta p_j(x,\xi)| \leq C_K A_K^{j+|\alpha|+|\beta|} \alpha'! \alpha''!^s \beta! j!^s (1+|\xi'|)^{m'-j-|\beta|}(1+|\xi''|)^{m''}$$

lorsque $x \in K$, $|\xi'| > R_K$, $j = 0, 1, 2, \ldots$

alors, pour tout ouvert $\omega \subset\subset \Omega$ *, il existe* $p \in S_A^{m',m''}(\Omega \times \mathbb{R}^N)$ *tel que*
$p \sim \sum_0^\infty p_j$ sur ω *, c'est-à-dire :*

$$|D^\alpha_x D^\beta_\xi (p - \sum_{j=o}^{m-1} p_j)(x,\xi)| \leq C_K A_K^{m+|\alpha|+|\beta|} \alpha'! \alpha''!^s \beta! m!^s (1+|\xi'|)^{m'-m-|\beta|}(1+|\xi''|)^{m''}$$

lorsque $x \in K$, $|\xi'| > R_K$, $j = 0, 1, 2, \ldots$.

Pour obtenir ce théorème il faut reprendre le chapitre III de [1] avec de légères modifications (on peut relire avec profit ([5])):

- dans le lemme 3.6. on remplace $(j + |\alpha|)!$ par $\alpha'!(j + |\alpha''|)!^s$
- dans la proposition 3.7., au lieu de (3.6) on obtient :

$$N_{K,m+\tilde{m}',m''+\tilde{m}''}(\{r_j\},T) << N_{K,m',m''}(\{p_k\},T) . N_{K,\tilde{m}',\tilde{m}''}(\{q_\ell\},eT)$$

- dans le lemme 3.8. on remplace les conditions sur p par des conditions sur $D^{\alpha''}_{x''}p$ et, en particulier, on remplace (3.7) par :

$$|D^{\alpha''}_{x''} p(z',x'',\zeta)| \leq C_K A_K^{|\alpha''|} \alpha''!^s (1 + |\xi'|)^{m'} (1 + |\xi''|)^{m''}$$

où (z', x'', ζ) appartient à $K_\varepsilon \times C_{\varepsilon,R_K}$ avec

$$K_\varepsilon = \{(z',x'') \in \mathbb{C}^p \times \mathbb{R}^{n-p} ; d((z',x''),K) < \varepsilon\}$$

et $C_{\varepsilon,R_K} = \{\zeta \in \mathbb{C}^N ; \exists \xi \in \mathbb{R}^N$ tel que $|\xi'| \geq R_K$ et $|\zeta-\xi| < \varepsilon(1+|\xi'|)\}$

- dans les lemmes 3.9. et 3.10. les inégalités (3.8) et (3.9) deviennent respectivement :

$$|D^{\alpha''}_{x''} p_j(z',x'',\zeta)| \leq C_K A_K^{j+|\alpha''|} j!^s \alpha''!^s (1 + |\xi'|)^{m'-j} (1 + |\xi''|)^{m''}$$

$$|\sum_{j=o}^{m-1} D^{\alpha''}_{x''}(p_j - q_j)(z', x'', \zeta)| \leq C_K A_K^{m+|\alpha''|} m!^s \alpha''!^s (1 + |\xi'|)^{m'-j} (1 + |\xi''|)^{m''}$$

- on peut réécrire le théorème 3.11 après avoir démontré le lemme suivant :

Si $S_{A,s}$ désigne l'espace des suites $S = (S_j)_{j=0,1,\ldots}$ telles que $||S||^2 = \sum_j |\frac{S_j}{A^j j!^s}|^2 < \infty$ et V_ε l'espace des fonctions holomorphes bornées dans l'angle $|\mathrm{Im} t| < \varepsilon |\mathrm{Re} t|$ alors pour tout A , il existe des constantes ε, C, B et une application linéaire continue $U : S_{A,s} \longrightarrow V_\varepsilon$ telle que si $g = U(S)$ on ait :

$$|g(t) - \sum_{j=o}^{m-1} S_j t^{-j}| \leq C B^m m!^s |t|^{-m} ||S|| .$$

Théorème 2.4.

Soient $p \in S_A^{m',m''}(\Omega)$ *et* $q \in S_A^{\tilde{m}',\tilde{m}''}(\Omega)$, P *et* Q *les opérateurs (2.3) correspondants,* ω *un ouvert de* Ω *vérifiant* $\overline{\omega} \subset \Omega$ *et* $\phi \in C_0^\infty(\Omega)$ *telle que* ϕ *soit égale à* 1 *sur* $\overline{\omega}$ *. Alors* $Q\phi P|_\omega$ *diffère par un opérateur régularisant sur* ω *, d'un opérateur* $R \in L_A^{m'+\tilde{m}',m''+\tilde{m}''}(\omega)$ *de symbole* r *équivalent sur* ω *au composé de* p *et* q :

$$r(x,\xi) \sim \sum_\gamma \frac{1}{\gamma!} \partial_\xi^\gamma q(x,\xi) D_x^\gamma p(x,\xi)$$

Pour arriver à ce résultat on suit la méthode de [1] mais en apportant quelques modifications à la démonstration du théorème 4.4 , la proposition 4.7 et le corollaire 4.8 restant inchangés. Avant la première étape on commence par réduire le symbole $a(x,y,\xi)$ à un symbole $\tilde{a}(x,y',\xi)$, partiellement analytique, tel que les deux opérateurs ainsi définis par la formule (2.4), soient égaux. Pour cela on suppose que $a(x,y,\xi)$ est à support compact en y'' et celà est possible car il y a des fonctions à support compact dans les classes de Gevrey d'ordre $s > 1$ (lorsque $s = 1$, il faut revenir à [1]). Après avoir écrit l'égalité formelle de ces 2 opérateurs, définis à partir de a et $\tilde{a}$, on obtient, en utilisant les méthodes usuelles des opérateurs pseudo-différentiels (voir [4] , page 103 et suivantes), un développement asymptotique de $\tilde{a}(x,y,\xi)$ de la forme :

$$(2\pi)^{(n-p)} \sum_{\alpha''} \frac{1}{\alpha''!} D_{y''}^{\alpha''} \partial_{\xi''}^{\alpha''} a(x,y',y'',\xi)|_{y''=x''} \quad ,$$

x' et y' jouant le role de paramètres. On obtient alors des majorations nous permettant d'aborder la première étape avec $\tilde{a}(x,y',\xi)$ où le paramètre est, cette fois-ci, x'' .

Pour répondre au point I/b), et terminer la démonstration du théorème 1.5 on démontre des résultats analogues aux lemmes 5.1, 5.2 et 5.3 de [1] qui permettent de construire une paramétrix à gauche de l'opérateur P.

BIBLIOGRAPHIE

[1] E. CROC, Y. DERMENJIAN, V. IFTIMIE -"Une classe d'opérateurs pseudo-différentiels partiellement hypoelliptique-analytiques" à paraître au "Journal de mathématiques pures et appliquées" (fasc 3), 1978.

[2] J. FRIBERG - "Estimates for partially hypoelliptic differential operators" Communications du séminaire mathématique de l'Université de Lund, Tome 17 ; 1963, p. 1-97.

[3] L. GÅRDING et B. MALGRANGE - "Opérateurs différentiels partiellement hypoelliptiques et partiellement elliptiques", Math. Scand. 9 (1961) , p. 5-21.

[4] L. HÖRMANDER - "Fourier integral operators I" , Acta Math. 127 : 1-2 (1971) , p. 79-183.

[5] L. BOUTET de MONVEL - "Opérateurs pseudo-différentiels analytiques et opérateurs d'ordre infini" , Annales de l'Institut Fourier, Tome XXII, fasc. 3, p. 229-268.

Elisabeth CROC
Centre Universitaire de Toulon
Chateau Saint-Michel
83130 LA GARDE

Yves DERMENJIAN
Université PARIS-NORD
C.S.P. Département de Mathématiques
Avenue J.B. Clément,
93430 VILLETANEUSE

Viorel IFTIMIE
Université de Bucarest
Faculté de Mathématiques
14, rue Academici,
BUCAREST (Roumanie)

FONCTION ZETA D'EPSTEIN POUR UN OPERATEUR ELLIPTIQUE QUI DEGENERE DANS LA DIRECTION NORMALE

par

Ahmed FITOUHI

Faculté des Sciences de TUNIS

INTRODUCTION

Soit Ω un ouvert borné de $\mathbb{R}^n$. Nous supposons que son bord $\delta\Omega$ est une variété C^∞ de dimension n-1 . Soit φ une fonction réelle, définie dans $\mathbb{R}^n$ telle que :

$$\Omega = \{ x \in \mathbb{R}^n \ , \ \varphi(x) > 0 \}$$

$$d\varphi \neq 0 \quad \text{sur} \quad \delta\Omega \ .$$

Nous allons considérer sur Ω un opérateur L du second ordre, qui dégénère au bord $\delta\Omega$ dans la direction normale seulement. Des opérateurs de ce type ont été étudiés par Baouendi et Goulaouic dans leur article : Itérés d'opérateurs elliptiques et prolongement de fonctions propres (exemple 3, page 3) ([2]) .

Cet opérateur L est la restriction du laplacien-Beltrami d'une variété riemannienne M , aux fonctions de classe C^∞ sur M invariantes par un groupe d'isométries Γ .

L'opérateur L , ayant pour domaine $C^2(\bar{\Omega})$, est symétrique, essentiellement auto-adjoint dans $L^2(\Omega)$, possédant pour valeurs propres $\lambda_0 < \lambda_1 < \dots < \lambda_p < \dots$ de multiplicité finies d_p^o .

Le but de ce travail est de montrer que la fonction zeta d'Epstein associée à l'opérateur L , à savoir :

$$\mathcal{J}^{o}(s) = \sum_{p=1}^{\infty} \frac{d_p^o}{\lambda_p^s}$$

admet un prolongement analytique méromorphe dans le plan complexe. On en déduit le comportement asymptotique de la fonction $N^o(\lambda) = \sum_{\lambda_p<\lambda} d_p^o$ donné par :

$$N^o(\lambda) \sim C\,\lambda^{\frac{n}{2}} \int_\Omega \frac{dx}{\sqrt{\varphi(x)h(x)}} \qquad (\lambda \to \infty) \ .$$

Shimakura a étudié dans ([5]) quelques exemples de fonctions zeta d'Epstein pour les opérateurs dégénérés du second ordre à l'aide de calculs explicites, puis dans ([6]) en construisant la fonction de Green de l'équation de la chaleur associée.

Cet article se compose de quatre paragraphes :

1) Dans le premier paragraphe, nous exprimons l'opérateur L construit à partir du laplacien-Beltrami de la variété M d'équation $y_1^2 + y_2^2 = \varphi(x)$.

2) Au paragraphe 2, nous rappelons les principaux résultats de Minakshisundaram-Pleijel concernant le spectre d'une variété riemannienne compacte ([1]), ([7]), ([3]).

3) Au paragraphe 3, nous étudierons le spectre de l'opérateur L . Nous montrerons que la fermeture de L est le générateur infinitésimal d'un semi-groupe Q_t d'opérateurs auto-adjoints positifs de $L_o^2(M)$, espace des fonctions de carré intégrables sur M , invariantes par le groupe Γ , qui s'identifie avec $L^2(\Omega)$. Soit $Z^o(t)$ la trace de l'opérateur Q_t : $Z^o(t) = \mathrm{tr}(Q_t) = \sum d_p^o\, e^{-\lambda_p t}$. Cette fonction admet une représentation intégrale faisant intervenir une moyenne portant sur la fonction de Green de l'équation de la chaleur sur M .

4) Dans le dernier paragraphe, nous étudierons la fonction zeta d'Epstein associée à L , qui est égale à :

$$\mathcal{J}^{o}(s) = \frac{1}{\Gamma(s)} \int_0^\infty [Z^o(t)-1]\; t^s \;\frac{dt}{t} \ .$$

Pour pouvoir montrer qu'elle admet un prolongement analytique méromorphe, nous serons amenés à l'étude des prolongements analytiques d'intégrales de type :

$$\phi(f,\alpha) = \int_0^{2\pi} \int_\Omega [\psi(x,\theta)]^\alpha f(x,\theta)\, dx\, d\theta \ .$$

Nous préciserons enfin le comportement asymptotique de la fonction :

$$N^o(\lambda) = \sum_{\lambda_p<\lambda} d_p^o \ .$$

1. CONSTRUCTION DE L'OPERATEUR L

On considère dans $\mathbb{R}^{n+2}$ la surface M d'équation $y_1^2 + y_2^2 = \varphi(x)$. C'est une variété C^∞, de dimension $N = n+1$. On la munit de la métrique riemannienne induite par :

$$ds^2 = \sum_{i,j=1}^{n} g_{ij}(x)\, dx_i\, dx_j + h(x)(dy_1^2 + dy_2^2)$$

où (g_{ij}) est une métrique riemannienne de classe C^∞ dans $\mathbb{R}^n$ et h est une fonction de classe $\mathcal{C}^\infty$, strictement positive.

Le groupe $\Gamma = SO(2)$, agissant sur les variables y_1 et y_2, opère sur M en un groupe d'isométries.

On note par $C_0^\infty(M)$ l'ensemble des fonctions de classe C^∞ sur M invariantes par Γ. Il s'identifie de façon naturelle à $\mathcal{C}^\infty(\Omega)$. Une fonction invariante par Γ est dite zonale.

On considère sur M les coordonnées "polaires" :

$$m = (x,\eta) \ ; \ x = (x_1,\ldots,x_n) \in \Omega$$
$$y_1 = \sqrt{\varphi(x)} \ \cos\eta$$
$$y_2 = \sqrt{\varphi(x)} \ \sin\eta \ .$$

L'expression de la métrique dans ces coordonnées est donnée par :

$$ds^2 = \sum_{i,j=1}^{n} \left[g_{ij} + \frac{h}{4\varphi} \frac{\partial\varphi}{\partial x_i} \frac{\partial\varphi}{\partial x_j}\right] dx_i \, dx_j + h\varphi \, d\eta^2 \quad .$$

On note par H la matrice :

$$H = \left(\begin{array}{c|c} g_{ij} + \frac{h}{4\varphi} \frac{\partial\varphi}{\partial x_i} \frac{\partial\varphi}{\partial x_j} & \begin{array}{c} 0 \\ \vdots \\ 0 \end{array} \\ \hline 0 \quad \dots \quad 0 & h\varphi \end{array}\right) = \left(\begin{array}{c|c} A + \lambda B & \begin{array}{c} 0 \\ \vdots \\ 0 \end{array} \\ \hline 0 \quad \dots \quad 0 & h\varphi \end{array}\right)$$

avec $A = (g_{ij})$, $B = (\frac{\partial\varphi}{\partial x_i} \frac{\partial\varphi}{\partial x_j})$, $\lambda = \frac{h}{4\varphi}$

et soit $A^{-1} = (g^{ij})$ la matrice inverse de A .

En utilisant la réduction des formes quadratiques on montre que :

$$\det H = h\,\varphi\,(1+\lambda b) \det A$$

avec

$$b = \|\text{grad}\ \varphi\|^2 = \sum_{i,j=1}^{n} g^{ij} \frac{\partial\varphi}{\partial x_i} \frac{\partial\varphi}{\partial x_j} \quad .$$

On choisira la fonction h de telle sorte que $h\,\varphi\,(1 + \frac{h}{4\varphi} b) \det A = 1$ et alors la mesure riemannienne sur M est $dm = dx\,d\eta$ et sur $\delta\Omega$: $h = \frac{2}{\|\text{grad}\ \varphi\| \sqrt{\det A}}$.

Dans la suite on considérera toujours la fonction h ainsi choisie.

<u>PROPOSITION 1.1</u> - <u>Le laplacien-Beltrami de</u> M <u>est donné dans les coordonnées "polaires" par</u> :

$$\Delta = \sum_{i,j=1}^{n} \frac{\partial}{\partial x_i} (g^{ij} \frac{\partial}{\partial x_j}) - \Lambda^* \Lambda + \frac{1}{h\varphi} \frac{\partial^2}{\partial \eta^2}$$

<u>avec</u>

$$\Lambda = \frac{h}{2} \sqrt{\det A} \sum_{i,j=1}^{n} g^{ij} \frac{\partial\varphi}{\partial x_i} \frac{\partial}{\partial x_j} \quad .$$

La restriction du laplacien-Beltrami aux fonctions zonales est :

$$L = \sum_{i,j=1}^{n} \frac{\partial}{\partial x_i}\left[g^{ij}\frac{\partial}{\partial x_j}\right] - \Lambda^* \Lambda \ .$$

C'est un opérateur elliptique sur Ω , dégénéré sur $\delta\Omega$, de domaine $C^2(\bar{\Omega})$, symétrique par rapport à la mesure de Lebesgue dx et essentiellement auto-adjoint dans $L^2(\Omega)$ de valeurs propres $\lambda_o < \lambda_1 < \dots < \lambda_p < \dots$.

Exemples d'opérateurs L

1) Soient $\Omega =]-1,1[$ et φ la fonction définie par $\varphi(x) = 1-x^2$. En prenant $g_{11} = 1$ et $h = 1$, l'opérateur L est l'opérateur de Legendre :

$$L = \frac{d}{dx}\left[(1-x^2)\frac{d}{dx}\right] = \frac{d^2}{dx^2} - \Lambda^* \Lambda$$

avec $\Lambda = x\frac{d}{dx}$.

2) Soient $\Omega = B_n$ la boule unité dans $\mathbb{R}^n$ et φ la fonction définie par :

$$\varphi(x) = 1 - \|x\|^2 = 1 - (x_1^2+x_2^2+\dots+x_n^2) \ .$$

Si $(g_{ij}) = I$ (identité) , $h = 1$, l'opérateur L est $L = \sum_{i=1}^{n} \frac{\partial^2}{\partial x_i^2} - \Lambda^* \Lambda$.

Λ est l'opérateur d'Euler, c'est-à-dire $\Lambda = \sum_{i=1}^{n} x_i \frac{\partial}{\partial x_i}$.

3) Plus généralement, si Ω est un ouvert borné de $\mathbb{R}^n$ et φ une fonction définie dans $\mathbb{R}^n$ de classe $\mathcal{C}^\infty$ telle que :

$$\Omega = \{x \in \mathbb{R}^n \ , \ \varphi(x) > 0\}$$

$$d\varphi \neq 0 \quad \text{sur } \delta\Omega$$

et si l'on prend $(g_{ij}) = I$, l'opérateur L est donné dans ce cas par :

$$L = \sum_{i=1}^{n} \frac{\partial^2}{\partial x_i^2} - \Lambda^* \Lambda \quad \text{avec} \quad \Lambda = \frac{h}{2} \sum_{i=1}^{n} \frac{\partial\varphi}{\partial x_i}\frac{\partial}{\partial x_i} \ .$$

2. DEVELOPPEMENTS ASYMPTOTIQUES DE MINAKSHISUNDARAM-PLEIJEL

La surface M est une variété riemannienne compacte, de classe C^∞ et de dimension $N = n+1$. Soit Δ le laplacien-Beltrami de M . Les résultats suivants sont dûs à Minakshisundaram et Pleijel ([1]), ([3]), ([7]).

Résultats 1 - Δ est le générateur infinitésimal d'un semi-groupe d'opérateurs auto-adjoints P_t donné par :

$$P_t\, 1 = 1$$
$$P_t\, f(m) = \int_M G(t,m,m')\; f(m')\; dm'$$

avec $G(t,m,m') \geqslant 0$, de classe C^∞ sur $]0,\infty[\times M \times M$.

THEOREME 2.1 - Il existe des fonctions u_j de classe C^∞ sur $M\times M$ et pour tout entier k positif, pour tout $T > 0$, une constante $c > 0$ tels que :

$$G(t,m,m') = \frac{1}{(2\sqrt{\pi t})^N}\, e^{-\frac{r^2(m,m')}{4t}} \left[\sum_{j=0}^{k} t^j\, u_j(m,m')\right] + R_k(t,m,m')$$

avec $\forall\, t \in [0,T]$, $\forall\, m,m' \in M$: $|R_k(t,m,m')| \leqslant c\, t^{k-\frac{N}{2}+1}$

et $r(m,m')$ est la distance géodésique de m à m' .

Résultats 2 - L'opérateur Δ , de domaine $H^2(M) = \{u \in L^2(M)\ ,\ \Delta u \in L^2(M)\}$, est auto-adjoint, de spectre discret. Les valeurs propres de $-\Delta$ sont :

$$0 = \lambda_0 < \lambda_1 < \lambda_2 < \dots < \lambda_p < \dots\ .$$

On note par d_p les dimensions des sous-espaces $\mathcal{H}_p$ associés aux valeurs propres λ_p .

L'opérateur P_t a une trace donnée pour $t > 0$ par :

$$Z(t) = tr(Q_t) = \sum_{p=0}^{\infty} d_p\, e^{-\lambda_p t} = \int_M G(t,m,m\,)\, dm\ .$$

Du théorème 2.1 on déduit que pour tout k :

$$Z(t) = \frac{1}{(2\sqrt{\pi t})^N} \left[\sum_{j=0}^{k} a_j t^j \right] + O(t^{k-\frac{N}{2}+1}) \qquad (t \to 0)$$

avec $a_j = \int_M u_j(m,m)\, dm$ et comme $u_0(m,m) = 1$, a_0 est égale au volume V de M .
On associe au laplacien-Beltrami Δ de M la fonction zeta d'Epstein définie par :

$$\mathcal{J}(s) = \sum_{p=1}^{\infty} \frac{d_p}{\lambda_p^p} .$$

THEOREME 2.2 - La fonction zeta d'Epstein, qui est définie et holomorphe dans le domaine $\operatorname{Re} s > \frac{N}{2}$, se prolonge analytiquement dans le plan complexe en une fonction méromorphe.
Si N est impair, les pôles sont $\frac{N}{2}, \frac{N}{2} - 1 , \ldots , \frac{N}{2} - k , \ldots$
Si N est pair, les pôles sont $\frac{N}{2}, \frac{N}{2} - 1 , \ldots, 2, 1$.

Pour la démonstration, il suffit de remarquer que la fonction zeta d'Epstein s'écrit : $\mathcal{J}(s) = \frac{1}{\Gamma(s)} \int_0^{\infty} [Z(t)-1]\, t^s \frac{dt}{t}$.

De ce théorème découle rapidement le corollaire suivant.

COROLLAIRE 2.1 - D'après le théorème d'Ikehara la fonction $N(\lambda) = \sum_{\lambda_p < \lambda} d_p$ possède le comportement asymptotique suivant : $N(\lambda) \sim \frac{V}{(2\sqrt{\pi})^N} \frac{\lambda^{\frac{N}{2}}}{\Gamma(\frac{N}{2}+1)} \quad (\lambda \to \infty)$.

3. SEMI-GROUPE Q_t ET SPECTRE DE L'OPERATEUR L

On note par $L^2_o(M)$ l'espace des fonctions zonales de $L^2(M)$, qui s'identifie naturellement à $L^2(\Omega,dx)$.

Si λ_p sont les valeurs propres de $-\Delta$ sur M et $\mathcal{H}_p$ les sous-espaces propres correspondants de dimension d_p, on note $\mathcal{H}_p^o$ l'espace des fonctions zonales de $\mathcal{H}_p$ et par d_p^o la dimension de $\mathcal{H}_p^o$ $(0 \leqslant d_p^o \leqslant d_p)$.
Soit Q le projecteur de $L^2(M)$ sur $L_o^2(M)$ défini par :

$$Q\, f(m) = \frac{1}{2\pi} \int_0^{2\pi} f(\gamma_\theta\, m)\, d\theta$$

où $\gamma_\theta \in \Gamma = SO(2)$.

PROPOSITION 3.1 - Le projecteur Q commute avec Δ et P_t. De plus, on a :

$$L = Q\Delta = \Delta Q$$

$$Q_t = P_t Q = Q\, P_t\, .$$

On met ainsi en évidence un semi-groupe Q_t.

PROPOSITION 3.2

i) Les opérateurs Q_t constituent un semi-groupe d'opérateurs auto-adjoints positifs de $L_o^2(M)$ dont le générateur infinitésimal est la fermeture de L.

ii) Le sous-espace propre $\mathcal{H}_p^o$ est un sous-espace propre de l'opérateur Q_t pour la valeur propre $e^{-\lambda_p t}$.

La démonstration de cette proposition est analogue à celle qui concerne les opérateurs P_t.

On considère maintenant la fonction $Z^o(t)$ associée à l'opérateur L, qui est définie par $Z^o(t) = \sum_{p=0}^{\infty} d_p^o\, e^{-\lambda_p t} = tr(Q_t)$.

Or $Q_t\, f(m) = \frac{1}{2} \int_0^{2\pi} \int_M G(t,\gamma_\theta\, m,m')\, f(m')\, dm'\, d\theta$.

Ceci entraîne que $Z^o(t) = \frac{1}{2\pi} \int_0^{2\pi} \int_M G(t,\gamma_\theta\, m,m)\, dm\, d\theta$.

PROPOSITION 3.3 - La fonction $Z^o(t)$ possède la représentation intégrale suivante :

$$Z^o(t) = \frac{1}{2\pi} \int_0^{2\pi} \int_\Omega \tilde{G}(t,x,\theta)\, dx\, d\theta$$

avec $\tilde{G}(t,x,\theta) = G(t,m,\gamma_\theta m)$.

En effet, si $m = (x,\eta) \in M$, alors $\gamma_\theta m = (x,\eta+\theta)$ et par raison d'invariance on a : $G(t,m,\gamma_\theta m) = \tilde{G}(t,x,\theta)$.

Si l'on utilise le développement de Minakshisundaram-Pleijel (Théorème 2.1), on obtient :

$$\tilde{G}(t,x,\theta) = \frac{1}{(2\sqrt{\pi t})^N} e^{-\frac{\psi(x,\theta)}{4t}} \left[\sum_{j=0}^{k} t^j u_j(x,\theta)\right] + \tilde{R}_k(t,x,\theta)$$

avec sur $[0,T]$: $|\tilde{R}_k(t,x,\theta)| \leqslant c\, t^{k-\frac{N}{2}+1}$ et où $\psi(x,\theta) = r^2(m,\gamma_\theta m)$.

4. PROLONGEMENT ANALYTIQUE DE LA FONCTION $\mathcal{J}^o(s)$ ASSOCIEE A L

On définit pour l'opérateur L la fonction zeta d'Epstein par :

$$\mathcal{J}^o(s) = \sum_{p=1}^{\infty} \frac{d_p^o}{\lambda_p^s} .$$

PROPOSITION 4.1 - La fonction $\mathcal{J}^o(s)$ est convergente dans le domaine $D = \{s = \sigma+i\nu \ , \ \sigma > \frac{N}{2}\}$ et elle s'écrit $\mathcal{J}^o(s) = \frac{1}{\Gamma(s)} \int_0^\infty [Z^o(t)-1]\, t^s \frac{dt}{t}$.

En effet, on a $\frac{\Gamma(s)}{z^s} = \int_0^\infty e^{-zt}\, t^s \frac{dt}{t}$ et on a aussi $Z^o(t)-1 = O(e^{-\alpha t})$, $\alpha > 0$, $t \to \infty$.

De ces deux remarques découle la proposition.

On conclut de ceci que pour montrer que la fonction $\mathcal{J}^o(s)$ se prolonge analytiquement en une fonction méromorphe, il suffit de le prouver pour la fonction

$$\mathcal{J}_1^o(s) = -\frac{1}{s\Gamma(s)} + \frac{1}{\Gamma(s)} \int_0^1 Z^o(t)\, t^s \frac{dt}{t} \ .$$

Pour cela, on a besoin des résultats suivants.

LEMME 4.1 - Pour $z > 0$ la fonction $F(z,\alpha) = \int_0^1 e^{-\frac{z}{t}}\, t^\alpha \frac{dt}{t}$ est entière en α et si $\alpha \notin \mathbb{N}$ on a $F(z,\alpha) = z^\alpha\, \Gamma(-\alpha) - \sum_{p=0}^{\infty} \frac{(-1)^p}{p!} \frac{z^p}{p-\alpha}$.

PROPOSITION 4.2 - Il existe une fonction ψ_0 strictement positive, de classe C^∞ sur $\bar{\Omega} \times [0,2\pi]$ telle que le carré de la distance géodésique de m à $\gamma_\theta\, m$ sur M soit donné par $\psi(x,\theta) = \varphi(x)\, \theta^2\, \psi_0(x,\theta)$.

En effet, il n'y a de problème qu'au voisinage des points où $\psi(x,\theta) = 0$. Soit x_o un point de $\delta\Omega$, $\varphi(x_o) = 0$. On peut supposer que $\frac{\partial\varphi}{\partial x_n}(x_o) \neq 0$ (par hypothèse $d\varphi \neq 0$ sur $\delta\Omega$) sur M, on peut prendre comme coordonnées locales au voisinage de x_o : $(x_1,x_2,\ldots,x_{n-1},y_1,y_2)$. Si m et m' sont deux points de M , $r^2(m,m')$ est une fonction de classe $\mathcal{C}^\infty$ sur $M \times M$. On pose :

$$m = (x_1,x_2,\ldots,x_{n-1},y_1,0)$$

$$m' = (x_1,x_2,\ldots,x_{n-1},y_1 \cos\theta\, ,y_1 \sin\theta) \ .$$

Alors $r^2(m,m')$ est une fonction de classe $\mathcal{C}^\infty$ des variables $x_1,x_2,\ldots,x_{n-1},y_1,\theta$ paire par rapport à y_1 et paire par rapport à θ .

$$r^2(m,m') = G(x_1,x_2,\ldots,x_{n-1},y_1,\theta)$$

$$G(x_1,x_2,\ldots,x_{n-1},-y_1,\theta) = G(x_1,x_2,\ldots,x_{n-1},y_1,\theta)$$

$$G(x_1,x_2,\ldots,x_{n-1},y_1,-\theta) = G(x_1,x_2,\ldots,x_{n-1},y_1,\theta) \ .$$

D'autre part $G(x_1,x_2,\ldots,x_{n-1},0,\theta) = 0$

$$G(x_1,x_2,\ldots,x_{n-1},y_1,0) = 0 \ .$$

De plus $y_1^2 = \varphi(x_1,x_2,\ldots,x_{n-1},x_n)$.

Le résultat se déduit du lemme suivant.

LEMME 4.2 - Soit f une fonction de classe C^∞ dans $\mathbb{R}^2 \times \mathbb{R}^n$, $f(x,y;z)$, $(x,y) \in \mathbb{R}^2$, $z \in \mathbb{R}^n$. Supposons

$$f(-x,y;z) = f(x,y;z)$$
$$f(x,-y;z) = f(x,y;z)$$
$$f(0,y;z) = f(x,0;z) = 0 \ .$$

Alors il existe une fonction g de classe C^∞ dans $\mathbb{R}^2 \times \mathbb{R}^n$ telle que :

$$f(x,y;z) = x^2 y^2 g(x,y;z) \ .$$

PROPOSITION 4.3 - Si $\psi(x,\theta)$ est la fonction distance géodésique $r^2(m,\gamma_\theta\, m)$, alors l'intégrale

$$\phi(f,\alpha) = \int_0^{2\pi} \int_\Omega [\psi(x,\theta)]^\alpha \; f(x,\theta)\; d\theta\, dx$$

où f est une fonction de $\mathcal{D}(\bar{\Omega} \times [0,2\pi])$ paire par rapport à θ , admet un prolongement analytique méromorphe ayant des pôles simples en $-\frac{1}{2},-1,-\frac{3}{2},-2,\ldots$.
Le résidu en $\alpha = -\frac{1}{2}$ est $\frac{1}{2} \int_\Omega \frac{f(x,0)}{\sqrt{\varphi(x) h(x)}}\, dx$.

En effet, d'après la proposition 4.2, on a $\psi(x,\theta) = \varphi(x)\; \theta^2\; \psi_0(x,\theta)$, d'où

$$\phi(f,\alpha) = \int_0^{2\pi} \theta^{2\alpha} \left\{ \int_\Omega [\varphi(x)\;\psi_0(x,\theta)]^\alpha\; f(x,\theta)\; dx \right\} d\theta = \int_0^{2\pi} \theta^{2\alpha}\; F(\alpha,\theta)\; d\theta$$ où l'on

a posé : $F(\alpha,\theta) = \int_\Omega [\varphi(x)\;\psi_0(x,\theta)]^\alpha\; f(x,\theta)\; dx$.

La fonction $F(\alpha,\theta)$ se prolonge analytiquement dans le plan complexe en une fonction méromorphe admettant des pôles simples en $-1,-2,\ldots,-k,\ldots$.
En effet, si l'on remarque que $\{x \;/\; \varphi(x)\;\psi_0(x,\theta) = 0\} = \delta\Omega$ et que $d_x(\varphi\;\psi_0) = \psi_0\; d\varphi$ sur $\delta\Omega$ on utilise alors (^{4}) page 312 pour avoir le résultat.

D'autre part, la fonction $F(\alpha,\theta)$ est paire en θ. Son développement de Taylor est donné par :

$$F(\alpha,\theta) = F(\alpha,0) + \frac{\theta^2}{2!} F_\theta^{(2)}(\alpha,0) + \dots + \frac{\theta^{2(k-1)}}{(2k-2)!} F_\theta^{(2k-2)}(\alpha,0) + \frac{\theta^{2k}}{(2k)!} F_1(\alpha,\theta) \quad .$$

On a alors :

$$\int_0^{2\pi} \theta^{2\alpha} F(\alpha,\theta)\, d\theta = \sum_{p=0}^{k-1} \frac{F_\theta^{(2p)}(\alpha,0)}{(2p)!} \times \frac{(2\pi)^{2\alpha+2p+1}}{2(\alpha+\frac{2p+1}{2})} + \frac{1}{(2k)!} \int_0^{2\pi} \theta^{2\alpha+2k} F_1(\alpha,\theta)\, d\theta \, .$$

Les pôles sont $-\frac{1}{2}, -\frac{3}{2}, \dots, -\frac{2p+1}{2}, \dots$.

En groupant les résultats ci-dessus, on voit que l'intégrale $\phi(f,\alpha)$ admet un prolongement analytique méromorphe avec des pôles simples en $-\frac{1}{2}, -1, -\frac{3}{2}, \dots$.

Reste à montrer que le résidu au premier pôle $\alpha = -\frac{1}{2}$ est donné par $\frac{1}{2} \int_\Omega \frac{1}{\sqrt{\varphi(x) h(x)}} f(x,0)dx$. Le résidu en $\alpha = -\frac{1}{2}$ est égal à :

$$\frac{1}{2} F(0,-\tfrac{1}{2}) = \frac{1}{2} \int_\Omega \frac{1}{\sqrt{\varphi(x)\ \psi_0(x,0)}} f(x,0)\, dx \quad .$$

Il suffit de prouver que $h(x) = \psi_0(x,0)$ ce qui est vrai car pour x fixé dans Ω, la distance géodésique de m à $\gamma_\theta m$ est équivalente, lorsque θ tend vers 0, à la longueur de l'arc de cercle paramétré par $t \longmapsto \gamma_t m$, c'est-à-dire :
$\psi(x,\theta) \sim h(x)\,\varphi(x)\,\theta^2 \quad (\theta \to 0)$.

<u>THEOREME 4.1 - La fonction $\mathcal{J}^0(s)$ associée à l'opérateur L admet un prolongement analytique méromorphe avec des pôles simples en</u> $\frac{n}{2}, \frac{n}{2}-\frac{1}{2}, \frac{n}{2}-1, \dots, 1, \frac{1}{2}, -\frac{1}{2}, -\frac{3}{2}, \dots, -\frac{2k+1}{2}, \dots$
<u>Le résidu en</u> $\frac{n}{2}$ <u>est</u> :

$$\operatorname{Res}(\mathcal{J}^0, \tfrac{n}{2}) = \frac{1}{16(2\sqrt{\pi})^n\, \Gamma(\frac{n}{2})} \int_\Omega \frac{1}{\sqrt{\varphi(x) h(x)}}\, dx \, .$$

Démonstration

On a : $$\mathcal{J}_1^o(s) = \frac{-1}{s\Gamma(s)} + \frac{1}{\Gamma(s)} \int_0^1 Z^o(t)\, t^s \frac{dt}{t}$$

$$= \frac{-1}{s\Gamma(s)} + \frac{1}{2\pi\Gamma(s)} \int_0^{2\pi} \int_\Omega \int_0^1 \tilde{G}(t,x,\theta)\, t^s \frac{dt}{t}\, dx\, d\theta$$

pour $x \in \Omega$, $\theta \neq 0$ la fonction $\psi(x,\theta) > 0$ et par suite

$$\int_0^1 \tilde{G}(t,x,\theta)\, t^s \frac{dt}{t} = \frac{1}{(2\sqrt{\pi})^N} \sum_{j=0}^{k} \tilde{u}_j(x,\theta)\, F(\frac{\psi(x,\theta)}{4}, s-\frac{N}{2}+j) + \int_0^1 \tilde{R}_k(t,x,\theta)\, t^s \frac{dt}{t}$$

d'où

$$\mathcal{J}_1^o(s) = \frac{-1}{s\Gamma(s)} + \frac{1}{2\pi\Gamma(s)} \sum_{j=0}^{k} \int_0^{2\pi} \int_\Omega F(\frac{\psi(x,\theta)}{4}, s-\frac{N}{2}+j)\, \tilde{u}_j(x,\theta)\, dx\, d\theta$$

$$+ \frac{1}{2\pi\Gamma(s)} \int_0^{2\pi} \int_\Omega \int_0^1 \tilde{R}_k(t,x,\theta)\, t^s \frac{dt}{t}\, dx\, d\theta \quad .$$

On est amené à considérer des intégrales de type :

$$I(\tilde{u},\alpha) = \int_0^{2\pi} \int_\Omega F(\frac{\psi(x,\theta)}{4}, \alpha)\, \tilde{u}(x,\theta)\, dx\, d\theta \quad .$$

En vertu du lemme 4.1, on a :

$$I(\tilde{u},\alpha) = \Gamma(-\alpha) \int_0^{2\pi} \int_\Omega \left[\frac{\psi(x,\theta)}{4}\right]^\alpha \tilde{u}(x,\theta)\, dx\, d\theta$$

$$- \sum_{p=0}^{\infty} \frac{(-1)^p}{p!} \frac{1}{p-\alpha} \int_0^{2\pi} \int_\Omega \left[\frac{\psi(x,\theta)}{4}\right]^p \tilde{u}(x,\theta)\, dx\, d\theta$$

qui s'écrit encore :

$$I(\tilde{u},\alpha) = \Gamma(-\alpha)\, \phi(u,\alpha) - \sum_{p=0}^{\infty} \frac{(-1)^p}{p!} \frac{1}{p-\alpha}\, \phi(\tilde{u},p) \; .$$

Comme les fonctions $\tilde{u}_j(x,\theta)$ sont paires en θ , la proposition 4.3 nous conduit à dire que l'intégrale $I(\tilde{u},\alpha)$ $(\tilde{u} = \tilde{u}_j)$ admet un prolongement analytique méromorphe avec des pôles en $-\frac{1}{2},-1,-\frac{3}{2},\ldots$.

Le résidu en $\alpha = -\frac{1}{2}$ est $\frac{\sqrt{\pi}}{2^2}\int_\Omega \frac{\tilde{u}(x,0)}{\sqrt{\varphi(x)h(x)}}\,dx$.

On exprime maintenant $\mathcal{J}_1^0(s)$ en fonction des intégrales $I(\tilde{u}_j,\alpha)$.

$$\mathcal{J}_1^0(s) = \frac{-1}{s\Gamma(s)} + \frac{1}{2\pi\Gamma(s)}\,\frac{1}{(2\sqrt{\pi})^N}\sum_{j=0}^{k} I(\tilde{u},s-\tfrac{N}{2}+j)$$

$$+\frac{1}{2\pi\Gamma(s)}\int_0^{2\pi}\int_\Omega\int_0^1 \tilde{R}(t,x,\theta)\,t^s\,\frac{dt}{t}\,dx\,d\theta\ .$$

La fonction $\int_0^{2\pi}\int_\Omega\int_0^1 \tilde{R}(t,x,\theta)\,t^s\,\frac{dt}{t}\,dx\,d\theta$ est holomorphe pour $\mathrm{Re}\ s > +\frac{N}{2} - k - 1$

car $\int_\Omega\int_0^1 |\tilde{R}_k(t,x,\theta)|\,dx\,d\theta \leqslant c\ t^{k-\frac{N}{2}+1}$.

Le résultat du théorème se déduit des prolongements analytiques des intégrales $I(\tilde{u}_j,s-\frac{N}{2}+j)$. Le premier pôle est obtenu en prenant $j = 0$, $s-\frac{N}{2} = -\frac{1}{2}$. Or $N = n+1$, donc $s = \frac{n}{2}$.

Il a pour résidu $\frac{1}{16(2\sqrt{\pi})^n\,\Gamma(\frac{n}{2})}\int_\Omega \frac{\tilde{u}_0(x,0)}{\sqrt{\varphi(x)h(x)}}\,dx$ et comme $u_0(m,m) = 1$, on a $\tilde{u}_0(x,0) = 1$ et par suite $\mathrm{Res}(\mathcal{J}^o,\frac{n}{2}) = \frac{1}{16(2\sqrt{\pi})^n\,\Gamma(\frac{n}{2})}\int_\Omega \frac{dx}{\sqrt{\varphi(x)h(x)}}$.

<u>Remarque</u> - On peut montrer que le résidu du deuxième pôle $\frac{n-1}{2}$ s'exprime à l'aide d'une intégrale sur le bord $\delta\Omega$.

<u>COROLLAIRE 4.1</u> - <u>La fonction</u> $N^0(\lambda) = \sum_{\lambda_p<\lambda} d_p^0$ <u>possède le comportement asymptotique</u>

$$N^0(\lambda) \sim \frac{\lambda^{\frac{n}{2}}}{16(2\sqrt{\pi})^n\,\Gamma(\frac{n}{2})}\int_\Omega \frac{dx}{\sqrt{\varphi(x)h(x)}} \qquad (\lambda\to\infty)\ .$$

BIBLIOGRAPHIE

(1) J. FARAUT . Spectre d'une variété riemannienne compacte .
Séminaire de théorie spectrale 1972-1973 .
Université Louis Pasteur 7 rue Descartes 67084 Strasbourg .

(2) BAOUENDI- GOULAOUIC . Itérés d'opérateurs elliptiques et prolongement de fonctions propres .

(3) MINAKSHISUNDARAM and PLEIJEL . Some propertie of the eigenfunctions of the laplace operator on riemannian manifolds .
Canad. J. Math. 1 (1949) pp 242-256 .

(4) GUELFAND-CHILOV . Les distributions .
Dunod 1962 .

(5) SHIMAKURA . Quelques exemples de ζ-fonctions d'Epstein pour les opérateurs elliptiques dégénérés du second ordre .
Proc. Jap. Acad. Vol 45 n° 10 (1969) 866-871 .

(6) SHIMAKURA . Sur les ζ -fonctions d'Epstein pour les opérateurs elliptiques dégénérés .
T ô koku Math. J. 26 (1974) 95-131 .

(7) BERGER-GOUDUCHON-MAZET . Le spectre d'une variété riemannienne .
Lecture Notes Springer 194 (1971) .

UNE GENERALISATION DU THEOREME DE PROPAGATION DES SINGULARITES POUR LES OPERATEURS A SYMBOLE PRINCIPAL REEL

par

T. HARDIN et A. LAVILLE

Le but de cet exposé est de démontrer un résultat de propagation des singularités dans un cas généralisant la situation classique d'un opérateur à symbole principal réel : on suppose ici, essentiellement, que le hamiltonien de l'opérateur est proportionnel à une perturbation d'un champ de vecteurs de l'espace cotangent, homogène sous l'action d'un groupe de tranformationsde cet espace. On se limite dans ce travail au cas où ce groupe admet pour générateur infinitésimal l'opérateur $\mathcal{E} = \sum_{j,k} a_j^k \xi_j \frac{\partial}{\partial \xi_k}$ où la matrice (a_j^k) est constante et a toutes ses valeurs propres réelles strictement positives.

Le cas où cette matrice est diagonale et où l'opérateur considéré admet un symbole principal réel homogène sous l'action du groupe engendré par $\mathcal{E}$, a été traité par Richard LASCAR ([2] théorème 4. 1) ; le cas où en outre cette matrice est l'identité est le cas classique ([1] théorème 3. 2. 1).

Dans le théorème prouvé ici, la différence entre le hamiltonien complet de l'opérateur et sa partie principale homogène peut être assez importante, ce qui permet de traiter par exemple les opérateurs de symboles $\xi_1 + \frac{|\xi|}{\operatorname{Log}|\xi|}$ ou bien $\xi_1^4 - |\xi|^2 = (\xi_1^2 + |\xi|)(\xi_1 - \sqrt{|\xi|})(\xi_1 + \sqrt{|\xi|})$.

0 - Notations et définitions

On pose $\mathcal{E} = \sum_{j,k=1}^{n} a_j^k \xi_j \frac{\partial}{\partial \xi_k}$, où la matrice constante (a_j^k) a toute ses valeurs propres réelles strictement positives ; on note λ la plus petite et ν la plus grande. On note $\Phi^t(x,\xi)$ le flot du champ de vecteurs $\mathcal{E}$ (dans le cas classique on a $\Phi^t(x,\xi) = (x, e^t\xi)$). Une partie A de $\mathbb{R}^n \times (\mathbb{R}^n \setminus \{0\})$ sera dite $\mathcal{E}$-conique (resp. $\mathcal{E}$-semi conique) si l'on a $\Phi^t(A) \subset A$ pour tout $t \in \mathbb{R}$ (resp. $t \geqslant 0$). Une partie $\mathcal{E}$-semi conique sera dite à base compacte si elle peut s'écrire $\bigcup_{t \geqslant 0} \Phi^t(B)$ où B est une partie compacte de $\mathbb{R}^n \times (\mathbb{R}^n \setminus \{0\})$.

Une fonction f à valeurs complexes, définie sur $\mathbb{R}^n \times (\mathbb{R}^n \setminus \{0\})$ sera dite $\mathcal{E}$-homogène de degré m si

$$f \circ \Phi^t(x,\xi) = e^{mt} f(x,\xi)$$

ou encore (si f est de classe C^1) $\mathcal{E}f = mf$.

On appelle Σ un ellipsoïde dans $\mathbb{R}^n_\xi$ centré à l'origine et transverse au champ $\mathcal{E}$. Avec R. Lascar, on notera $[\xi]$ le prolongement $\mathcal{E}$-homogène de degré 1 de la fonction valant 1 sur Σ.

I - Classes de symboles, front d'onde et espaces de Sobolev associés à $\mathcal{E}$

Définition 1. 1 :

On appelle $S^m_{\mathcal{E}}$ l'ensemble des fonctions a, de classe C^∞ sur $\mathbb{R}^{2n}$, vérifiant la propriété suivante :

Pour toute famille finie $X_1 \dots X_p$ de champs de vecteurs, à coefficients C^∞ sur $\mathbb{R}^{2n}$ et indépendants de x, commutant avec $\mathcal{E}$ pour $[\xi] \geq 1$, il existe une constante C telle que

$$|X_1 \dots X_p \; a(x,\xi)| \leq C(1+[\xi])^m$$

On dira qu'une famille $(a_i)_{i\in I}$ d'éléments de $S^m_{\mathcal{E}}$ est bornée si la constante C ci-dessus ne dépend pas de l'indice i.

On montre que si ρ est un nombre réel vérifiant $\rho < \frac{\lambda}{\nu}$ on a l'inclusion

$$S^m_{\mathcal{E}} \subset \bigcap_{m'>M} S^{m'}_{\rho,0} \quad \text{où } M = \max\left(\frac{m}{\lambda}, \frac{m}{\nu}\right) ;$$

dans le cas m = 0 on a $S^0_{\mathcal{E}} \subset S^0_{\rho,0}$.

Proposition 1. 1

Notons Op(a) l'opérateur de symbole a,

$$\partial^\alpha_\xi = \frac{\partial^{|\alpha|}}{\partial\xi_1^{\alpha_1}\dots\partial\xi_n^{\alpha_n}} \quad \text{et} \quad D^\alpha_x = \left(\frac{1}{2i\pi}\right)^\alpha \frac{\partial^{|\alpha|}}{\partial x_1^{\alpha_1}\dots\partial x_n^{\alpha_n}}$$

On a le calcul symbolique suivant :

1) Si $a \in S^m_{\mathcal{E}}$ et si a* est le symbole de (Op(a))*, $a^* \in S^m_{\mathcal{E}}$ et
$a^* - \sum_{|\alpha|<k} \frac{1}{\alpha!} D^\alpha_x \partial^\alpha_\xi \bar{a} \in \bigcap_{m'>m-k\lambda} S^{m'}_{\mathcal{E}}$.

2) Si $a \in S_{\mathcal{E}}^{m_1}$ et $b \in S_{\mathcal{E}}^{m_2}$ et si aob est le symbole de Op(a) Op(b),

$$\text{aob} \in S_{\mathcal{E}}^{m_1+m_2} \quad \text{et aob} - \sum_{|\alpha|<k} \frac{1}{\alpha!} D_x^{\alpha} a \, \partial_{\xi}^{\alpha} b \in \bigcap_{m'>m_1+m_2-k\lambda} S_{\mathcal{E}}^{m'} .$$

__Définition 1. 2__ :

Soit $u \in \mathcal{E}'(\mathbb{R}^n)$; on définit $WF_{\mathcal{E}}(u)$ comme suit :

Soit $(x°,\xi°) \in \mathbb{R}^n \times (\mathbb{R}^n \setminus \{0\})$, on dit que $(x°,\xi°) \notin WF_{\mathcal{E}}(u)$ si et seulement si il existe un voisinage $\mathcal{E}$-conique V de $(x°,\xi°)$ tel que :
pour tout symbole $a \in S_{\mathcal{E}}^{o}$ vérifiant supp $a \subset V$

$$\text{Op}(a)\, u \in C^{\infty}(\mathbb{R}^n) .$$

L'ensemble $WF_{\mathcal{E}}(u)$ est une partie $\mathcal{E}$-conique fermée de $\mathbb{R}^n \times (\mathbb{R}^n \setminus \{0\})$ dont la projection dans l'espace des x est le support singulier de u.

__Définition 1. 3__ :

On définit $H_{\mathcal{E}}^s(\mathbb{R}^n)$ comme l'ensemble des u éléments de $\mathcal{S}'(\mathbb{R}^n)$ vérifiant : $(1 + [\xi])^s \, \hat{u}(\xi) \in L^2(\mathbb{R}^n)$.

On vérifie que si a est élément de $S_{\mathcal{E}}^n$, Op(a) opère continuement de $H_{\mathcal{E}}^s(\mathbb{R}^n)$ dans $H_{\mathcal{E}}^{s-m}(\mathbb{R}^n)$; de plus, si $(a_i)_{i\in I}$ est une famille bornée d'éléments de $S_{\mathcal{E}}^m$ et si $u \in H_{\mathcal{E}}^s(\mathbb{R}^n)$, la famille $(\text{Op}(a_i)\, u)_{i\in I}$ est bornée dans $H_{\mathcal{E}}^{s-m}(\mathbb{R}^n)$.

__Définition 1. 4__ :

Soit $u \in \mathcal{E}'(\mathbb{R}^n)$; on dira que u est $H_{\mathcal{E}}^s$ en un point $(x°,\xi°)$ de $\mathbb{R}^n \times (\mathbb{R}^n \setminus \{0\})$ si et seulement si il existe un voisinage $\mathcal{E}$-conique V de $(x°,\xi°)$ tel que pour tout symbole $a \in S_{\mathcal{E}}^{o}$ vérifiant supp $a \subset V$, $\text{Op}(a)\, u \in H_{\mathcal{E}}^s(\mathbb{R}^n)$.

__Proposition 1. 2__ :

Soit $u \in \mathcal{E}'(\mathbb{R}^n)$ et soit $(x°,\xi°) \in \mathbb{R}^n \times (\mathbb{R}^n \setminus \{0\})$; u est $H_{\mathcal{E}}^s$ en $(x°,\xi°)$ si et seulement si il existe un voisinage $\mathcal{E}$-conique W de $(x°,\xi°)$ tel que pour tout ensemble K, $\mathcal{E}$-semi conique à base compacte, contenu dans W, Re(Op(b) u, u) reste borné quand b, élément de $S^{-\infty}$, varie en gardant son support dans K et en restant borné dans $S_{\mathcal{E}}^{2s}$.

II - Hamiltonien principal et propagation des singularités

Définition 2. 1 :

Soit p_1 un symbole dans une classe $S^m_{\mathcal{E}}$. On dira que p_1 admet un hamiltonien principal en (x^o,ξ^o), s'il existe un voisinage $\mathcal{E}$-conique V de (x^o,ξ^o) tel que, dans V et pour $[\xi]$ assez grand, le champ de vecteurs

$$H_{p_1} = \sum_{j=1}^{n} \frac{\partial p_1}{\partial \xi_j}\frac{\partial}{\partial x_j} - \frac{\partial p_1}{\partial x_j}\frac{\partial}{\partial \xi_j} \quad \text{s'écrit} \quad H_{p_1} = e^{-\varphi}\,(\tilde{H} + \sum_{j=1}^{2n} f_j X_j)$$

où

- Les champs de vecteurs $\tilde{H}$ et X_j commutent avec $\mathcal{E}$ et $\tilde{H}$ est non nul en (x^o,ξ^o).
- Les fonctions f_j , éléments de $S^o_{\mathcal{E}}$, vérifient : $f_j \circ \Phi^t(x,\xi)$ tend vers zéro quand t tend vers $+\infty$, uniformément sur tout compact contenu dans V.
- La fonction φ est un élément de $\bigcap_{m'>0} S^{m'}_{\mathcal{E}}$ et il existe une constante K telle que $|\varphi(x,\xi)| \leq K(1 + \mathrm{Log}[\xi])$ pour tout (x,ξ) avec $[\xi] \geq 1$.

On appelle alors $\tilde{H}$ le hamiltonien principal de p_1 et ses courbes intégrales sont appelées bicaractéristiques de p_1 .

Remarque : $\tilde{H}$ est unique à la multiplication près par une fonction $\mathcal{E}$-homogène de degré 0. Les bicaractéristiques sont donc intrinsèquement liées à p_1.

Théorème 2. 1 :

Soit P un opérateur pseudo différentiel de symbole $p_1 + iq_1$; on suppose que p_1 admet un hamiltonien principal en un point (x^o,ξ^o) de $\mathbb{R}^n \times (\mathbb{R}^n \setminus \{0\})$ et que, avec les notations de la définition 2. 1, $e^{-\varphi}\, q_1 \in S^o_{\mathcal{E}}$.

Soit ψ un élément de $\bigcap_{m'>0} S^{m'}_{\mathcal{E}}$, à valeurs réelles, vérifiant : il existe une constante K' telle que $|\psi(x,\xi)| \leq K'\,(1 + \mathrm{Log}[\xi])$ pour tout (x,ξ) avec $[\xi] \geq 1$.

On suppose de plus que $e^{-\varphi} H_{p_1}(2\psi - \varphi) \in S^o_{\mathcal{E}}$.

Soit I un segment de bicaractéristique de p_1 d'extrémités (x^1,ξ^1) et (x^2,ξ^2) ; soient s un nombre réel quelconque et δ un nombre réel vérifiant $0 < \delta < \lambda$, et soit enfin $u \in \mathcal{E}'(\mathbb{R}^n)$.

Supposons que $Op(e^{\psi-\varphi})Pu$ est $H^{s+\frac{\delta}{2}}_{\mathcal{E}}$ en tout point de I

et que $Op(e^{\psi})\,u$ est $H^s_{\mathcal{E}}$ en (x^2,ξ^2)

Alors : $Op(e^{\psi})\,u$ est $H^s_{\mathcal{E}}$ en (x^1,ξ^1).

Le démonstration de ce théorème utilise la proposition 1. 2 et le lemme suivant :

Lemme 2. 1 : Soit γ une fonction de $\mathbb{R}^{2n}$ dans $\mathbb{C}$ telle que $e^{-\varphi}\gamma$ appartienne à $S^o_{\mathcal{E}}$ et soient V et V_2 deux ouverts $\mathcal{E}$-coniques contenant respectivement I et (x^2,ξ^2) ; alors il existe un voisinage $\mathcal{E}$-semi conique V_1 de (x^1,ξ^1) et une application $a \mapsto (b,f)$, définie pour tout $a \in S^{-\infty}$ tel que supp a soit contenu dans V_1, vérifiant les propriétés suivantes :

1) Pour tout a,b et f sont éléments de $S^{-\infty}$; supp $b \subset V_2$ et supp $f \subset V$

2) $H_{p_1} f + \gamma f = e^{\varphi}(a - b)$

3) Si a varie en restant dans une partie bornée de $S^{2s}_{\mathcal{E}}$, b et f restent dans une partie bornée de $S^{2s}_{\mathcal{E}}$.

Démonstration du théorème 2. 1 :

Par récurrence, étant donné que le point (x^1,ξ^1) peut être remplacé par n'importe quel point de I, on peut supposer que $Op(e^{\psi})$ u est $H^{s-\frac{\delta}{2}}_{\mathcal{E}}$ en tout point de I. Soit alors $a \in S^{-\infty}$ à support dans V_1 et restant borné dans $S^{2s}_{\mathcal{E}}$. On pose $\gamma = 2i\pi\, e^{\varphi-2\psi}(e^{2\psi-\varphi} o\ p - p^* o\ e^{2\psi-\varphi})$. La condition $e^{-\varphi} H_{p_1}(2\psi - \varphi) \in S^o_{\mathcal{E}}$ assure que $e^{-\varphi}\gamma \in S^o_{\mathcal{E}}$. On peut écrire conformément au lemme 2. 1

$$a - b = e^{-\varphi} H_{p_1} f + e^{-\varphi}\gamma f$$

et on va montrer que $Re(Op(a)\ Op(e^{\psi})u\ ,\ Op(e^{\psi})u)$ reste borné quand on fait varier a, ce qui prouvera le résultat cherché d'après la proposition 1. 2.

On sait, d'après les hypothèses faites, que

$$Re(Op(e^{\psi-\varphi})\ P u,\ 2i\pi(F + F^*)\ Op(e^{\psi})u)$$

reste borné (On a posé $F = Op(f)$).

Il en est de même après une commutation facile de

$$Re(Pu\ ,\ 2i\pi\ (F + F^*)\ Op(e^{2\psi-\varphi})u)$$

que l'on réécrit :

$$Re(2i\pi[P,F]u,\ Op(e^{2\psi-\varphi})u) + Re(Pu,\ 2i\pi F\ Op(e^{2\psi-\varphi})u) - Re(P^*\ Op(e^{2\psi-\varphi})u,\ 2i\pi\ Fu)$$

A l'addition près de termes dont on voit facilement qu'ils sont bornés, cette expression peut s'écrire :

$$Re(2i\pi[P,F]u,\ Op(e^{2\psi-\varphi})u) + Re((Op(e^{2\psi-\varphi})\ P - P^*\ Op(e^{2\psi-\varphi}))u,\ 2i\pi\ Fu)$$

ou encore

$$Re(Op(e^{-\varphi} H_{p_1} f)\ Op(e^{\psi})u,\ Op(e^{\psi})u) + Re(Op(e^{-\varphi}\gamma f)\ Op(e^{\psi})u,\ Op(e^{\psi})u)$$

ou enfin

$$\mathrm{Re}(\mathrm{Op}(a)\ \mathrm{Op}(e^{\psi})u,\ \mathrm{Op}(e^{\psi})u) + \mathrm{Re}(\mathrm{Op}(b)\ \mathrm{Op}(e^{\psi})u,\ \mathrm{Op}(e^{\psi})u)$$

Comme on sait, d'après la proposition 1. 2 que le deuxième terme est borné, le premier l'est aussi, d'où le résultat.

Démonstration du lemme 2. 1 :

On appelle H le champ de vecteurs $e^{-\varphi} H_{p_1}$ et on introduit les champs de vecteurs H_u ($u \in \mathbb{R}$) définis par

$$H_u(g) = H(g \circ \Phi^{-u}) \circ \Phi^u$$

et on a

$$H_u = \tilde{H} + \sum_{j=1}^{2n} (f_j \circ \Phi_u)\, X_j$$

Notons Γ_u^t le flot de H_u et $\tilde{\Gamma}^t$ celui de $\tilde{H}$. On choisit sur la bicaractéristique portant I une origine (x°, ξ°) appartenant à V de telle façon que $(x^1, \xi^1) = \tilde{\Gamma}^{t_1}(x^\circ, \xi^\circ)$ et $(x^2, \xi^2) = \tilde{\Gamma}^{t_2}(x^\circ, \xi^\circ)$ avec $0 < t_1 < t_2$.

On choisit un nombre réel ε ($0 < \varepsilon < t_1$) tel que $\tilde{\Gamma}^t(x^\circ, \xi^\circ)$ soit défini pour $0 \le t \le t_2 + \varepsilon$.

Si $\mathcal{E}$ et $\tilde{H}$ sont colinéaires en (x°, ξ°), la bicaractéristique considérée est contenue dans la courbe intégrale de $\mathcal{E}$ issue de ce point et le théorème est vrai bien que sans intérêt, puisque l'ensemble des points (x, ξ) où $\mathrm{Op}(e^{\psi})u$ est $H^s_{\mathcal{E}}$ est $\mathcal{E}$-conique. Sinon on construit, dans une hypersurface $\mathcal{E}$-conique transverse à $\tilde{H}$ en (x°, ξ°), un voisinage σ de ce point, $\mathcal{E}$-semi conique. Puis on résout l'équation :

$$H_u(g) + ((e^{-\varphi}\gamma) \circ \Phi^u)g = a' - b' \quad (1)$$

le long des courbes intégrales de H_u, avec valeurs initiales dans σ.

Pour cela, on remarque que les conditions vérifiées par les f_j assurent que H_u tend vers $\tilde{H}$ quand u tend vers $+\infty$; on pourra donc, si u est assez grand, définir $\Gamma_u^t(x, \xi)$ pour $(x, \xi) \in \sigma$ et $t \in [0,\ t_2 + \varepsilon]$; de plus H_u sera transverse à σ en tout point.

On pose $$q \circ \Gamma_u^t(x, \xi) = \exp \int_0^t (e^{-\varphi}\gamma \circ \Phi^u) \circ \Gamma_u^\tau(x, \xi)\, d\tau \quad \text{pour } (x, \xi) \in \sigma,$$
et l'équation (1) équivaut à

$$\frac{d}{dt}(q^{-1} g \circ \Gamma_u^t) = \left(\frac{a'}{q} - \frac{b'}{q}\right) \circ \Gamma_u^t \quad (2)$$

Quitte à restreindre V_1 on peut supposer que $\mathrm{supp}\ a \subset \bigcup_{t_1 - \varepsilon < t < t_1 + \varepsilon} \Gamma_u^t(\sigma)$.

On pose alors, pour $(x, \xi) \in \bigcup_{t_2 - \varepsilon < t < t_1 + \varepsilon} \Gamma_u^t(\sigma)$

$$\frac{b'(x,\xi)}{q(x,\xi)} = \frac{a' \circ \Gamma_u^{t_1-t_2}(x,\xi)}{q \circ \Gamma_u^{t_1-t_2}(x,\xi)}$$

et pour (x,ξ) appartenant à σ

$$f \circ \Gamma_u^t(x,\xi) = q \circ \Gamma_u^t(x,\xi) \int_0^t \frac{a'-b'}{q} \circ \Gamma_u^\tau(x,\xi)\, d\tau \,.$$

L'équation (2) est alors vérifiée ; de plus le support de b' est contenu dans une partie $\mathcal{E}$ semi conique à base compacte de $\bigcup_{t_2-\varepsilon<t<t_2+\varepsilon} \Gamma_u^t(\sigma) = U_2$ et celui de f dans une partie $\mathcal{E}$ semi conique à base compacte de $\bigcup_{0<t<t_2+\varepsilon} \Gamma_u^t(\sigma) = U$, car $\frac{a'-b'}{q}$ est d'intégrale nulle le long des courbes intégrales de H_u. On peut donc prolonger b' et f par zéro hors de ces ensembles et l'on a

$$\operatorname{supp} b' \subset U_2 \qquad \operatorname{supp} f \subset U$$

La possibilité d'inclure U et U_2 dans V et V_2 respectivement et les estimations qui montrent que f et b' restent dans une partie bornée de $S^{2s}_{\mathcal{E}}$, s'obtiennent en utilisant une nouvelle fois le fait que H_u tend vers $\tilde{H}$ quand u tend vers $+\infty$.

Une démonstration suivant ces lignes dans le cas classique a été donnée par A. UNTERBERGER ([3] section X).

Références

[1] L. HORMANDER : On the existence and regularity of solutions of linear partial differential equations. L'Enseignement Mathématique 17 (1971) p. 99-163.

[2] R. LASCAR : Propagation des singularités des solutions d'équations pseudo différentielles quasi homogènes. Thèse de 3ème cycle, Université de Paris VI (1975).

[3] A. UNTERBERGER : Pseudo differential operators and applications : an introduction. Lecture Notes, Aarhus (1976).

T. HARDIN et A. LAVILLE
Faculté de Sciences
Département de Mathématiques
Moulin de la Housse

51062 REIMS-CEDEX B. P. 347

QUELQUES EXEMPLES D'OPERATEURS PSEUDODIFFERENTIELS LOCALEMENT RESOLUBLES

par

B. HELFFER

INTRODUCTION

Dans cet exposé, nous voudrions montrer comment la méthode de Melin - Sjöstrand [18] pour construire des paramétrixes pour certaines classes d'opérateurs de type principal peut être utilisée pour construire des paramétrixes pour des opérateurs à caractéristiques doubles. Cette idée est déjà utilisée dans une note de Kucerenko [15] qui donne des résultats ne reflétant pas complètement la réalité. Les méthodes que nous utiliserons ici semblent pour l'instant trop faibles pour comprendre la propagation des singularités au voisinage d'un point double (nous espèrons que ce n'est qu'un inconvénient provisoire), mais elles permettent d'aborder des problèmes assez diversifiés : résolubilité locale, hypoellipticité. La méthode utilisée est simple, on cherche à donner un sens à la formule :

$$P^{-1} = i\int_0^{+\infty} e^{-itP}\,dt$$

où P est un opérateur pseudo différentiel d'ordre 1. e^{-itP} est construit comme un opérateur Fourier intégral à phase complexe [17]. On sera conduit à estimer la norme de e^{-itP} (convenablement modifié par un régularisant) comme opérateur de L^2 dans L^2 pour donner un sens à l'∞ à l'intégrale.

L'article est organisé comme suit : les § 1 et 2 constituent pour l'essentiel un Survey des travaux de Melin - Sjöstrand [17] [18]. On rappelle au § 1 un minimum sur les F.I.O. à phase complexe et au § 2 les résultats obtenus sur les opérateurs de type principal. Seul l'exemple (2-3-2) est original. Au § 3, on expose la méthode générale dans le cas des caractéristiques doubles, et on énonce un premier théorème de résolubilité locale (Th.3-3-4). Au § 4, on donne deux exemples d'applications. Au §4.1, on montre comment on retrouve un théorème classique d'hypoellipticité avec perte d'une dérivée connu sous le nom de Théorème de Radkevic [16] [12]. Au §4.2, on étudie la résolubilité locale pour certains opérateurs à caractéristiques multiples, l'originalité des démonstrations venant du fait que dans les exemples considérés, la résolubilité locale résulte d'une étude globale dans le fibré cotangent. Nous remercions J. Sjöstrand qui a bien voulu nous initier aux Fouriers intégraux à phase complexe.

§ 1. RAPPELS SUR LA METHODE DE MELIN-SJOSTRAND

Nous rappelons ici les résultats de [18] ; une étude parallèle est menée dans [14], [15] par Kučerenko. L'idée générale est de relier la paramétrixe à droite Q de P (où P est un opérateur pseudo-différentiel classique d'ordre 1 sur un ouvert X de $\mathbb{R}^n$) et la solution d'un problème d'évolution associé :

(1.1.)
$$(D_t + P)\, A_t \equiv 0$$
$$A_t/_{t=0} \equiv I$$

($\equiv$ signifie ici modulo un opérateur régularisant dépendant régulière ment de t).

On a alors formellement comme candidats possibles pour Q :

(1.2)
$$Q_1 \equiv i \int_0^\infty A_t \, dt \qquad \text{ou} \qquad Q_2 \equiv -i \int_{-\infty}^0 A_t \, dt$$

On doit se poser deux types de question :

(Q_1) l'existence de A_t pour $t \geq 0$ ou $t \leq 0$

(Q_2) Problème de convergence de l'intégrale.

En ce qui concerne (Q_2) disons simplement pour l'instant qu'il est des cas (cas avec propagation) où l'étude microlocale ne nécessite qu'une intégration sur un intervalle fini $[0,T]$. On a cette propriété dans le cas des opérateurs de type principal.

En ce qui concerne (Q_1), A_t est cherché ici sous la forme d'un Fourier-Intégral à phase complexe [17]. Si le symbole principal p de P est réel, A_t existe pour tout t (sous des hypothèses non essentielles sur p qu'on peut toujours supposer vérifiées en modifiant p en dehors d'un voisinage du point considéré). A_t est alors un Fourier-Intégral à phase réelle [10][4].

Si le symbole principal p de P est complexe, A_t existe en général pour $t \geq 0$, si $\operatorname{Im} p \leq 0$ et pour $t \leq 0$ si $\operatorname{Im} p \geq 0$.

A_t est un fourier intégral à phase complexe, associé à une variété Lagrangienne positive Λ_t dans $\tilde{T}^* X\backslash 0 \times \tilde{T}^* X\backslash 0$, qui est obtenu en transportant par le flot Φ_t associé à H_p (l'hamiltonien de p) la lagrangienne positive initiale $\Lambda_o = \left\{(x,\xi,y,\eta) \in \tilde{T}^* X\backslash 0 \times \tilde{T}^* X\backslash 0\,;\, x=y, \xi=\eta\right\}$.
La positivité de Λ_t est assurée pour $t \geq 0$ par la condition $\operatorname{Im} p \leq 0$.

Au moins pour t petit, le noyau distribution de A_t a l'expression suivante :

$$(1.3) \qquad A_t(x,y) = \int_{osc} e^{i[\langle x,\xi\rangle - H(t,y,\xi)]}\, a(x,t,y,\xi)\, d\xi$$

$$A_o(x,y) = \delta(x-y)$$

H vérifie :

$$(1.4) \qquad \begin{cases} \dfrac{\partial H}{\partial t} = p(H'_\xi,\xi) & \mod (\operatorname{Im} H)^N \\ H/_{t=o} = y.\xi \end{cases}$$

où, pour donner un sens à l'équation, on a pris une extension presque analytique de p et où le symbole principal a_o de a vérifie l'équation de transport :

$$(1.5) \qquad i^{-1}\left[\frac{\partial}{\partial t} - \sum_j \frac{\partial p}{\partial x_j}(H'_\xi,\xi)\frac{\partial}{\partial \xi_j}\right] a_o + c.a_o = 0$$

$$a_o/_{t=o} = 1$$

avec $$c = \left(p_o - \frac{1}{2i}\sum_{j=1}^{n} \frac{\partial^2 p}{\partial x_j \partial \xi_j}\right) - \frac{1}{2i}\left[\sum_j \frac{\partial^2 p}{\partial x_j \partial \xi_j} + \sum_{j,k} \frac{\partial^2 p}{\partial x_j \partial x_k}\cdot\frac{\partial^2 H}{\partial \xi_j \partial \xi_k}\right]$$

On posera dans la suite : $p'_o = p_o - \frac{1}{2i} \sum_{j=1}^{n} \frac{\partial^2 p}{\partial x_j \partial \xi_j}$

Dans le cas où p est réel, on peut donner une expression plus agréable.

Soit le système :

$$(1.6) \qquad \begin{cases} \frac{dx}{dt} = \frac{\partial p}{\partial \xi} & x(0) = y \\ & \xi(0) = \eta \\ \frac{d\xi}{dt} = \frac{-\partial p}{\partial x} & \end{cases}$$

On a : $x(t,y,\eta) = H'_\xi \left(\xi(t,y,\eta), y, t \right)$

En effet : $x(0,y,\eta) = y = H'_\xi(\eta, y, 0)$

et $\left[H'_\xi \left(\xi(t,y,\eta), y, t \right) , \xi(t,y,\eta) \right]$ vérifie (1.6)

Soit $\eta(\xi,y,t)$ la solution de $\xi(\eta,y,t) = \xi$
et $J = \det \left(\frac{D\xi}{D\eta} \right)$

Alors on a

$$(1.7) \quad a_o(x,y,t,\xi) = \frac{1}{\sqrt{\det \left(\frac{D\xi}{D\eta}\right)}} \exp \left(i \int_o^t p'_o \left[x(\tau,y,\eta), \xi(\tau,y,\eta) \right] d\tau \right)_{\eta(\xi,y,t)}$$

La condition de positivité de Λ_t se traduit par $\operatorname{Im} H \leq 0$ dans un voisinage de $\Lambda_{t\mathbb{R}}$.

Lorsque Im p n'est pas de signe constant, Melin - Sjöstrand [18] obtiennent encore des résultats en utilisant une décomposition de l'opérateur identité (de noyau distribution $\delta(x-y)$), comme une superposition d'opérateurs Fourier - Intégraux à phase complexe A_α, tels que $A_\alpha \in I^o(X \times X, \Lambda_\alpha)$, où Λ_α est une famille lisse de Lagrangiennes positives dépendant de $\alpha \in S^*X$ telle que $(\Lambda_\alpha)_{\mathbb{R}}$ est le demi-axe passant par $(\alpha, -\alpha)$.

$$(1.8) \qquad I = \int_{S^*X} A_\alpha \, d\alpha$$

On est alors amené à étudier :

(1.9)
$$\begin{cases} (D_t+P)A_{t,\alpha} \equiv 0 \\ A_{t,\alpha}/_{t=0} \equiv A_\alpha \end{cases}$$

pour $t \geq 0$ ou pour $t \leq 0$, selon la localisation de α.

Par exemple si L est une hypersurface conique régulière dans $T^*X\setminus 0$ délimitant deux ouverts T^*X_+ et T^*X_- disjoints tels que $T^*X_+ \cup L \cup T^*X_- = T^*X\setminus 0$; on peut avoir à utiliser une décomposition de I associée à L.

On désigne par $S^*X_\pm$, l'intersection de $T^*X_\pm$ avec S^*X, on considère :

(1.10)
$$I = \int_{\overline{S^*X_+}} A_\alpha d\alpha + \int_{\overline{S^*X_-}} A_\alpha d\alpha = \pi_+ + \pi_- .$$

Dans certains cas (cf § 2), on cherche Q sous la forme :

(1.11)
$$Q \equiv i \int_0^{+\infty} e^{-itP}\pi_+ dt - i \int_{-\infty}^0 e^{-itP}\pi_- dt$$

où $(e^{-itP}\pi_+)$ $(\text{resp.} e^{-itP}\pi_-)$ est définie par :

$$\int_{\overline{S^*X_+}} A_{t,\alpha} d\alpha \quad \left(\text{resp. } \int_{\overline{S^*X_-}} A_{t,\alpha} d\alpha\right)$$

Nous renvoyons à [18] pour les détails.

§ 2. OPERATEURS DE TYPE PRINCIPAL

§ 2.1 Le cas où p est réel

On sait [4] que, si H_p n'est pas collinéaire à l'axe du cône $\left(\sum_{j=1}^n \xi_j \frac{\partial}{\partial \xi_j}\right)$, l'opérateur P de symbole p est "équivalent" à $\frac{\partial}{\partial x_n}$, et qu'on peut construire deux paramétrixes propageant l'une le long des bicaractéristiques positives, l'autre le long des bicaractéristiques négatives. La méthode esquissée au § 1 permet, comme il est remarqué dans l'introduction de [18], la construction de deux paramétrixes naturelles :

$$Q_1 = i \int_0^{+\infty} A_t dt \quad \text{et} \quad Q_2 = -i \int_{-\infty}^0 A_t dt$$

où A_t est la solution de (1.1)

Le WF' de $A_t(\Lambda_{t\mathbb{R}})$ est formé des points : (x,ξ,y,η) tels que $(x,\xi) = \Phi_t(y,\eta)$ où $\Phi_t(y,\eta)$ est la solution de (1.6).

On en déduit que le WF' de $\int_0^\infty A_t dt$ est la réunion de la diagonale dans $T^*X\backslash 0 \times T^*X\backslash 0$ et des points (x,ξ,y,η) tels que $(x,\xi) = \Phi_t(y,\eta)$ pour un t positif ou nul, et tels que $p(y,\eta) = 0$. Il est en effet facile de voir qu'aux points où $p(y,\eta) \neq 0$, $\int_0^\infty A_t dt$ est égal à P^{-1}, l'opérateur pseudodifférentiel de symbole principal$(\frac{1}{p})$. En ces points, P est en effet elliptique.

Lorsque H_p n'est pas collinéaire à l'axe du cône, on peut montrer que $i \int_0^\infty A_t dt$ a toujours un sens microlocalement, car si $\chi_i (i=1,2)$ sont deux opérateurs pseudodifférentiels d'ordre 0 égaux à 1 dans un voisinage conique V_i et à support dans un voisinage conique $\tilde{V}_i$ suffisamment petit d'un point ρ, on voit aisément qu'il existe T tel que :

$$\chi_1(i \int_0^\infty A_t dt)\chi_2 \equiv \chi_1(i \int_0^T A_t dt)\chi_2$$

L'existence globale de Q_1 ou de Q_2 s'obtient sous des hypothèses naturelles sur la géométrie des bicaractéristiques (en bref, que leurs projections sur X tendent vers l'infini).

§ 2.2. <u>Le cas où $\mathrm{Im}\, p \leq 0$</u> (ce cas est traité par Trèves [22], Kučerenko [15] et implicitement dans [18]).

Lorsque $\mathrm{Im}\, p \leq 0$ (resp. $\mathrm{Im}\, p \geq 0$), on ne peut construire en général qu'une seule paramétrixe Q_1 (resp. Q_2) par la formule (1.2). Dans ce cas, $(\int_0^\infty A_t dt)$ peut avoir un sens global sous l'hypothèse que les bicaractéristiques nulles de p réelles entrent dans le complexe au bout d'un temps fini. Le cas hypoelliptique correspond au cas où les bicaractéristiques nulles de p issues d'un point ρ entrent dans le complexe pour tout temps strictement positif. Nous allons préciser le lien avec l'hypoellipticité des opérateurs de type principal étudié par Trèves [20].

Rappelons qu'un opérateur P de type principal vérifie la condition ($\mathcal{P}$) si son symbole principal p vérifie :

($\mathcal{P}$) $\forall x_0 \in X, \forall \xi_0 \in \mathbb{R}^n \setminus 0, \exists\, z$, t.q

$p(x_0,\xi_0) = 0,\ d_\xi(\mathrm{Re}\,zp)\,(x_0,\xi_0) \neq 0$

et Im (zp) restreint à la bande bicaractéristique de Re(zp) passant par (x_0,ξ_0) ne change pas de signe.

Il vérifie la condition (Q) si :

(Q) Pour tout (x_0,ξ_0) et z comme dans ($\mathcal{P}$), Im(zp) ne s'annule identiquement dans aucun voisinage de (x_0,ξ_0) sur la bande bicaractéristique nulle de Re(zp) passant par ce point.

Sous les conditions ($\mathcal{P}$) et (Q), on peut se ramener microlocalement au cas où $\mathrm{Im}\, p \leq 0$ partout. Par commodité, on construit une paramétrixe à droite pour P^*, ce qui,en passant à l'adjoint,donnera une paramétrixe à gauche pour P. Remarquons, que les conditions ($\mathcal{P}$) et (Q) sont stables par passage à l'adjoint.

On construit alors la paramétrixe $\int_o^\infty A_t dt$; l'hypothèse $d_\xi \mathrm{Re}\, p \neq 0$ permet de lui donner un sens localement. On vérifie alors que le WF' de cette paramétrixe est dans la réunion de la diagonale de $T^*X\setminus 0 \times T^*X\setminus 0$ et des points (x,ξ,y,η) tels que : $(x,\xi) = \Phi_t(y,\eta)$ pour un $t \geq 0$ et tels que $p(y,\eta) = 0$.

L'hypothèse (Q) implique que si :

$$(x,\xi) = \Phi_t(y,\eta),\quad p(y,\eta) = 0$$

alors : $(y,\eta) = (x,\xi)$.

Le WF' de cette paramétrixe est donc dans la diagonale de $T^*X\setminus 0 \times T^*X\setminus 0$. Ceci entraîne l'hypoellipticité de P.

§ 2.3 Le cas où Im p change de signe

Exemple 2.3.1 (Melin - Sjöstrand) [18].

On suppose qu'on travaille au voisinage d'un point ρ^o tel que $p(\rho^0) = 0$. On se donne une hypersurface conique L dans $T^*X\backslash 0$ telle que ω(la 1- forme canonique)restreinte à L est non nulle. On suppose que H_{Rep} n'est pas collinéaire à l'axe du cône et qu'il est transverse à L. Enfin, on a dans un voisinage U de ρ_o :

$$t \quad \text{im}\; p\left(\exp t H_{Rep}(\rho)\right) \leq 0 \quad \text{pour } \rho \in L \cap U.$$

Alors en utilisant les techniques esquissées au § 1, Melin et Sjöstrand construisent une paramétrixe à droite Q dont le WF' est la réunion dans $T^*X\backslash 0 \times T^*X\backslash 0$ de la diagonale et des points (ρ,μ) tels que

ρ et μ appartiennent à la même bande caractéristique réelle et si :

$$\rho = \Phi_t(\mu) \quad \text{alors} \quad t \geq 0 \quad \text{pour } \mu \in \overline{T^*X_+}$$
$$\text{et} \quad t \leq 0 \quad \text{pour } \mu \in \overline{T^*X_-}$$

où T^*X_+ et T^*X_- sont des ouverts délimités par L (le flot associé à H_{Rep} traversant L de T^*X_- à T^*X_+)

<u>Exemple</u> : Soit $P = \frac{1}{i}\frac{\partial}{\partial x} - i\, x\, |D_y|$

L est défini par $x = 0$ dans $T^*\mathbb{R}^2\backslash 0$.

$\text{Re}\, p = \xi$; $\text{Im}\, p = -x|\eta|$

$H_{\text{Re}\, p} = H_\xi = \frac{\partial}{\partial x}$

$\exp(t\, H_{\text{Re}\, p})(x,y,\xi,\eta) = (x+t, y,\xi,\eta)$

Dans cet exemple, il résulte du calcul du WF' que P^* est hypoelliptique.

<u>Exemple 2.3.2</u> (Nirenberg - Trèves [20], Godin [6]).

Cet exemple est tiré de l'étude des opérateurs de type principal, localement résolubles, à coefficients analytiques, en dimension 2.

On se donne une hypersurface conique L, dans $T^*X\backslash 0$, mais on suppose cette fois-ci que $H_{\mathrm{Re}\,p}$ est tangent à L, noncollinéaire à $\sum_{j=1}^{n} \xi_j \frac{\partial}{\partial \xi_j}$ et que Im p s'annule à l'ordre 3 sur L. Im p est positif dans T^*X+ et négatif dans T^*X-. On peut par une construction analogue à celle de (2.2.1) construire localement une paramétrixe pour de tels opérateurs.

Exemple : Soit $P = \frac{1}{i}\frac{\partial}{\partial x} + y^3 \frac{\partial}{\partial y}$

L est défini par y = 0 dans $T^*\mathbb{R}^2\backslash 0$.

$\mathrm{Re}\,p = \xi$; $\mathrm{Im}\,p = y^3\eta$; $H_{\mathrm{Re}\,p} = \frac{\partial}{\partial x}$

$H_{\mathrm{Re}\,p}$ est tangent à L et Im p s'annule à l'ordre 3 sur L.

Godin [6] montre par des méthodes différentes (Inégalités de Carleman et addition de variables [9]) que sous les hypothèses ci-dessus :

$$\left.\begin{array}{l} u \in \mathcal{D}'(X) \\ Pu \in C^\infty(X) \\ (x,0,0,\eta) \in WFu \end{array}\right\} \Longrightarrow \exists \varepsilon > 0,\ \forall t,\ |t| < \varepsilon\ ;(x+t,0;\ 0,\eta) \in WF(u)$$

mais il n'a pas besoin de supposer que Im p s'annule à l'ordre 3 au moins, hypothèse qui est essentielle pour la construction de la paramétrixe.

§ 3. LE CAS OU d Re p PEUT ETRE COLLINEAIRE A ω

§ 3.1 Le problème général

On veut considérer des cas où d Re p peut devenir collinéaire à $\sum_{j=1}^{n} \xi_j\, dx_j$. On supposera dorénavant que $\mathrm{Im}\,p \leq 0$, de sorte que la construction de A_t pour $t \geq 0$ suffisamment petit est possible ; on supposera (quitte à modifier p) qu'elle est possible pour tout $t \geq 0$.

Les deux cas de collinéarité que nous nous proposons d'étudier ici sont les suivants :

α) Re p est de type principal, mais en un point (x_o, ξ_o), il existe un réel u tel que $H_{\mathrm{Re}\, p} + u \sum_{j=1}^{n} \xi_j \frac{\partial}{\partial \xi_j}$ s'annule. Dans le cas où p est réel, une étude très intéressante de la propagation des singularités est faite dans [7] par Guillemin - Schaeffer. On étudiera au § 4 l'opérateur $P = x(D_y^2 + D_x^2) + \lambda D_x + \mu D_y$

β) P est à caractéristique double ; c'est le cas par exemple de l'opérateur :

$$P = D_x^2 + x^2 D_y^2 + \lambda D_x + \mu D_y$$

Une autre manière de présenter est de dire qu'il existe des points fixes pour le flot $(\exp t\, H_{\mathrm{Re}\, p})$ associé à $H_{\mathrm{Re}\, p}$ projeté sur S^*X, c'est-à-dire qu'on a :

$$\exists\, \rho, \quad \exists\, \lambda(t), \quad \text{t.q} \quad (\exp t\, H_{\mathrm{Re}\, p})\, (\rho) = \lambda(t).\, \rho$$

Un point double correspond au cas $\lambda(t) \equiv 1$

On se rend alors facilement compte que, même pour une construction microlocale, on est obligé de considérer des intégrales sur un intervalle infini.

Considérons l'identité :

$$P\left[i \int_0^T A_t dt \right] \equiv I - A_T$$

A_T est un Fourier-intégral à phase complexe, continu de L^2_{comp} dans L^2_{loc}.

Si, localement, ou microlocalement, il est possible de modifier A_T par un opérateur régularisant de sorte que la norme de L^2 dans L^2 soit strictement inférieure à 1, on obtient un inverse Q sous la forme :

$$Q = \left(i \int_0^T A_t dt \right) \left(\sum_{n=0}^{\infty} A_T^n \right) \tag{3.1.1}$$

tel que $\chi PQ = \chi + R$

où χ est un opérateur pseudodifférentiel classique d'ordre 0 qui localise, ou microlocalise, au voisinage du point considéré.

Q est continu de L^2 dans L^2, R est régularisant de L^2 dans C^∞.

Remarque 3.1.2

En ce qui concerne l'estimation de la norme de $L^2(\mathbb{R}^n)$, **rappelons** que si un opérateur Fourier intégral A vérifie : $\exists$ s < 0, C, C' réels, tels que :

(3.1.3) $$\|Au\|^2_{L^2(\mathbb{R}^n)} \leq C\,\|u\|^2_{L^2} + C'\,\|u\|^2_{H^s} \quad \text{pour } u \text{ dans } L^2(\mathbb{R}^n)$$

alors pour tout ε il existe $\tilde{A}_\varepsilon$ tel que $\tilde{A}_\varepsilon - A$ soit régularisant et tel que

(3.1.4) $$\|\tilde{A}_\varepsilon u\|^2_{L^2(\mathbb{R}^n)} \leq (C + \varepsilon)\,\|u\|^2_{L^2(\mathbb{R}^n)}$$

En effet si $\chi(t)$ désigne une fonction C^∞ sur $\mathbb{R}^+$ qui vaut 1 pour $|t| > 1$ et 0 pour $|t| < 1/2$, pour tout ε, il existe $C''(\varepsilon)$, tel que

$$\tilde{A}_\varepsilon = A \circ \chi\left(\frac{|D|}{C''}\right) \quad \text{vérifie (3.1.4).}$$

Ainsi quitte à perdre ε, on se contentera d'estimer la norme de $L^2 \to L^2$, modulo un régularisant.

Cette méthode pose un certains nombre de questions quant à son application.

(Q_3) Comment estimer la norme L^2 (modulo un régularisant) pour un opérateur Fourier-intégral à phase complexe. Ce problème est assez naturellement lié à :

(Q_4) Lorsque A est un opérateur pseudodifférentiel dans une classe $OPS^0_{\rho,\delta}$ avec $1 \geq \rho > \delta \geq 0$, on sait que la norme dans $\mathcal{L}(L^2)$ (modulo un compact) peut être lue sur le symbole principal de A. Y-a-t-il des résultats analogues pour des sous-classes de $OPS^0_{1/2,1/2}$? Encore faudrait-il définir un substitut pour le symbole principal.

Le lien entre (Q_3) et (Q_4) est qu'il est classique pour estimer la norme d'un Fourier-intégral $\mathcal{F}$, de considérer $\mathcal{F}^*\mathcal{F}$ qui est un opérateur pseudodifférentiel classique lorsque $\mathcal{F}$ est à phase réelle.

(Q_5) Soit $\mathcal{F}$ un opérateur Fourier-intégral à phase complexe ; supposons qu'on sait résoudre $(I + \mathcal{F})u = f$ pour f dans L^2. Sait-on où se trouve le front d'onde de u, connaissant le front d'onde de f ? Autrement dit, peut-on trouver un inverse dont on connaisse le comportement microlocal. Dans le cas où $\mathcal{F}$ est un opérateur pseudodifférentiel dans $OPS^{o}_{1/2,1/2}(\mathbb{R}^n)$, une réponse complète est donnée dans Beals [1]. Dans le cas où $\mathcal{F}$ est un Fourier-intégral à phase complexe, Eskin [5] donne une réponse partielle dans un cas particulier.

(Q_6) Sous quelles conditions, les inverses construits opèrent également dans H^s.

Nous ne donnerons que des réponses très partielles à ces questions dans la suite, et souvent par des moyens détournés ; il est possible que Kučerenko [15] réponde à Q_3, mais certaines difficultés semblent escamotées.

§ 3.2 Le cas où p est réel

Dans ce cas, A_t est un Fourier-intégral à phase réelle et l'estimation peut se faire par l'une des méthodes suivantes :

(M_1) $A_t^*A_t$ est un opérateur pseudodifférentiel classique dans $OPS^{o}_{1,0}$, le calcul de la norme est donc relié à une majoration du symbole principal de $A_t^*A_t$. Un calcul classique montre que le symbole principal de $A_t^*A_t$ est donné (cf 1.7) par :

$$\sigma(A_t^*A_t)(y,\eta) = e^{2\int_0^t \operatorname{Im} p'_0 \, [\Phi_\tau(y,\eta)]\, d\tau} \tag{3.2.1}$$

(M_2) Une autre méthode utilisée dans [21] est de comparer A_t avec la solution B_t de

$$\left(D_t + \frac{P + P^*}{2}\right) B_t \equiv 0 \qquad B_o \equiv 0 \tag{3.2.2}$$

qui est (modulo un régularisant) de norme 1.

$B_{-t}A_t$ est un opérateur pseudodifférentiel d'ordre 0 dont il est facile de vérifier que le symbole principal q satisfait à :

(3.2.3) $$\frac{d\,q(y,\eta,t)}{q} = \operatorname{Im} p'_o\left(\Phi_t(y,\eta)\right)\,dt$$

$$q(y,\eta,o) = 1$$

d'où

(3.2.4) $$q(y,\eta,t) = e^{\int_o^t \operatorname{Im} p'_o\left(\Phi_\tau(y,\eta)\right)d\tau}$$

On décompose alors A_t sous la forme $A_t = B_t \cdot \underline{|B_{-t}A_t|}$

(M_3) Une dernière méthode est de calculer le symbole principal de A_t qui est bien défini sur la Lagrangienne Λ_t.

Les calculs ci-dessus ont évidemment des applications à l'étude de la décroissance L^2 des solutions pour des systèmes hyperboliques. Mais on a ainsi une décroissance (modulo H^{-s}). C'est la seule qui semble "microlocale". Un argument "global" d'une nature différente est utilisé dans [21] pour obtenir un résultat de décroissance L^2. Il résulte de ces calculs que A_t est "microlocalement"de norme strictement inférieure à 1 pour tout t strictement positif (modulo un régularisant) si $\operatorname{Im} p'_o < 0$, de même pour tout t strictement négatif si $\operatorname{Im} p'_o > 0$. Mais (3.2.1) ou (3.2.4) donnent en fait des informations plus précises qui seront utilisées au § suivant.

§ 3.3 Le cas où p est complexe

Lorsque p est complexe, les méthodes données ci-dessus tombent en défaut. Nous présentons ici une méthode(utilisée également dans l'étude de la décroissance L^2 des solutions pour des problèmes hyperboliques) qui relie la norme dans $\mathcal{L}(L^2)$ de A_t (modulo un régularisant) avec l'inégalité de Garding précisée pour P démontrée par Melin [16]. On utilisera le théorème de Melin sous la forme suivante :

Théorème 3.3.1

Soit A un opérateur pseudodifférentiel classique d'ordre 1, de symbole principal a_1 et de symbole sous-principal a'_o. On désigne par $\widetilde{\operatorname{Tr}}\, H_{\operatorname{Re} a_1}$ la somme des valeurs propres positives de la matrice fondamentale associée à $\operatorname{Re} a_1$. Alors si :

$$\operatorname{Re} a_1 \geq 0 \ ; \ \operatorname{Re} a'_o + \frac{1}{2}\widetilde{\operatorname{Tr}}\, H_{\operatorname{Re} a_1} > 0 \quad \text{sur les zéros de } \operatorname{Re} a_1 ,$$

pour tout compact K et tout s réel négatif,

il existe ε_0 strictement positif et une constante $C_{K,s}$ tels que, pour tout u dans $C_0^\infty(K)$, on ait :

$$\text{(3.3.1)} \qquad \mathrm{Re}(Au,u) \geq \varepsilon_0 \|u\|_0^2 - C_{k,s}\|u\|_s^2$$

Expliquons la méthode formellement ; on suppose pour simplifier qu'on a :

$$\text{(3.3.1) bis} \qquad \mathrm{Re}(Au,u) \geq \varepsilon_0 \|u\|_0^2 \ , \quad \forall u \in C_0^\infty(K)$$

et qu'il existe G(t) tel que :

$$\text{(3.3.2)} \qquad \left[\begin{array}{l} \left(\frac{\partial}{\partial t} + A\right) G(t) = 0 \\ G(0) = I \\ \mathrm{supp}\left(G(t)u\right) \subset K \text{ si } \mathrm{supp}\, u \subset K' \end{array}\right.$$

alors pour $u \in C_0^\infty(K')$, on a :

$$\mathrm{Re}\left(A\, G(t)u,\ G(t)u\right) = -\,\mathrm{Re}\left(\frac{\partial}{\partial t}\ G(t)u,\ G(t)u\right) = -\frac{1}{2}\frac{d}{dt}\|G(t)u\|_0^2$$

On obtient de (3.3.1) bis

$$-\frac{1}{2}\frac{d}{dt}\|G(t)u\|_0^2 \geq \varepsilon_0 \|G(t)u\|_0^2$$

D'où en intégrant de 0 à T, on obtient :

$$\|G(t)u\|_0^2 \leq \|G(o)u\|^2$$

En remplaçant A par A−ε, avec $\varepsilon < \varepsilon_0$, G(t) par $e^{\varepsilon t}$ G(t), on obtient

$$\|G(T)u\|_0^2 \leq e^{-\varepsilon T}\|u\|_0^2$$

Si (3.3.1) bis est remplacé par (3.3.1) et (3.3.2) par des égalités (modulo des régularisants), on obtient, $\forall \varepsilon < \varepsilon_0$

$$\|G(T)u\|_0^2 \leq e^{-\varepsilon T}\|u\|_0^2 + C_{T,s,\varepsilon}\|u\|_{-s}^2$$

$$\forall u \in C_0^\infty(K').$$

On applique la méthode à A_t qui vérifie (1.1), A_t étant modifié pour être à support propre. Il résulte des remarques précédentes et de la remarque (3.1.2) que:

Proposition 3.3.2

Si $\operatorname{Im} p \leq 0$, $\operatorname{Im} p'_0 + \frac{1}{2} \widetilde{\operatorname{Tr}} H_{\operatorname{Im} p} < 0$ sur les zéros de $\operatorname{Im} p$; alors pour tout $t > 0$ suffisamment petit, il existe $B(t)$ vérifiant (1.1) et tel que :

$$\|B(t)\, u\|^2_{L^2} < \|u\|^2_{L^2}$$

Remarque 3.3.3

Il est parfois nécessaire de "microlocaliser" au voisinage d'un point si la condition ci-dessus n'est vérifiée que microlocalement. Le plus simple est de modifier p en dehors d'un voisinage conique du point considéré dans $T^*X\backslash 0$ de telle sorte que la condition soit vérifiée partout.

Il résulte de la proposition 3.3.2 et de la méthode exposée au § 3.1 le théorème suivant :

Théoreme 3.3.4

Si, dans un voisinage V d'un point x_0 de X, on a $\operatorname{Im} p \leq 0$, et $\operatorname{Im} p'_0 + \frac{1}{2} \widetilde{\operatorname{Tr}} H_{\operatorname{Im} p} < 0$ sur les zéros de $\operatorname{Im} p$ situés au dessus de V, il existe un opérateur continu Q de L^2 dans L^2, un opérateur régularisant R de L^2 dans C^∞, et une fonction φ à support compact, valant 1 dans un voisinage de x_0, telle que :

$$\varphi P Q = \varphi + R$$

En particulier P est localement résoluble.

Remarque 3.3.5

Le théorème 3.3.4 correspond au théorème 1 de [15]. Le théorème 3.3.4 est plus puissant en ce sens que les hypothèses sont ponctuelles. Mais les conditions que nous obtenons sont indépendantes de $\operatorname{Re} p$ de sorte que nous ne collons pas à la réalité. Il semble possible cependant (en utilisant la paramétrixe usuelle aux points elliptiques) de ne faire l'hypothèse $\operatorname{Im} p'_0 + \frac{1}{2} \widetilde{\operatorname{Tr}} H_{\operatorname{Im} p} < 0$ que sur les zéros de p.

§ 3.4 Norme H^s

Le § constitue une réponse à Q_6.

On suppose que A_t vérifie :

(3.4.1)
$$\begin{cases} D_t A_t + P A_t \equiv 0 \\ A_o \equiv I \end{cases}$$

et on veut étudier la continuité H^s de A_t.

Soit Λ^s un opérateur pseudodifférentiel proprement supporté de symbole $(1+|\xi|^2)^{s/2}$; on considère $\Lambda^s A_t \Lambda^{-s}$, qui vérifie :

(3.4.2)
$$\begin{cases} D_t \left[\Lambda^s A_t \Lambda^{-s}\right] + \left(\Lambda^s P \Lambda^{-s}\right)\left(\Lambda^s A_t \Lambda^{-s}\right) \equiv 0 \\ \left(\Lambda^s A_t \Lambda^{-s}\right)_{t=o} \equiv I \end{cases}$$

La norme H^s de A_t (modulo un régularisant) est donnée par la norme L^2 de $\Lambda^s A_t \Lambda^{-s}$. Il suffit donc de considérer les conditions obtenues aux deux § précédents, en calculant les symboles principaux et sous principaux de $\Lambda^s P \Lambda^{-s}$. Le symbole principal est clairement le même ; si on désigne par p'^s_o le symbole sous principal de $\Lambda^s P \Lambda^{-s}$, on a :

(3.4.3)
$$\operatorname{Im} p'_{o,s} = \operatorname{Im} p'_o - s\left[\sum_j \xi_j \frac{\partial \operatorname{Re} p}{\partial x_j}\right] |\xi|^{-2}$$

En un point à caractéristiques doubles, on a :

$$\operatorname{Im} p'_{o,s} = \operatorname{Im} p'_o$$

Par contre, en un point où $H_{\operatorname{Re} p}$ est collinéaire à l'axe du cône, c'est-à-dire lorsque :

(3.4.4)
$$d_\xi \operatorname{Re} p = 0, \quad \frac{\partial \operatorname{Re} p}{\partial x_j} = \lambda.\xi_j \ , \ j = 1\cdot\cdot,n$$

en un point (x_o, ξ_o)

on a :

(3.4.5) $$\operatorname{Im} p'_{o,s} = \operatorname{Im} p'_o - \lambda s$$

On peut en déduire des résultats de résolubilité locale dans les H^s.

§ 4. DEUX EXEMPLES D'APPLICATION

§ 4.1 Construction de paramétrixes pour des opérateurs à caractérisques doubles.

On suppose que p prend ses valeurs dans un cône convexe Γ strictement contenu dans le demi-plan inférieur de $\mathbb{C}$ ($\operatorname{Im} z < 0$), de sorte qu'il existe C tel que $|\operatorname{Re} p| \leq -C \operatorname{Im} p$.

Il est alors possible de montrer sous ces hypothèses que :

(4.1.1) A_t est un fourier - intégral à phase complexe qui peut être défini avec une seule phase $x.\xi - H(t,y,\xi)$ pour tout t.

(4.1.2) A_t est en fait un opérateur pseudodifférentiel dans $OP\,S^o_{1/2,1/2}(\mathbb{R}^n)$; c'est la conséquence du fait que $H(t,y,\xi) - y.\xi$ prend ses valeurs dans un cône. $\left(H(t,y,\xi) - y.\xi \text{ est sensiblement équivalent à } t\,p \right)$.

(4.1.2) permet de répondre à (Q_5) posé au § 3.1 . Si $\|A_t\|_{\mathcal{L}(L^2)} < 1$, $(I + A_t)^{-1}$ est un opérateur pseudodifférentiel dans $OPS^o_{1/2,1/2}$ de par un résultat de R. Beals [1]. Ceci permet de localiser le front d'onde de u connaissant le front d'onde de f, pour l'équation : $(I + A_t)u = f$.

Le théorème 3.3.4 peut alors être précisé, en ce sens que Q est un opérateur microlocal $\left(WF(Qu) \subset WFu \right)$, opérant dans tous les H^s et R est régularisant au sens habituel.

Comme souligné dans la remarque 3.3.5, les hypothèses du théorème 3.3.4 ne dépendent pas de Rep. Signalons qu'en considérant :

$$\frac{1}{i}\partial_t + z\,P, \quad z \in \mathbb{C}$$

et en faisant varier z de telle sorte de $\operatorname{Im} zp \leq 0$, on retrouve en utilisant le théorème de Melin des conditions classiques d'hypoellipticité avec perte d'une dérivée [16],[12], [3], [9].

<u>Exemple 4.1.3</u> On suppose que p est réel positif.

En considérant $\frac{1}{i}\partial_t + P$, on peut construire un inverse sous la condition $\operatorname{Im} p_o' \neq 0$.

En considérant $\frac{1}{i}\partial_t - iP$, on peut construire un inverse sous la condition

$$-\operatorname{Re} p_o' + \frac{1}{2}\widetilde{\operatorname{Tr}}\, H_{-p} < 0 \quad \text{lorsque } p = 0.$$

On obtient ainsi que si :

$$(4.1.4) \qquad \left.\begin{array}{l} \operatorname{Re} p_o' + \frac{1}{2}\widetilde{\operatorname{Tr}}\, H_p > 0 \\ \text{ou } \operatorname{Im} p_o' \neq 0 \end{array}\right\} \text{si } p = 0$$

P admet une paramétrixe à droite.

Il ne semble pas possible pour l'instant de récupérer les conditions discrètes ; on sait que la première condition discrète apparaît lorsque : $\operatorname{Im} p_o' = 0$, $\operatorname{Re} p_o' + \frac{1}{2}\widetilde{\operatorname{Tr}} H_p = 0$.

<u>Exemple 4.1.5</u>

Supposons que le symbole principal prend ses valeurs dans un cône Γ d'angle inférieur à π et que $p_o' \notin -\Gamma$. Alors il est possible de trouver z dans $\mathbb{C}$ tel que $(z.\Gamma)$ soit strictement dans le demi-plan inférieur, et tel que :

$$\operatorname{Im}(zp) \leq 0, \qquad \operatorname{Im}(zp_o') < 0$$

On peut alors construire la paramétrixe.

<u>Remarque 4.1.6</u>

On a des résultats plus généraux par d'autres méthodes, et comme on est obligé en partie d'utiliser ces méthodes [1], [16], [12], [3], [9], on peut s'interroger à juste titre sur l'intérêt de notre méthode. On n'a par contre aucune hypothèse sur l'ensemble caractéristique.

§ 4.2 Résolubilité locale

On a déjà donné des résultats (théorème 3.3.4) losque $\mathrm{Im}\, p_0' > 0$; on peut se poser le problème de ce qui se passe lorsque $\mathrm{Im}\, p_0'$ change de signe. Nous allons donner plusieurs exemples d'application, à l'étude de la résolubilité locale, l'idée originale étant que cette étude locale résulte d'une étude globale dans le fibré cotangent. On suppose dans la suite que p est réel. L'étude qui va suivre est basée sur deux remarques simples.

Remarque 4.2.1

On a jusqu'ici (Théorème 3.3.4) imposé des conditions entraînant que la norme de A_t était inférieure à 1 pour t arbitrairement petit. Ici,on veut utiliser la construction de A_t pour t grand (positif ou négatif selon les cas). On a vu (§ 3.2.1) que la norme de A_t était (modulo un régularisant) liée au $\sup\limits_{y,\eta} \quad e^{\int_0^t \mathrm{Im}\, p_0'\left(\Phi_\tau(y,\eta)\right) d\tau}$

Ceci implique que, si $\mathrm{Im}\, p_0'$ change de signe mais si $\int_0^t \mathrm{Im}\, p_0'\left(\Phi_\tau(y,\eta)\right) d\tau$ tend vers $-\infty$ lorsque t tend vers $+\infty$ (ou $-\infty$), alors la norme de A_t deviendra inférieure à 1 pour t suffisamment grand. La propriété est ici "globale" et liée au comportement du symbole principal le long des bicaractéristiques.

Remarque 4.2.2

Pour répondre très partiellement à (Q_5) on peut utiliser, comme l'a fait Eskin dans [5], des propriétés géomètriques du flot associé à H_p. Si on désigne par π la projection de $T^*X\setminus 0 \to \mathbb{R}^n\setminus 0$ définie par $\pi(x,\xi) = \xi$, par Γ_i, une famille de secteurs de $\mathbb{R}^n$, par V un voisinage d'un point x_0 dans X, on considère des cas où,

$\pi\left(\Phi_t(\Gamma_i \times V)\right) \subset \Gamma_i$ pour tout t positif (ou négatif).

Il est alors possible de résoudre :

$$(I + A(t))u = f$$

de telle sorte que si $\pi(WF\, f) \subset \Gamma_i$, alors $\pi(WF\, u) \subset \Gamma_i$.

Ce type de condition apparaîtra très clairement dans les exemples que nous allons regarder.

Exemple 4.2.3 : l'opérateur de Kannai [13]

Soit $P = -x\ \partial_y^2 + \partial_x$

On sait que P^* est hypoelliptique, mais non localement résoluble, qu'il n'est pas microlocalement hypoelliptique, mais que P est localement résoluble. Pour se placer dans le cadre considéré précédemment, on considère

$\widetilde{P} = P \cdot (-\Delta + 1)^{-1/2}$

où $(-\Delta + 1)$ est le laplacien usuel.

On considère le flot associé au symbole principal de $\widetilde{P}$: $\widetilde{p} = \dfrac{x\eta^2}{\left(\eta^2 + \xi^2\right)^{1/2}}$

On regarde en projection sur la fibre les équations caractéristiques :

(4.2.3.1) $$\frac{d\eta}{ds} = 0, \quad \frac{d\xi}{ds} = \frac{-\eta^2}{\left(\eta^2 + \xi^2\right)^{1/2}}, \quad \eta/_{t=0} = \eta_0 ;\ \xi/_{t=0} = \xi_0 .$$

On note $\Psi_t(\eta_0, \xi_0)$ la solution de (4.2.3.1)

Le symbole sous-principal de $\widetilde{P}$ est donné par $\widetilde{p}_0' = i\dfrac{\xi}{\left(\eta^2+\xi^2\right)^{1/2}} + \dfrac{1}{2i}\dfrac{\eta^2\xi}{\left(\eta^2+\xi^2\right)^{3/2}}$

Figure 1

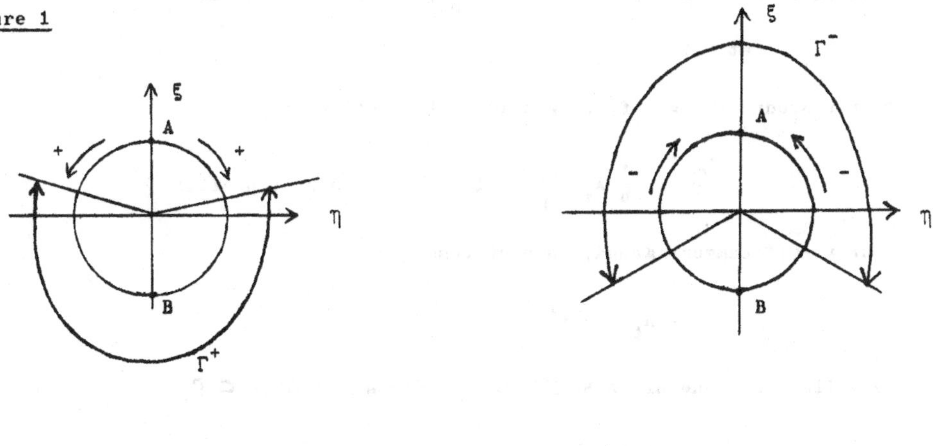

On a sur le cercle ($|\xi|^2 + |\eta|^2 = 1$) deux points fixes A(1,0) et B(-1,0).

(4.2.3.2) $$\operatorname{Im} p'_0 = \frac{\xi}{(\eta^2+\xi^2)^{1/2}} - \frac{1}{2}\,\frac{\eta^2\xi}{(\eta^2+\xi^2)^{3/2}}$$

Il est clair que $\int_0^t \operatorname{Im} p'_0\left(\Psi_t(\eta,\xi)\right) d\tau$ tend vers $-\infty$ lorsque t tend vers $+\infty$ uniformément pour (η,ξ) dans un secteur Γ_+ contenant B et ne contenant pas A (voir figure).

De même, il est clair que $\int_0^t \operatorname{Im} p'_0\left(\Psi_\tau(\eta,\xi)\right) d\tau$ tend vers $-\infty$ lorsque t tend vers $-\infty$ dans un secteur Γ_- contenant A et ne rencontrant pas B (voir figure).

Les points fixes du flot projeté sur le cercle sont les points A et B. En ces points, $\operatorname{Im} p'_0$ est égal à $+1$ (en A) et à -1 (en B).

Pour montrer la résolubilité locale, on est conduit à considérer deux cônes Γ_+ et Γ_- qui recouvrent $\mathbb{R}^2$ ayant les propriétés précisées ci-dessus, et une partition de l'unité associée de telle sorte que :

$$1 = \chi_+ (\xi,\eta) + \chi_- (\xi,\eta)$$

$$\operatorname{supp} \chi_+ \subset \Gamma_+ ; \ \operatorname{supp} \chi_- \subset \Gamma_-$$

Pour résoudre $\tilde{P}u = f$ pour f dans L^2_{comp}, on résoud séparément

$\tilde{P}u_+ = \chi_+ f$ et $\tilde{P}u_- = \chi_- f$

Pour résoudre $\tilde{P}u_+ = \chi_+ f$, on considère l'identité :

$$\tilde{P}\left[i \int_0^t A_\tau d\tau \right] \equiv I - A_t \qquad \text{pour t positif}$$

Pour t suffisamment grand, on peut résoudre

$$(I - A_t)u = f^+$$

de telle sorte que si $\pi(WF f^+) \subset \Gamma_+$ alors $\pi(WF u) \subset \Gamma_+$

Pour résoudre $\tilde{P}u_- = \chi_- f$, on considère l'identité :

$$\tilde{P}\left[- i \int_{+t}^0 A_\tau d\tau \right] \equiv I - A_t \qquad \text{pour t négatif}$$

Pour t suffisamment grand, on peut résoudre

$$(I - A_t)u = f^-$$

de telle sorte que si $\pi(WF\,f^-) \subset \Gamma_-$, alors $\pi(WF\,u) \subset \Gamma_-$

On construit ainsi Q sous la forme $(Q_+\chi_+ + Q_-\chi_-)$ vérifiant $\tilde{P}Q = I + R$ dans un voisinage de l'origine, où R est régularisant de L^2 dans C^∞, Q continu de L^2 dans L^2. $(-\Delta + 1)^{-1/2}Q$ est alors la paramétrixe pour P; elle est continue de L^2 dans H^1.

On ne suit malheureusement pas ce qui se passe sur le plan de la propagation des singularités dans l'ensemble $(x = 0,\ \eta = 0)$.

Exemple 4.2.4 : l'opérateur de Bolley - Camus [2]

Soit $P = -x(\partial_y^2 + \partial_x^2) + \lambda\,\partial_x$

On sait que P n'est pas hypoelliptique, mais qu'il a la régularité C^∞ si on suppose que la solution a déjà une certaine régularité H^s pour s convenable. La construction d'une paramétrixe à gauche ou à droite doit mettre en évidence ce phénomène. On considère pour des raisons techniques

$$\tilde{P} = P(-\Delta + 1)^{-1/2} \qquad \text{de symbole principal} \quad : \quad p = \left[x\,\eta^2 + \xi^2\right]^{1/2}$$

Les équations bicaractéristiques sont données en projection par :

$$(4.2.4.1) \qquad \frac{d\eta}{ds} = 0, \quad \frac{d\xi}{ds} = -\left[\eta^2 + \xi^2\right]^{1/2}, \quad \xi = \xi_0, \quad \eta = \eta_0$$

et le symbole sous principal est $\tilde{p}'_0 = i\,\dfrac{[\lambda + 1/2]\,\xi}{(\eta^2 + \xi^2)^{1/2}}$

Par conséquent on a :

$$(4.2.4.2) \qquad \operatorname{Im}\tilde{p}'_0 = \left[\operatorname{Re}\lambda + \frac{1}{2}\right]\frac{\xi}{(\eta^2 + \xi^2)^{1/2}}$$

En projection la situation géométrique est la même que dans l'exemple précédent. Mais les points A et B ne correspondent pas à des points doubles mais seulement à des points où H_p est collinéaire à l'axe du cône. Par la même méthode que pour l'exemple (4.2.3), on montre que si :

(4.2.4.3) $$(\mathrm{Re}\,\lambda + 1/2) > 0$$

On peut construire Q donnant la résolubilité locale dans L^2.

Ce qui est différent de l'exemple 4.2.3, c'est que les conditions dépendent de s lorsqu'on cherche à construire un inverse à partir de H^s. Utilisant les résultats du § 3.4, on obtient que si

(4.2.4.4) $$\mathrm{Re}\,\lambda + 1/2 - s > 0$$

On peut construire Q donnant la résolubilité locale dans H^s. C'est un résultat dual du résultat de régularité pour P^* mentionné précédemment. On peut donc toujours résoudre $Pu = f$ dans H^s pour $s < s_o$.

<u>Exemple 4.2.5</u> : Résolubilité locale pour l'opérateur d'Euler - Poisson - Darboux [8]

$$\text{Soit } P = -x(\partial_x^2 - \partial_y^2) + \lambda\partial_x$$

Hanges [8] a construit une paramétrixe sous la condition que $\lambda \notin (0,2,4,\ldots)$. On considère pour des raisons techniques $\tilde{P} = P(-\Delta + 1)^{-1/2}$ de symbole principal :

$$\tilde{p} = -x\,\frac{(\eta^2 - \xi^2)}{(\eta^2 + \xi^2)^{1/2}}$$

Les équations bicaractéristiques sont données en projection par :

(4.2.5.1) $$\frac{d\eta}{ds} = 0, \qquad \frac{d\xi}{ds} = \frac{[\eta^2 - \xi^2]}{(\eta^2 + \xi^2)^{1/2}}$$

et le symbole sous principal est :

$$\tilde{p}'_o = \frac{i[\lambda + 1]\xi}{(\eta^2 + \xi^2)^{1/2}} - \frac{1}{2i}\,\frac{[\eta^2 - \xi^2]\,\xi}{(\eta^2 + \xi^2)^{3/2}}$$

Figure 2

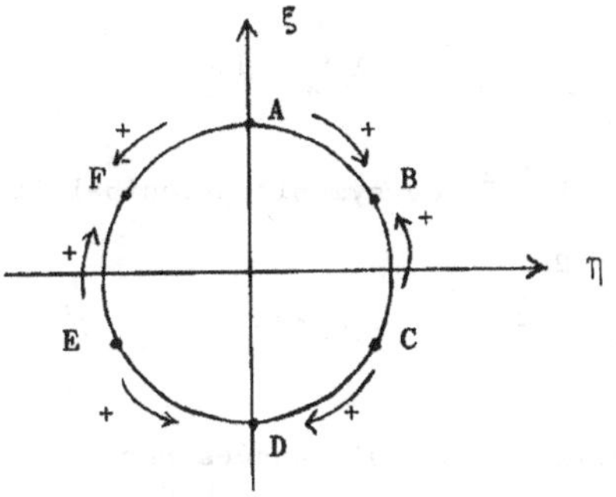

Sur le cercle on a 6 points fixes; A et D correspondent à des points où $H_{\tilde{p}}$ est collinéaire à l'axe du cône; B, C, E, F correspondent à des points où $H_{\tilde{p}}$ est nul. Pour utiliser la méthode précédente, on doit calculer le symbole sous-principal aux points A, B, C, D, E, F

en A	$\mathrm{Im}\,\tilde{p}'_0 = (\mathrm{Re}\,\lambda + 1/2)$	$\mathrm{Im}\,\tilde{p}'^{s}_o = \mathrm{Re}\,\lambda + 1/2 - s$
en D	$\mathrm{Im}\,\tilde{p}'_0 = -(\mathrm{Re}\,\lambda + 1/2)$	$\mathrm{Im}\,\tilde{p}'^{s}_o = -(\mathrm{Re}\,\lambda + 1/2 - s)$
en B et F	$\mathrm{Im}\,\tilde{p}'_0 = \dfrac{\mathrm{Re}\,\lambda + 1}{\sqrt{2}}$	$\mathrm{Im}\,\tilde{p}'^{s}_o = \dfrac{\mathrm{Re}\,\lambda + 1}{\sqrt{2}}$
en C et E	$\mathrm{Im}\,\tilde{p}'_0 = -\dfrac{(\mathrm{Re}\,\lambda + 1)}{\sqrt{2}}$	$\mathrm{Im}\,\tilde{p}'^{s}_o = -\dfrac{(\mathrm{Re}\,\lambda + 1)}{\sqrt{2}}$

Si $\mathrm{Re}\,\lambda + 1 < 0$, on peut pour tout s tel que $\mathrm{Re}\,\lambda + \frac{1}{2} - s \neq 0$, trouver une parametrixe Q_s continue de H^s dans H^s (dont la nature dépend vraiment de s, selon que $\mathrm{Re}\,\lambda + \frac{1}{2} - s$ est positif ou négatif).

Soit l'ensemble $\{A, B, C, D, E, F\}$ et X l'un de ces points. On désigne par $\Gamma(X)$ un secteur contenant X et ne contenant pas les 2 points voisins de X sur le cercle. On résoud d'abord dans $\Gamma(A)$ et $\Gamma(D)$ en utilisant la construction du théorème 3.3.4. On est ainsi ramené à la construction dans des secteurs $\Gamma(B)$, $\Gamma(C)$, $\Gamma(E)$, $\Gamma(F)$ où la construction est possible comme dans les exemples précédents. On a choisi les secteurs $\Gamma(X)$ de telle sorte qu'ils recouvrent $\mathbb{R}^2$. Par ailleurs, aux points A et D, on a seulement pris comme hypothèse $\mathrm{Re}\,\lambda + \frac{1}{2} - s \neq 0$, car les "erreurs" que la construction de la paramétrixe en A et D peuvent laisser, sont absorbées ensuite.

Exemple 4.2.6

$$\text{Soit}\quad P = -x(\partial_x - \partial_y)^2 + \lambda\partial_x + \mu\partial_y$$

On considère $\widetilde{P} = P(-\Delta + 1)^{-1/2}$ de symbole principal :

$$\widetilde{p} = \frac{x(\eta - \xi)^2}{(\eta^2 + \xi^2)^{1/2}}$$

Les équations bicaractéristiques sont données par :

$$(4.2.6.1)\qquad \frac{d\eta}{ds} = 0, \qquad \frac{d\xi}{ds} = \frac{-(\eta-\xi)^2}{(\eta^2+\xi^2)^{1/2}}$$

Le symbole sous-principal de $\widetilde{P}$ est donné par :

$$(4.2.6.2)\qquad i(\lambda\xi + \mu\eta)\,[\eta^2 + \xi^2]^{-1/2} - \frac{1}{2i}\cdot\frac{2(\xi-\eta)}{(\eta^2+\xi^2)^{1/2}} - \frac{1}{2i}\,\frac{(\eta-\xi)^2(-\xi)}{(\eta^2+\xi^2)^{3/2}}$$

Figure 3

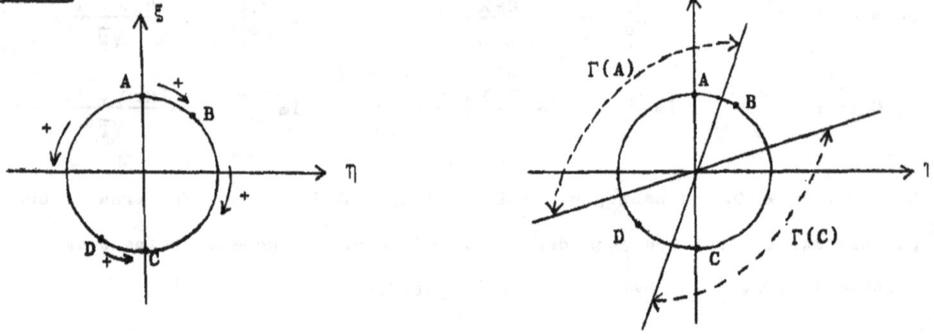

Sur le cercle, on a 4 points fixes : A et C correspondent à des points où $H_{\widetilde{p}}$ est collinéaire à l'axe du cône, B et D correspondent à des points où $H_{\widetilde{p}}$ est nul. Calculons le symbole sous-principal aux points A, B, C, D en A $\quad \text{Im}\,\tilde{p}'_o = \text{Re}\,\lambda + 1/2 \qquad \text{Im}\,\tilde{p}'^s_o = \text{Re}\,\lambda + 1/2 - s$

en C $\quad \text{Im}\,\tilde{p}'_o = -(\text{Re}\,\lambda + \frac{1}{2}) \qquad \text{Im}\,\tilde{p}'^s_o = -(\text{Re}\,\lambda + 1/2 - s)$

en B $\quad \text{Im}\,\tilde{p}'_o = \dfrac{\text{Re}\,\lambda + \text{Re}\,\mu}{\sqrt{2}} \qquad \text{Im}\,\tilde{p}'^s_o = \dfrac{\text{Re}\,\lambda + \text{Re}\,\mu}{\sqrt{2}}$

en D $\quad \text{Im}\,\tilde{p}'_o = -\dfrac{(\text{Re}\,\lambda + \text{Re}\,\mu)}{\sqrt{2}} \qquad \text{Im}\,\tilde{p}'^s_o = -\dfrac{(\text{Re}\,\lambda + \text{Re}\,\mu)}{\sqrt{2}}$

Si $\text{Re}\,\lambda + 1/2 - s > 0$ et $\text{Re}\,\lambda + \text{Re}\,\mu \neq 0$, on a résolubilité dans H^s; on résoud d'abord aux points B et D puis dans des secteurs $\Gamma(C)$, $\Gamma(A)$.

Lorsque λ et μ sont réels, la condition $(\lambda + \mu) \neq 0$ signifie que $\tilde{P}$ ne vérifie pas une condition de Lévi. Lorsque $\lambda + \mu = 0$, on peut factoriser :

$$P = (-x(\partial_x - \partial_y) + \lambda)(\partial_x - \partial_y) \ ,$$

et il suffit de considérer la résolubilité locale pour l'opérateur :

$$\tilde{P} = -x(\partial_x - \partial_y) + i\lambda$$

Cet opérateur constituera l'exemple suivant :

<u>Exemple 4.2.7</u>

Soit $P = -x\left[i\partial_x - i\partial_y\right] + i\lambda,$

on a $\quad p = x\left[\xi - \eta\right]$

Les équations bicaractéristiques sont données en projection par :

(4.2.7.1) $\qquad \dfrac{d\eta}{ds} = 0, \qquad \dfrac{d\xi}{ds} = -(\xi - \eta)$

Le symbole sous-principal de P est donné par :

(4.2.7.2) $\qquad p'_o = i\left[\lambda + \frac{1}{2}\right]$

Figure 4

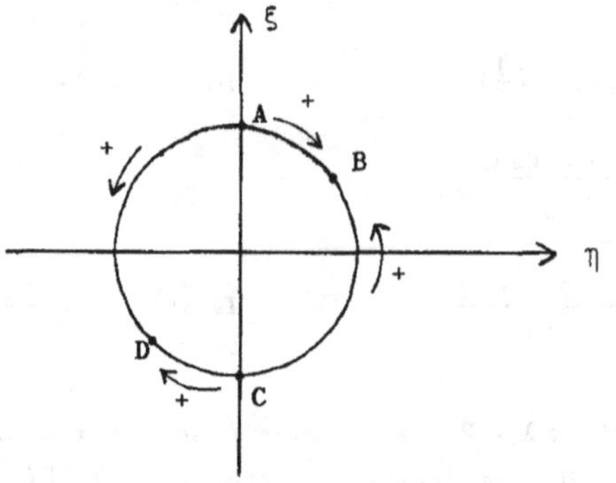

Il y a sur le cercle 4 points fixes comme dans l'exemple 4.2.6.

Calculons le symbole sous-principal aux points A, B, C, D :

en A	$\operatorname{Im} p'_o = \operatorname{Re}\lambda + 1/2$	$\operatorname{Im} p'_o = \operatorname{Re}\lambda + 1/2 - s$
en B	$\operatorname{Im} p'_o = \operatorname{Re}\lambda + 1/2 = \operatorname{Im} p'^s_o$	
en C	$\operatorname{Im} p'_o = \operatorname{Re}\lambda + 1/2$	$\operatorname{Im} p'_o = \operatorname{Re}\lambda + 1/2 - s$
en D	$\operatorname{Im} p'_o = \operatorname{Re}\lambda + 1/2 = \operatorname{Im} p'^s_o$	

Sous la condition $\operatorname{Re}\lambda + \frac{1}{2} - s \neq 0$, $\operatorname{Re}\lambda + \frac{1}{2} \neq 0$, on peut, en distinguant les cas, montrer la résolubilité H^s <u>sauf</u> lorsque $0 < \operatorname{Re}\lambda + \frac{1}{2} < s$. La vérification est laissée au lecteur.

BIBLIOGRAPHIE

[1] R. Beals : Characterization of pseudodifferential operators and applications (à paraître).

[2] P. Bolley, J. Camus : Sur une classe d'opérateurs elliptiques et dégénérés à plusieurs variables. Bulletin Soc. Math. France, Mémoire 43 (1973), p 55 - 140.

[3] L. Boutet de Monvel, A.Grigis, B. Helffer : Parametrixes d'opérateurs pseudodifférentiels à caractéristiques multiples. Astérisque 34 - 35 (1976),p 93 - 121.

[4] J.J. Duistermaat, L. Hörmander : Fourier integral operators II. Acta Math. 128 (1972), p 183 - 269.

[5] G. Eskin : Propagation of singularities for interior mixed hyperbolic problem. Sem. Goulaouic - Schwartz, exposé n°12 (1976 - 77).

[6] P. Godin : Propagation des singularités pour des opérateurs de type principal, localement résolubles, à coefficients analytiques, en dimension 2. (à paraître).

[7] V.V. Guillemin, D. Schaeffer : On a certain class of Fuchsian Partial differential equations. (à paraître).

[8] N.W. Hanges : Parametrices and local solvability for a class of singular hyperbolic operators. P.H.D Purdue University.

[9] B. Helffer : Addition de variables et application à la régularité. (à paraître). Annales Institut Fourier.

[10] L. Hörmander : Fourier Integral operators I. Acta Math. 127 (1971), p 79 - 183.

[11] L. Hörmander : On the existence and the regularity of solutions of linear pseudodifferential equations. l'Ens.Math. 17 (1971), p 99 - 163.

[12] L. Hörmander : A class of pseudodifferential operators with double characteristics. Math. Annalen. 217 n° 2, (1975).

[13] Y. Kannai : An unsolvable hypoelliptic operator. Israël Journal of Math. 9, (1971), p 306 - 315.

[14] V.V. Kučerenko : Asymptotic solutions of equations with complex characteristics. Mat. Sbornik Tom 95 (137), (1974), n° 2
Math.USSR - Sbornik Vol. 24, (1974) n° 2.

[15] V.V. Kučerenko : Parametrix for equations wtih degenerate symbol. Dok. Akad. Nauk.SSSR. Tom 229, (1976) n° 4; Sov. Math. Dokl. Vol. 17, (1976) n° 4.

[16] A. Melin : Lower bounds for pseudo-differential operators. Ark. Mat. 9, (1971), p 117 - 140.

[17] A. Melin, J. Sjöstrand : Fourier Integral operators with complex phase functions . Springer lecture Notes 459, p 255 - 282.

[18] A. Melin, J. Sjöstrand : Fourier Integral operators with complex phase functions and parametrix for an interior boundary value problem. Comm. in P.D.E., (1976).

[19] A.Menikoff,J.Sjöstrand : Sur la distribution des valeurs propres d'opérateurs hypoelliptiques. (congrès de St-Jean-de-Monts 1977).

[20] L. Nirenberg, F. Trèves : On local solvability of linear partial differential equations. Part II Sufficient conditions. Comm. Pure Appl. Math. 23, (1970), p 459 - 510.

[21] J. Rauch, M. Taylor : Decay of solutions to Non-dissipative Hyperbolic Systems on Compact Manifolds. Comm Pure Appl. Mathematics Vol 28, p 501 - 523, (1975).

[22] F. Trèves : Hypoelliptic partial differential equations of principal type. Sufficient conditions and necessary conditions. Comm.Pure Appl. Math. 24, (1971), p 631 - 670.

[23] F. Trèves : A new method of proof of the subelliptic estimates. Comm. Pure Appl. Math. 24, (1971), p 71 - 115.

Ecole Polytechnique
Centre de Mathématiques
Plateau de Palaiseau
91128 PALAISEAU Cedex

PROBLEME DE CAUCHY POUR LES SYSTEMES D'EQUATIONS DIFFERENTIELLES ET MICRODIFFERENTIELLES DANS LE DOMAINE COMPLEXE

par

M. KASHIWARA et P. SCHAPIRA

INTRODUCTION

Soient $\mathcal{M}$ et $\mathcal{N}$ deux modules cohérents sur l'anneau $\mathcal{D}_X$ des opérateurs différentiels (d'ordre fini) sur une variété analytique complexe de X, Y une sous-variété analytique complexe de X, $\mathcal{M}_Y$ et $\mathcal{N}_Y$ les systèmes induits par $\mathcal{M}$ et $\mathcal{N}$ sur Y. Notons $\mathcal{N}^\infty$ le module engendré par $\mathcal{N}$ sur l'anneau $\mathcal{D}_X^\infty$ des opérateurs différentiels d'ordre infini. Nous démontrons sous une hypothèse de nature géométrique reliant Y et les variétés caractéristiques de $\mathcal{M}$ et $\mathcal{N}$ (dans T^*X le fibré cotangent à X), que les morphismes naturels :

$$\mathcal{E}xt^i_{\mathcal{D}_X}(\mathcal{M}, \mathcal{N}^\infty)|Y \to \mathcal{E}xt^i_{\mathcal{D}_Y}(\mathcal{M}_Y, \mathcal{N}_Y^\infty)$$

sont, pour tout i, des isomorphismes. En fait nous démontrons un théorème plus général, analogue au précédent, mais concernant des modules cohérents sur l'anneau $\mathcal{E}_X$ des opérateurs microdifférentiels sur T^*X. Pour cela nous utilisons les outils et les techniques de M. Kashiwara [5], et M. Sato, M. Kashiwara, T. Kawai [13], ainsi qu'un théorème de Cauchy-Kowalewski pseudo-différentiel de J. M. Bony et P. Schapira [2]. Comme applications, nous retrouvons l'extension aux systèmes du théorème de Cauchy-Kowalewski, dans la formulation due à M. Kashiwara [5] ainsi que le théorème de Y. Hamada [3], C. Wagschal

---

Ce texte est le même que celui exposé au Séminaire Goulaouic-Schwartz le 19 Avril 1977.

[15], Y. Hamada, J. Leray, W. Wagschal [4]; mais outre que nous obtenons celui-ci pour des systèmes quelconques (non nécessairement "déterminés"), notre hypothèse sur la variété caractéristique du système est beaucoup plus faible que chez ces auteurs ("non micro-caractéristique" à la place de "multiplicités constantes"). De plus un théorème de M. Sato et M. Kashiwara [12] nous permet de traiter, même dans le cas de systèmes déterminés de multiplicités constantes, des situations qui échappent à [4]. Enfin notre théorème (et les résultats de [6] et [9]) nous permet de traiter le cas où les données de Cauchy sont des fonctions holomorphes dans le complémentaire d'hyper-surfaces avec singularités. Nous ne traitons ici qu'une classe d'exemples de ce type.

§ 1. PRELIMINAIRES ET RAPPELS (cf.[13]).

Nous désignons par X une variété analytique complexe, munie du faisceau $\mathcal{O}_X$ des fonctions holomorphes. Nous notons $\mathcal{D}_X$ le faisceau (d'anneaux) des opérateurs différentiels d'ordre fini, et $\mathcal{D}^\infty$ celui des opérateurs d'ordre infini.

Si Z est une sous-variété de X de codimension d, le faisceau $C^{\mathbf{R}}_{Z|X}$ sur $T^*_Z X$, le fibré conormal à Z dans X, est défini grâce à la transformation comonoïdale par :

$$C^{\mathbf{R}}_{Z|X} = \mathcal{H}^d_{T^*_Z X}(\pi^{-1}\mathcal{O}_X)^a$$

où a désigne l'application antipodale et π la projection

$$(X - Z) \sqcup T^*_Z X \to X \quad .$$

Le premier espace étant muni de la topologie de co-éclaté. Le faisceau $C^{\mathbf{R}}_{Z|X}$ est localement constant sur les orbites de l'action de $\mathbf{R}_+$.

Si on identifie X à la diagonale de $X \times X$ par la première projection, et T^*X au fibré conormal à la diagonale de $X \times X$, on peut définir le faisceau $\mathcal{E}^{\mathbf{R}}_X$ sur T^*X par :

$$\mathcal{E}^{\mathbf{R}}_X = \mathcal{C}^{\mathbf{R}}_{X|X\times X} \otimes_{\mathcal{O}_{X\times X}} \Omega^{(o,n)}$$

où $\Omega^{(o,n)}$ désigne le faisceau des formes différentielles holomorphes de type (o,n), n étant la dimension de X. Si on note γ la projection de $T^*X - T^*_X X$ sur P^*X, on peut définir un faisceau $\mathcal{E}^\infty_X$ par :

$$\mathcal{E}_X^\infty | T^*X - T_X^*X = \gamma^{-1}\gamma_* \mathcal{E}_X^{\mathbb{R}}$$

$$\mathcal{E}_X^\infty | T_X^*X = \mathcal{E}_X^{\mathbb{R}} \mid T_X^*X \ .$$

Le faisceau $\mathcal{E}_X^\infty$ n'est autre que le faisceau des opérateurs microdifférentiels (d'ordre infini). On note $\mathcal{E}_X$ le sous-faisceau de $\mathcal{E}_X^\infty$ les opérateurs d'ordre fini. En identifiant X à la section nulle T_X^*X on a :

$$\mathcal{E}_X^\infty | T_X^*X = \mathcal{D}_X^\infty \ , \ \mathcal{E}_X | T_X^* X = \mathcal{D}_X \ .$$

Remarque : Dans [13] le faisceau $\mathcal{C}_{Z|X}^{\mathbb{R}}$ est seulement construit sur S_Z^*X, le fibré conormal en sphères, mais le lecteur adaptera lui-même la construction à T_Z^*X. Quant aux faisceaux $\mathcal{E}_X^\infty$ et $\mathcal{E}_X$ ils sont seulement construit sur le fibré projectif P^*X dans [13] sont notés $\mathcal{P}_X$ et $\mathcal{P}_X^f$, et leurs sections s'appellent "opérateurs pseudo-différentiels"

Si Y est une sous-variété de X le faisceau $\mathcal{E}_{Y\to X}$ est un $(\mathcal{E}_Y,\mathcal{E}_X)$-bimodule, et $\mathcal{E}_{X\leftarrow Y}$ un $(\mathcal{E}_X,\mathcal{E}_Y)$ -bimodule. En coordonnées, si Y est défini par les équations $x_1 = \dots = x_\ell = 0$, on a des isomorphismes :

$$\mathcal{E}_{Y\to X} \simeq \mathcal{E}_X / x_1\mathcal{E}_X + \dots + x_\ell \mathcal{E}_X$$

$$\mathcal{E}_{X\leftarrow Y} \simeq \mathcal{E}_X / \mathcal{E}_X x_1 + \dots + \mathcal{E}_X x_\ell \ .$$

Ce sont des faisceaux portés par $T^*X \underset{X}{\times} Y$. Rappelons maintenant que si $\mathcal{M}$ est un $\mathcal{E}_X$-module cohérent défini sur un ouvert $\mathcal{U}$ de T^*X, sa variété caractéristique, notée $SS(\mathcal{M})$, désigne simplement son support dans $\mathcal{U}$. On dit alors qu'une sous-variété Y de X est non caractéristique pour $\mathcal{M}$ si la projection

$$\rho \ : \ T^*X \underset{X}{\times} Y \to T^*Y$$

est propre (et donc finie) sur $SS(\mathcal{M})$. Dans ce cas le module $\mathcal{M}_Y$ induit par $\mathcal{M}$ sur Y, et défini par

$$\mathcal{M}_Y = \rho_*(\mathcal{E}_{Y\to X} \otimes_{\mathcal{E}_X} \mathcal{M})$$

est un $\mathcal{E}_Y$-module cohérent. On pose :

$$\mathcal{M}^{\mathbf{R}} = \mathcal{E}_X^{\mathbf{R}} \otimes_{\mathcal{E}_X} \mathcal{M}, \quad \mathcal{M}^{\infty} = \mathcal{E}_X^{\infty} \otimes_{\mathcal{E}_X} \mathcal{M} \, .$$

Rappelons que $\mathcal{E}_X^{\mathbf{R}}$ et $\mathcal{E}_X^{\infty}$ sont fidèlement plats sur $\mathcal{E}_X$ et que si Y est non caractéristique :

$$(\mathcal{M}^{\mathbf{R}})|_Y = (\mathcal{M}_Y)^{\mathbf{R}}, \; (\mathcal{M}^{\infty})|_Y = (\mathcal{M}_Y)^{\infty}$$

Les faisceaux $C_{Z|X}^{\mathbf{R}}$ sont des faisceaux de $\mathcal{E}_X^{\mathbf{R}}$-modules de support T_Z^*X et sont invariants par transformation canonique. Plus précisément soit X et $\widetilde{X}$ deux variétés analytiques complexes de même dimension, Z et $\widetilde{Z}$ deux sous-variétés de X et $\widetilde{X}$ (de codimensions éventuellement distinctes), ϕ une transformation canonique complexe homogène définie au voisinage de $x^* \in T_Z^*X$, telle que $\phi(T_Z^*X) = T_{\widetilde{Z}}^*\widetilde{X}$. Alors une fois quantifiée, ϕ définit (au voisinage de x^* et de $\varphi(x^*)$) un isomorphisme de $\mathcal{E}_X^{\mathbf{R}}$ sur $\mathcal{E}_{\widetilde{X}}^{\mathbf{R}}$ et de $C_{Z|X}^{\mathbf{R}}$ sur $C_{\widetilde{Z}|\widetilde{X}}^{\mathbf{R}}$, ce deuxième isomorphisme étant compatible avec le premier.

§ 2. DIRECTIONS MICROCARACTERISTIQUES

Nous allons généraliser une définition introduite dans un cas particulier par J. M. Bony [1] (cf. aussi [14] pour une autre utilisation de cette notion).

Soit W une variété analytique complexe, V une sous-variété lisse de W, S un ensemble analytique de W (V et S sont évidemment complexes). Le "cône tangent à S le long de V", noté $C_V(S)$, est un sous-ensemble fermé conique de $T_V(W)$ le fibré normal à V dans W. On peut le définir en coordonnées locales de la manière suivante.

Supposons $W = \mathbb{C}^N$, $V = \{x \in W \; ; \; x_1 = \ldots = x_\ell = 0\}$. Soit $x \in V$, $\theta \in T_x(W)$. Alors θ n'appartient pas à $C_V(S)$ s'il existe un cône ouvert de sommet l'origine, invariant par V, contenant θ et ne rencontrant pas S au voisinage de x.

Si f est une fonction holomorphe au voisinage de V, on peut définir $\sigma_V(f)$, son symbole le long de V, comme une section de $T_V(W)$. Dans la situation précédente, si f s'annule exactement à l'ordre r sur V (i.e. : r est le plus petit entier tel que toutes les dérivées de f d'ordre $< r$ sont nulles sur V), f s'écrit

$$f(x) = \sum_{|\alpha| = r} a_\alpha(x) x'^{\alpha} \quad \text{où} \quad x' = (x_1, \ldots, x_\ell)$$

et on pose, pour $(x,\theta) \in T_V(W)$:

$$\sigma_V(f)(x,\theta) = \sum_{|\alpha|=r} a_\alpha(x)\,\theta^\alpha \ .$$

Lemme 2.1 [cf.16] : Soit $\mathcal{J}$ le faisceau d'idéaux des fonctions holomorphes nulles sur S. Alors :

$$C_V(S) = \{(x,\theta) \in T_V(W)\ ; \sigma_V(f)(x,\theta) = 0 \quad \forall f \in \mathcal{J}\}.$$

Revenons maintenant à la situation et aux notations du paragraphe 1. On identifie $T(T^*X)$ et $T_\Delta(T^*X \times T^*X)$, où Δ désigne la diagonale de $T^*X \times T^*X$.

Définition 2.2 : Soit $\mathcal{M}$ et $\mathcal{N}$ deux $\mathcal{E}_X$-modules cohérents sur un ouvert $\mathcal{U}$ de T^*X et θ un vecteur de $T(\mathcal{U})$. On dit que θ est non microcaractéristique pour $(\mathcal{M}, \mathcal{N})$ si :

$$\theta \notin C_\Delta(SS(\mathcal{M}) \times SS(\mathcal{N}))\ .$$

Si le support de $\mathcal{N}$ est une variété lisse V il revient au même de dire que θ n'appartient pas à $C_V(SS(\mathcal{M}))$ (dans $T_V(\mathcal{U})$). Dans ce cas on dit que θ est non microcaractéristique pour $\mathcal{M}$ sur V, ou si $\mathcal{M}$ est de la forme $\mathcal{E}_X/\mathcal{E}_X.P$ que θ est non microcaractéristique pour P sur V. Si r est l'ordre d'annulation de P_m, le symbole principal de P, sur V, et si $\theta \in T_{x^*}(T^*X)$, il résulte du lemme 2.1 que θ est microcaractéristique pour P sur V si et seulement si

$$P_m(x^* + \varepsilon\theta) = o(\varepsilon^r)$$

On retrouve donc la définition de J. M. Bony [1].

Si Y est une sous-variété de X on dit que Y est non microcaractéristique pour $(\mathcal{M}, \mathcal{N})$ s'il en est ainsi de tout vecteur non nul $\theta = H_f$, où H_f désigne le champ hamiltonien de f, et où f est nulle sur Y.

Si Y est non microcaractéristique pour $(\mathcal{M}, \mathcal{N})$ en $x^* \in T^*X$ et si $\mathcal{M}$ et $\mathcal{N}$ sont non nuls en x^*, Y est non caractéristique pour $\mathcal{M}$ et pour $\mathcal{N}$.

Si $\mathcal{N} = \mathcal{O}_X$, $SS(\mathcal{N}) = T^*_X X$ et on vérifie immédiatement que Y est non microcaractéristique pour le couple $(\mathcal{M}, \mathcal{O}_X)$ en $x \in T^*_X X \underset{X}{\times} Y$ si et seulement si Y est non caractéristique pour le $\mathcal{D}_X$-module $\mathcal{M}$ au voisinage de x.

§ 3. ENONCE DES THEOREMES

Si Y est une sous-variété de X on note ρ et $\tilde{\varpi}$ les applications naturelles :

$$\rho : T^*X \times_X Y \to T^*Y$$

$$\tilde{\varpi} : T^*X \times_X Y \to T^*X$$

On suppose Y de codimension d dans X. On utilisera, comme dans [13], le langage des catégories dérivées.

Théorème 3.1 : Soit $\mathcal{M}$ et $\mathcal{N}$ deux $\mathcal{E}_X$-modules cohérents définis sur un ouvert $\mathcal{U}$ de T^*X. On suppose la sous-variété Y de X non microcaractéristique pour $(\mathcal{M}, \mathcal{N})$. Alors le morphisme naturel de faisceaux sur $T^*X \times_X Y$:

$$\tilde{\varpi}^{-1}\mathbf{R}\mathcal{H}om_{\mathcal{E}_X}(\mathcal{M}, \mathcal{N}^{\mathbf{R}}) \to \mathbf{R}\mathcal{H}om_{\mathcal{E}_X}(\mathcal{M}, \mathcal{E}_{X\leftarrow Y}) \overset{L}{\underset{\rho^{-1}\mathcal{E}_Y}{\otimes}} (\mathcal{E}^{\mathbf{R}}_{Y\to X} \otimes \mathcal{N})[d]$$

est un isomorphisme.

Le théorème est encore vrai si on remplace $\mathcal{N}^{\mathbf{R}}$ et $\mathcal{E}^{\mathbf{R}}_{Y\to X}$ par $\mathcal{N}^{\infty}$ et $\mathcal{E}^{\infty}_{Y\to X}$. Si on replace sur $T^*_X X$, on obtient :

Théorème 3.2 : Soit $\mathcal{M}$ et $\mathcal{N}$ deux $\mathcal{D}_X$-modules cohérents. On suppose Y non microcatactéristique pour $(\mathcal{M}, \mathcal{N})$ au voisinage de $T^*X \times_X Y$. Alors le morphisme naturel :

$$\mathcal{E}xt^i_{\mathcal{D}_X}(\mathcal{M}, \mathcal{N}^{\infty})|Y \to \mathcal{E}xt^i_{\mathcal{D}_X}(\mathcal{M}_Y, \mathcal{N}^{\infty}_Y)$$

est, pour tout i, un isomorphisme.

§ 4. ESQUISSE DE DEMONSTRATION DU THEOREME 3.1

On commence par démontrer le lemme suivant, cas particulier du théorème avec $\mathcal{N} = C_{Z|X}$.

Lemme 4.1 : Soient Y et Z deux sous-variétés de X, transverses. Soit $\mathcal{M}$ un $\mathcal{E}_X$-module cohérent défini au voisinage d'un point $x^* \in T^*_Z X \underset{X}{\times} Y$.

On suppose :

- Y est non microcaractéristique pour $\mathcal{M}$ sur $T^*_Z X$
- $SS(\mathcal{M}) \cap \rho^{-1}(\rho(x^*)) \subset \{x^*\}$.

Alors on a l'isomorphisme :

$$\mathbb{R}\mathcal{H}om_{\mathcal{E}_X}(\mathcal{M}, C^{\mathbb{R}}_{Z|X})_{x^*} \simeq \mathbb{R}\mathcal{H}om_{\mathcal{E}_Y}(\mathcal{M}_Y, C^{\mathbb{R}}_{Z\cap Y|Y})_{\rho(x^*)} .$$

Pour démontrer ce lemme on se ramène d'abord au cas où Y est une hypersurface de X et $\mathcal{M}$ est réduit à une seule équation, $\mathcal{M} = \mathcal{E}_X/\mathcal{E}_X P$, en utilisant la technique mise au point dans [5].

Une transformation canonique, et l'adjonction d'une variable supplémentaire permet, comme dans [14], de se ramener au cas où Y et Z sont des hypersurfaces de $\mathbb{C}^n$ et où il existe une variété régulière involutive Λ avec $T^*_Z X \subset \Lambda \subset \mathrm{Car}(P)$. On est alors ramené, grâce au théorème 3.3 de [8], à résoudre un problème de Cauchy pour un opérateur intégro-différentiel ce que l'on fait à l'aide du théorème 3.1.2 de [2].

Pour traiter le cas général, on remarque que :

$$\mathbb{R}\mathcal{H}om_{\mathcal{E}_X}(\mathcal{M}, \mathcal{N}^{\mathbb{R}}) = \mathbb{R}\mathcal{H}om_{\mathcal{E}_{X\times X}}(\mathcal{M} \hat{\otimes} \mathcal{N}^*, C^{\mathbb{R}}_{X|X\times X})$$

où $\mathcal{N}^* = \mathbb{R}\mathcal{H}om_{\mathcal{E}_X}(\mathcal{N}, \mathcal{E}_X) \otimes_{\mathcal{O}_X} \Omega_X^{\otimes -1}$ désigne le système dual de $\mathcal{N}$ (le produit $\hat{\otimes}$ est définit dans [13 chapitre 2, §3]).

On considère les injections $Y \times Y \subset Y \times X \subset X \times X$. Alors $Y \times X$ est transverse à X dans $X \times X$ et on peut appliquer le lemme 4.1. Pour restreindre ensuite le système à $Y \times Y$ on applique la proposition 3 de [7].

§ 5. APPLICATIONS

a) Si on applique le théorème 3.2 avec $\mathcal{N} = \mathcal{O}_X$ on retrouve un théorème de M. Kashiwara [5] qui généralise aux systèmes le théorème de Cauchy-Kowalewski.

Proposition 5.1 : Soit $\mathcal{M}$ un $\mathcal{D}$-module cohérent, Y une sous-variété de X non caractéristique pour $\mathcal{M}$. Alors les morphismes :

$$\mathcal{E}xt^j_{\mathcal{D}_X}(\mathcal{M},\mathcal{O}_X)|Y \to \mathcal{E}xt^j_{\mathcal{D}_Y}(\mathcal{M}_Y,\mathcal{O}_Y)$$

sont, pour tout j, des isomorphismes.

b) Le théorème 3.1 permet d'étendre aux systèmes les résultats de [3], [15], [4], et ceci sous une hypothèse plus faible que l'hypothèse de multiplicité constante faite par ces auteurs (cf. aussi [11]).

Soit Z une hypersurface lisse de X. Nous noterons $\mathcal{O}^1_{Z|X}$ le module :

$$\mathcal{O}^1_{Z|X} = \mathcal{D}_X \operatorname{Log} \varphi$$

où φ désigne une équation (locale) de Z. Cette définition est licite car on vérifie immédiatement que $\mathcal{D}_X \operatorname{Log} \varphi$ ne dépend ni de la fonction φ choisie, ni de la détermination du logarithme.

Si $(Z_i)_{i=1}^r$ sont des hypersurfaces de X nous noterons $\sum_{i=1}^r \mathcal{O}^1_{Z_i|X}$ le faisceau sur X défini par la suite exacte :

$$0 \to \mathcal{O}_X^{r-1} \to \bigoplus_{i=1}^r \mathcal{O}^1_{Z_i|X} \to \sum_{i=1}^r \mathcal{O}^1_{Z_i|X} \to 0$$

où la deuxième flèche désigne l'application :

$$(f_i)_{i=1}^{r-1} \to (f_1, f_2-f_1, \ldots, -f_{r-1}).$$

On définit de même $\mathcal{O}^1_{Z|Y}$ pour une hypersurface Z de Y.

Proposition 5.2 : Soit Y une sous-variété de X, Z une hypersurface de Y, Z_i (i = 1...r) des hypersurfaces de X transverses deux à deux et transverses à Y, avec $Z_i \cap Y = Z \ \forall i$.

Soit $\mathcal{M}$ un $\mathcal{D}_X$-module cohérent tel que :

a) $SS(\mathcal{M}) \cap \rho^{-1}(T^*_Z X) \subset \bigcup_{i=1}^r T^*_{Z_i} X$

b) Y est non microcaractéristique pour $\mathcal{M}$ sur chaque $T^*_{Z_i} X$ en dehors de $T^*_X X$.

Alors pour tout j le morphisme

$$\mathcal{E}xt^j_{\mathcal{D}_X}(\mathcal{M}, \sum_i \mathcal{O}^1_{Z_i|X})|_Z \to \mathcal{E}xt^j_{\mathcal{D}_Y}(\mathcal{M}_Y, \mathcal{O}^1_{Z|Y})|_Z$$

est un isomorphisme.

<u>Remarque</u> : On peut aussi traiter le cas où les données sont des sommes de fonctions holomorphes ramifiées quelconques, comme c'est le cas dans [4,15], en adaptant la démonstration de [10].

c) Le théorème précédent s'applique en particulier quand $\mathcal{M}$ est un système défini par une matrice carrée $P = (P_{i,j})_{1 \le i,j \le N}$. D'après un théorème de M. Sato et M. Kashiwara [12] il existe un symbole différentiel homogène det(P), tel que :

$$SS(\mathcal{M}) = \{(x,\xi) \in T^*X \ ; \ \det(P)(x,\xi) = 0\} .$$

Les conditions de la proposition 5.2 sont alors très faciles à vérifier. Supposons que X soit un ouvert de $\mathbb{C}^n$, muni des coordonnées $(x_1,\dots,x_n)$ et que Y soit l'hypersurface d'équation $x_1 = 0$. Soit m l'ordre de det(P). On suppose donc :

- $\forall\, i, \exists\, m_i \ge 0,\ D^\alpha_x D^\beta_\xi(\det P)(x,\xi) = 0$ pour $|\alpha| + |\beta| < m_i$, $(x,\xi) \in T^*_{Z_i}X$.
- $D^{m_i}_{\xi_1}(\det P)(x,\xi) \not\equiv 0$ pour $(x,\xi) \in T^*_{Z_i}X \underset{X}{\times} Y - T^*_X X$.
- $\sum_i m_i = m$.

Il se peut que le système induit $\mathcal{M}_Y$ soit difficile à calculer. Les propositions 5.1 et 5.2 permettent cependant d'énoncer :

<u>Proposition 5.3</u> : Sous les hypothèses précédentes, si f est un N-uple de fonctions holomorphes au voisinage de (Y-Z) dans X et si Pf se prolonge en un élément de $(\sum_i \mathcal{O}^1_{Z_i|X})^N$, il en sera de même de f au voisinage de Z.

d) Soit X un ouvert de $\mathbb{C}^p \times \mathbb{C}^q$ muni des coordonnées $(x_1,\dots,x_p,t_1,\dots,t_q) = (x,t)$. Soit S une hypersurface de X, éventuellement singulière, définie par une équation $\varphi(t) = 0$, où φ est indépendant de x.
Soit Y l'hypersurface d'équation $x_1 = 0$, P un opérateur différentiel d'ordre m tel que Y soit non caractéristique. On suppose que la partie principale de P s'écrit comme un polynôme en $D_{x_1},\dots,D_{x_p}$, $\varphi(t)D_{t_1},\dots,\varphi(t)D_{t_q}$.

Proposition 5.4 : Sous les hypothèses précédentes le problème de Cauchy $Pf = g$, $\gamma(f) = (h)$, (où $\gamma(f) = f|Y, \dots, \frac{\partial^{m-1}}{\partial x_1} f|Y$) admet une solution unique f holomorphe dans X - S au voisinage de Y, pour toute donnée g holomorphe dans X-S au voisinage de Y et (h), m-uple de fonctions holomorphes dans $Y - Y \cap S$.

Démonstration : Notons (x,t,ξ,θ) les coordonnées dans T^*X. Soit Λ la variété de T^*X : $\Lambda = T^*_X X \cup (\xi = 0,\ \varphi(t) = 0)$. Alors $P_m(x,t,\xi,\theta)$ s'annule à l'ordre m sur Λ et $D^m_{\xi_1} P_m$ est différent de 0 sur $\Lambda \cap Y$. On en conclut, par un calcul facile, que Y est non microcaractéristique pour tout couple $(\mathcal{M},\mathcal{N})$ de support contenu dans $(\mathrm{Car}(P),\Lambda)$. Soit $\mathcal{N}$ le $\mathcal{D}_X$-module des fonctions méromorphes à pôles sur S. C'est un $\mathcal{D}_X$-module cohérent et son support est contenu dans Λ (cf.[6]). Le module $\mathcal{N}^\infty$ associé est égal au faisceau sur X des fonctions holomorphes sur X - S[9]. Alors Y est non microcaractéristique pour le couple $(\mathcal{D}_X/\mathcal{D}_X.P, \mathcal{N})$ et il reste à appliquer le théorème 3.2, en remarquant que $\mathcal{N}^\infty_Y$ est égal au faisceau sur Y des fonctions holomorphes sur $Y - Y \cap S$.

BIBLIOGRAPHIE

[1] J. M. Bony : Extension du théorème de Holmgren. Sem. Goulaouic-Schwartz 1975-76, exposé 17.

[2] J. M. Bony, P. Schapira : Propagation des singularités analytiques pour les solutions des équations aux dérivées partielles. Ann. Inst. Fourier, Grenoble, 26, 1, 81-140 (1976).

[3] Y. Hamada : The singularities of the solutions of the Cauchy problem. Publ. R. I. M. S., Kyoto University, 5, 20-40 (1969).

[4] Y. Hamada, J. Leray, C. Wagschal : Systèmes d'équations aux dérivées partielles à caractéristiques multiples : Problème de Cauchy ramifié, hyperbolocité partielle. J. Math. Pures et Appl. 55, 297-352 (1976).

[5] M. Kashiwara : Algebraic study of systems of partial differential equations (Thèse), Univ. of Tokyo, 1971 (en japonais).

[6] M. Kashiwara : B-functions and holonomic systems. Inventiones Math. 38, 33-53 (1976).

[7] M. Kashiwara, T. Kawai : On the boundary value problem for elliptic system of linear differential equations, II. Proc. Japan Acad. 49, 164-168 (1973).

[8] M. Kashiwara, T. Kawai : Microhyperbolic pseudo-differentiel operators I, J. Math. Soc. Japan, 27, n° 3, 359-404 (1975).

[9] Z. Mebkhout : Local cohomology of analytic spaces. Publ. R. I. M. S. 1976. A paraître.

[10] P. Pallu de la Barrière, P. Schapira : Application de la théorie des microfonctions holomorphes au problème de Cauchy à données singulières. Sem. Goulaouic-Schwartz 1975-76, exposé 23.

[11] J. Persson : On the Cauchy problem in $\mathbb{C}^n$ with singular data. Sem. Math. Univ. Catania "Le Mathematiche", vol. XXX.2. 339-362 (1975).

[12] M. Sato, M. Kashiwara : The determinant of matrices of pseudo-differential operators. Proc. Japan Acad. 51, 17-19 (1975).

[13] M. Sato, M. Kashiwara, T. Kawai : Hyperfunctions and pseudo differential equations. Lecture Notes in Math. 287, Springer, 265-529 (1973).

[14] P. Schapira : Propagation au bord et réflexion des singularités analytiques des solutions des équations aux dérivées partielles II. Sem. Goulaouic-Schwartz 1976-77, Exposé 9 et article à paraître.

[15] C. Wagschal : Sur le problème de Cauchy ramifié, J. Math. Pures et Appl. 53, 147-164 (1974).

[16] H. Whitney : Tangents to an analytic variety, Ann. of Math. 81, 496-549, (1964).

M. KASHIWARA
Université de Kyoto

P. SCHAPIRA
Université de Paris-Nord

ANALYSE LAGRANGIENNE ET MECANIQUE QUANTIQUE

(Notions apparentées à celles de développement asymptotique et d'indice de Maslov)

par

Jean LERAY

Les physiciens n'emploient les solutions exactes, $u(x)$, des problèmes d'évolution que dans les cas les plus simples. Généralement ils recourent à des "solutions asymptotiques" du type

$$u(\nu,x) = \alpha(\nu,x)e^{\nu\varphi(x)} , \tag{1}$$

où le "phase" φ est une fonction de $x \in X = \mathbf{R}^{\ell}$ à valeurs réelles ; l' "amplitude" α est une série formelle en $1/\nu$:

$$\alpha(\nu,x) = \sum_{r\in N} \frac{1}{\nu^r} \alpha_r(x) ,$$

dont les coefficients α_r sont des fonctions de x à valeurs complexes ; la "fréquence" ν est un paramètre imaginaire pur.

L'équation différentielle régissant l'évolution :

$$a(x, \frac{1}{\nu}\frac{\partial}{\partial x})u(\nu,x) = 0 \tag{2}$$

est vérifiée en ce sens que son premier membre est le produit par $e^{\nu\varphi}$ d'une série formelle en $1/\nu$, dont les premiers termes ou tous les termes sont nuls.

La construction des ces solutions asymptotiques est depuis longtemps classique et a été récemment nommée méthode B.K.W. :

La phase φ vérifie une équation aux dérivées partielles du premier ordre, non linéaire si l'opérateur a n'est pas d'ordre 1 ; l'amplitude α résulte d'une intégration le long de celles des caractéristiques de cette équation du premier ordre qui définissent φ .

En mécanique quantique, par exemple, on calcule d'abord comme si

$$\nu = \frac{i}{\hbar} \quad (2\pi\, \hbar : \text{constante de Planck})$$

était un infiniment grand tendant vers i^{∞} , puis on attribue finalement à ν sa valeur numérique ν_0 .

Les physiciens construisent des solutions asymptotiques de problèmes d'équilibre et de problèmes périodiques, substituant ainsi, par exemple, aux problèmes de l'optique ondulatoire ceux de l'optique géométrique ; mais φ fait un saut et α présente des singularités sur l'enveloppe des caractéristiques définissant φ , par exemple, en optique géométrique, sur l'enveloppe des réyons lumineux, c'est-à-dire sur les caustiques, qui dont les images des sources de lumière ; cependant l'optique géométrique vaut au delà des caustiques.

En toute généralité, V. P. MASLOV a introduit un indice (dont I. V. ARNOLD a explicité la définition) qui décrit ces sauts de la phase et, par un emploi approprié de la transformation de Fourier, il a montré que ces singularités de l'amplitude ne sont que des singularités apparentes ; mais il est obligé d'imposer certaines "conditions quantiques" ; leur énoncé suppose que ν est un nombre imaginaire pur donné ν_0 ; c'est contraire à l'hypothèse que ν est une variable tendant vers i^{∞} ; cette dernière hypohtèse est cependant nécessaire pour que la transformation de Fourier soit ponctuelle, ce que V. P. MASLOV utilise de façon essentielle. Un emploi qui évite cette contradiction et que guident des motivations mathématiques, de la transformation de Fourier, des expressions du type (1), des conditions quantiques de Maslov et de la donnée d'un nombre ν_0 est possible s'il ne tente plus de définir une fonction ou une classe de fonctions par son développement asymptotique : il conduit à de nouvelles notions qui s'apparentent à la géométrie symplectique et dont l'intérêt ne pourra se révéler qu'a posteriori ; ce sera peut-être la mécanique quantique.

Un exposé détaillé de ces notions et de leurs applications sera publié sous forme de prépublication par le
- Séminaire sur les équations aux dérivées partielles, Collège de France
puis corrigé de quelques errata par la
- Recherche coopérative sur programme C.N.R.S., n° 25, I.R.M.A. de Strasbourg (7 rue Descartes).

HISTORIQUE. - I. V. ARNOLD m'a demandé à Moscou, en 1967, comment je comprendrais le traité de V. P. MASLOV : Théorie des perturbations et méthodes asymptotiques, M.G.U., Moscou 1965. L'exposé en question est donc une réponse, peut-être inachevée, à cette question.

Collège de France, Paris.

THEOREME DE TRACES POUR UNE CLASSE D'ESPACES DE SOBOLEV SINGULIERS

par

C. MATTERA

I. INTRODUCTION

R^n_+ désigne le demi-espace : $R^n_+ = \{(x,t)\ ,\ x \in R^{n-1}\ ,\ t > 0\}$.

On étudie les traces des espaces de Sobolev avec poids :

$$W^m(B_+) = \{v \in F\ ,\ \varphi_{\alpha,j}(x,t)\ \frac{\partial^\alpha}{\partial x^\alpha}\ \frac{\partial^j v}{\partial t^j}(x,t) \in L^2(B_+)\ ,\ |\alpha|+j \leqslant m\}$$

munis de leur semi-norme canonique avec les notations : $B_+ = B_o \times]0,\beta[$, B_o ouvert de R^{n-1} , $\beta \in \bar{R}_+$; F est un espace de distributions (par exemple $\mathcal{D}'(B_+)$) qui sera précisé à chaque fois ; $\varphi_{\alpha,j}(x,t)$ sont des fonctions continues sur B_+ à valeurs réelles.

On utilisera les définitions et les notations de [10][17] pour les espaces de distributions.

Déterminer les traces de tels espaces, c'est définir un entier $p \in Z$, $p \geqslant -1$ (il y aura au total p+1 traces), des mesurables M_j de B_o , $0 < j < p$, et une topologie semi-normée sur les fonctions mesurables sur M_j tels que, si T^m_j est l'espace topologique ainsi défini, l'application $y_j : v \longrightarrow v_j(x) = \frac{\partial^j v}{\partial t^j}(x,0)$ soit linéaire et continue de $W^m(B_+)$ dans T^m_j $(0 \leqslant j \leqslant p)$ et qu'il existe une application inverse (relèvement) R_j telle que $Y_j \circ R_j = Id_{T^m_j}$ où $Id_{T^m_j}$ est l'application identique dans T^m_j .

On peut aussi chercher l'ensemble parcouru par $(y_o v, y_1 v, \ldots, y_p v)$ qui sera noté T^m . Il est en général différent du produit des T^m_j . On notera R le relèvement associé.

On utilisera la notation : $v_j^{\alpha}(x) = \frac{\partial^{\alpha}}{\partial x^{\alpha}} \frac{\partial^j v}{\partial t^j}(x,0)$ pour $\alpha \in \mathbb{N}^{n-1}$ et $x \in M_j$.

Le cas $\varphi_{\alpha,j}(x,t) \equiv 1$ pour tout (α,j) (espace H^m) a fait l'objet de nombreuses études (cf. [13] [14] [16] et leurs bibliographies). Deux méthodes peuvent être employées :

- l'utilisation de la transformée de Fourier tangentielle qui ramène à l'étude sur R_+ , dépendant d'un paramètre ;
- l'interpolation [14].

Des espaces singuliers pour lesquels $\varphi_{\alpha,j}(x,t) = t^{\mu(\alpha,j)}$ ont été traités par des méthodes analogues [3] [4] .

Ces méthodes ne s'appliquent pas lorsque la dégénérescence est plus complexe. C'est ce que l'on va étudier ci-dessous, en particulier lorsque les fonctions poids sont :

- soit des fonctions de x seul,
- soit des fonctions de $t^2+|x|^2$ où $|x| = (\sum_{i=1}^{n-1} x_i^2)^{1/2}$,
- soit des fonctions de $t+b(x)$, $b(x)$ fonction C^{∞} de R^{n-1} , et, même parfois, des fonctions plus générales.

Remarquons que des problèmes différents mais aussi singuliers ont été étudiés dans [5] [6] [18] : il s'agit de l'étude des traces des espaces H^m dans des ouverts à bord irrégulier.

Les techniques utilisées sont celles inspirées par les semi-groupes [13] [14], le relèvement étant donné explicitement par un noyau de convolution. On reviendra plus loin sur le détail de ces méthodes.

Les mêmes techniques peuvent s'appliquer à l'étude d'espaces dans des ouverts non bornés [2] [8] [11] , avec dégénérescence à l'infini.

Dans le cas qui nous intéresse (bord régulier, ouvert borné mais fonctions poids singulières), les méthodes ci-dessus ne s'appliquent qu'avec de très notables modifications que l'on va décrire dans le reste de l'exposé.

Remarquons que certains espaces en $\varphi_{\alpha,j}(x,t) = (t^2+|x|^2)^{\mu(\alpha,j)}$ ont été étudiés par A. Kufner [12] du point de vue de la densité des fonctions régulières et des propriétés de dérivées intermédiaires. Mais les traces ne sont pas obtenues. Terminons en remarquant que l'intérêt du problème vient de ce que la régularité des opérateurs naturellement associés à ces espaces commence à être connue [7] [15].

II. ETUDE DE RELATIONS NORMALES

On commence par étudier les espaces $W^m(B_+)$ où $\varphi_{\alpha,j}(x,t) \equiv 0$ pour $\alpha \neq 0$.

1. 1er espace

Soient $\varphi_i(x)$ des fonctions $C^{\infty *}$ de la seule variable x, et considérons l'espace $W^m(B_+)$ suivant :

$$W^m(B_+) = \{v \in \mathcal{D}'(B_+)\ ,\ \varphi_o(x)\ v(x,t) \in L^2(B_+)\ ,\ \varphi_1(x)\ \frac{\partial v}{\partial t}(x,t) \in L^2(B_+)\ ,$$

$$\varphi_m(x)\ \frac{\partial^m v}{\partial t^m}(x,t) \in L^2(B_+)\}$$

muni de sa semi-norme naturelle que l'on suppose ici être une norme ($\varphi_o(x) \neq 0$ sur B_o) (B_o borné ou non).

Les résultats sont les mêmes si on a seulement $\varphi_i(x) \in L^\infty_{loc}(B_o)$.

On donne d'abord le résultat pour β infini : les traces des fonctions de $W^m(B_+)$ sont caractérisées par :

THEOREME 1. - Soit $j \leqslant m-1$, la jème trace existe si $M_j = \bigcup_{q>0} \{x, \varphi_{j+q}(x) \neq 0\}$ vérifie : mesure de $M_j \neq 0$.

Soit $p_j^1(x) = \sup \left\{ |\varphi_\ell(x)| \left| \frac{\varphi_{j+q}(x)}{\varphi_\ell(x)} \right|^{\frac{2j-2\ell+1}{2j+2q-2}} \right\}$, l'espace topologique est :

$$\begin{cases} \varphi_\ell(x) \neq 0 \cap \varphi_{j+q}(x) \neq 0 \\ \ell \leqslant j \quad \text{et} \quad q > 0 \ . \end{cases}$$

$T_j^m = \{v_j(x)$ fonctions mesurables sur M_j telles que $p_j^1(x)\ v_j(x) \in L^2(M_j)\}$ avec la semi-norme $\|p_j^1(x)\ v_j(x)\|_{L^2(M_j)}$.

Si β est fini, les traces des fonctions de $W^m(B_+)$ qui, pour tout x, sont à support compact dans $[0,\beta[$ sont caractérisées par :

THEOREME 1 bis. - Soit $j \leqslant m-1$, la jème trace existe si $M_j = \bigcup_{q>0} \{x, \varphi_{j+q}(x) \neq 0\}$ vérifie : mesure de $M_j \neq 0$.

Soit $p_j^2(x) = \sup_{\substack{q>0,\ \ell\leqslant j \\ \varphi_\ell(x)\neq 0 \cap \varphi_{j+q}(x)\neq 0}} \left\{ |\varphi_{j+q}(x)|\ ,\ |\varphi_\ell(x)| \left| \frac{\varphi_{j+q}(x)}{\varphi_\ell(x)} \right|^{\frac{2j-2\ell+1}{2j+2q-2}} \right\}$.

$T_j^m = \{v_j(x)$ fonctions mesurables sur M_j telles que $p_j^2(x)\ v_j(x) \in L^2(M_j)\}$ avec la semi-norme $\|p_j^2(x)\ v_j(x)\|_{L^2(M_j)}$.

REMARQUE 1. - En dehors de M_j , il n'existe pas de trace, c'est-à-dire qu'il n'existe pas de $c > 0$ telle que, pour toute $v \in W^m(B_+)$,

$$|y(x)|^2 \leqslant c \{ \sum_{i=0}^{m} \int_0^\beta (\varphi_i(x))^2 \, |\frac{\partial^i v}{\partial t^i}(x,t)|^2 \, dt\} .$$

REMARQUE 2. - Autre expression du poids :

$$|\varphi_\ell(x)| \left| \frac{\varphi_{j+q}(x)}{\varphi_\ell(x)} \right|^{\frac{2j-2\ell+1}{2j+2q-2\ell}} = |\varphi_\ell(x)|^{\frac{2q-1}{2j+2q-2\ell}} \; |\varphi_{j+q}(x)|^{\frac{2j-2\ell+1}{2j+2q-2\ell}} .$$

2) 2ème espace

Soient $r \in \mathbb{N}$, $b(x)$ une fonction C^∞ , définie sur tout B_o , $b(x) \geqslant 0$ (si $b(x) = |x|^2$, $(t^r+b(x))^{1/2}$ donne, pour $r = 2$, la distance au point O), et considérons l'espace $W^m(B_+)$ suivant : B_o ouvert de R^{n-1} , β fini ou infini.

$$W^m(B_+) = \{v \in \mathcal{D}'(B_+) \, , \, (t^r+b(x))^{\alpha_o} v(x,t) \in L^2(B_+) \, , \, (t^r+b(x))^{\alpha_1} \frac{\partial v}{\partial t}(x,t) \in L^2(B_+)$$
$$(t^r+b(x))^{\alpha_2} \frac{\partial^2 v}{\partial t^2}(x,t) \in L^2(B_+) \, , \, \ldots \, , \, (t^r+b(x))^{\alpha_m} \frac{\partial^m v}{\partial t^m}(x,t) \in L^2(B_+)\}$$

où $\alpha_i \geqslant 0$. Les traces des fonctions de $W^m(B_+)$, à support compact dans B_+ , sont données par le théorème 2 ci-dessous. On suppose β fini.

THEOREME 2. - Soit $j \leqslant m-1$.

a) S'il existe $q > 0$ tel que $\alpha_{j+q} < \frac{2q-1}{2r}$, $T_j^m = \{v_j(x) \in L^2(B_o)\}$;

$$\|v_j\|_{T_j^m} = \|v_j\|_{L^2(B_o)} .$$

Sinon :

b) S'il existe $q > 0$ tel que $\alpha_{j+q} = \frac{2q-1}{2r}$, $T_j^m = \{v_j(x)$ fonctions mesurables sur $b(x) \neq 0$, avec $\frac{v_j(x)}{|\text{Log } b(x)|^{1/2}} \in L^2(b(x) \neq 0)\}$

avec $\|v_j\|_{T_j^m} = \left\|\frac{v_j(x)}{|\text{Log } b(x)|^{1/2}}\right\|_{L^2(b(x) \neq 0)}$.

c) Si, pour tout $q > 0$, $\alpha_{j+q} > \frac{2q-1}{2r}$, $M_j = \{b(x) \neq 0\}$, et soient

$$p_j^1(x) = \sup_{q>0} \{(b(x))^{\frac{1}{2r}(2r\,\alpha_{j+q} + 1 - 2q)}\}$$

$$p_j^2(x) = \sup_{\substack{q>0 \\ \ell\leqslant j}} \left\} \frac{\alpha_{j+q}-\alpha_\ell}{j+q-\ell} \geqslant \frac{1}{r} \right. \{(b(x))^{\alpha_\ell + (j-\ell+\frac{1}{2})\left(\frac{\alpha_{j+q}-\alpha_\ell}{j+q-\ell}\right)}\} \quad .$$

$T_j^m = \{v_j(x)$, fonctions mesurables de $b(x) \neq 0$, telles que $p_j^1(x)\ v_j(x) \in L^2(b(x)\neq 0)$ $p_j^2(x)\ v_j(x) \in L^2(b(x) \neq 0)\}$ avec :

$$\|v_j\|^2_{T_j^m} = \|p_j^1(x)\ v_j(x)\|^2_{L^2(b(x)\neq 0)} + \|p_j^2(x)\ v_j(x)\|^2_{L^2(b(x)\neq 0)} \quad .$$

REMARQUE. - Lorsque les poids sont des puissances de t, on retrouve le fait que les traces, si elles existent, sont dans $L^2(B_o)$ et on retrouve aussi les valeurs critiques des paramètres $\alpha_{j+q} = \frac{2q-1}{2r}$. Ici, on voit que, "en dessous" de cette valeur, on a des traces dans L^2. Pour la valeur critique, les traces sont "en logarithme". Pour les valeurs plus grandes, les traces sont dans des espaces avec poids sous forme de puissance de $b(x)$. La puissance de $b(x)$ dépend des "pentes" et de la différence des "pentes" des fonctions poids ainsi que des traces des fonctions poids. Dans les deux derniers cas, la trace n'existe que sur $b(x) \neq 0$.

On va appliquer ces méthodes à la démonstration de l'irrégularité de problèmes de Dirichlet.

EXEMPLE ETUDIE. - Soit Ω un ouvert borné de R^n, $\overline{\Omega}$ étant une variété compacte à bord de classe C^∞, soit ω un ouvert de R^n de bord variété de classe C^∞, avec $\Omega \subset \omega$ et δ une fonction équivalente à la distance au bord de ω :

$$\omega = \{x \in R^n\ ,\ \delta(x) > 0\}\ ,\ \partial\omega = \{x\ \ R^n\ ,\ \delta(x) = 0\} \qquad d\delta \neq 0 \ \text{ sur } \partial\omega$$

($d\delta$ = différentielle de δ).

On considère, dans Ω, l'opérateur $Av = \sum_{\substack{|\alpha|\leqslant 1 \\ |\beta|\leqslant 1}} D^\beta(a_{\alpha\beta}\ \delta\ D^\alpha v) + cv$ où $a_{\alpha\beta}$ et $c \in \mathcal{D}(\overline{\Omega})$ et on considère le problème de Dirichlet homogène associé en faisant l'hypothèse de coercivité de la forme intégrodifférentielle associée sur l'adhérence $\overset{\circ}{V}$ de $\mathcal{D}(\Omega)$ dans l'espace variationnel V :

- si $\bar{\Omega} \subset \omega$, la régularité est connue, l'opérateur étant elliptique.
- si $\Omega = \dot{\omega}$, la régularité a été étudiée dans ([1]). L'opérateur est régulier.

Dans le cas général, ce problème ne peut être traité par aucune des méthodes connues et l'irrégularité n'est pas évidente. Ce problème correspond au cas exceptionnel de l'inégalité de Hardy.

On va construire un contre-exemple explicité : on considère dans Ω , voisinage ouvert de 0 dans $\bar{R}^2_+$, $\delta(x,t) = t+b(x)$, $b(x) \geq 0$ et l'opérateur :

$$Av = -\frac{\partial}{\partial t}\left((t+b(x))\frac{\partial v}{\partial t}\right) - \frac{\partial}{\partial x}\left((t+b(x))\frac{\partial v}{\partial x}\right) + cv \qquad (\text{où } c \in \mathcal{D}(\Omega)) .$$

On va montrer qu'il existe des v dans $\mathring{V}$ tels que le groupe $\frac{\partial}{\partial t}\left((t+b(x))\frac{\partial v}{\partial t}\right)$ ne se sépare pas.

Pour cela considérons (on généralise un le problème au niveau H^k) :

3) <u>3ème espace</u>

Soit l'espace $W^m(B_+)$ suivant : B_o ouvert de R^{n-1} , β fini :

$$W^m(B_+) = \{v \in L^2(B_+) , (t+b(x))^{1/2}\frac{\partial v}{\partial t} \in L^2(B_+) , \frac{\partial}{\partial t}\left((t+b(x))\frac{\partial v}{\partial t}\right) \in L^2(B_+) , \dots , \frac{\partial^{m-1}}{\partial t^{m-1}}\left((t+b(x))\frac{\partial v}{\partial t}\right) \in L^2(B_+)\} .$$

<u>THEOREME 3.</u> - <u>L'adhérence des fonctions, à support compact dans</u> B_+ , <u>dans</u> $W^m(B_+)$ <u>a des traces caractérisées par</u> :

i) $\dfrac{v_o(x)}{|\text{Log } b(x)|^{1/2}} \in L^2(b(x) \neq 0)$, $v_o(x) \in L^2(b(x) = 0)$

ii) $|\text{Log } b(x)|^{1/2}\, b(x)\, v_1(x) \in L^2(b(x) \neq 0)$, $v_1(x) \in L^2(b(x) = 0)$

iii) $|\text{Log } b(x)|^{1/2}\, (b(x))^k\, v_k(x) \in L^2(b(x) \neq 0)$, $1 \leq k \leq m-1$, $v_k(x) \in L^2(b(x) = 0)$, $1 \leq k \leq m-2$

<u>auxquelles il convient d'adjoindre des relations de liens</u> :

$$\begin{cases} v_o(x) - b(x)\, v_1(x)\, \text{Log } b(x) \in L^2(b(x) \neq 0) \\ k\, v_k(x) + b(x)\, v_{k+1}(x) \in L^2(b(x) \neq 0) \quad 1 \leq k \leq m-2 . \end{cases}$$

Le relèvement fait intervenir la totalité des traces sur $b(x) \neq 0$:

$$R(v_o,v_1,\dots,v_{m-1})(x,t) = \chi(t)(v_o(x)+b(x)\ v_1(x) \int_0^t \frac{d\zeta}{\zeta+b(x)} + (v_1(x)+b(x)\ v_2(x))$$

$$\int_0^t \frac{d\zeta}{\zeta+b(x)} + \dots + \frac{1}{(m-2)!}(b(x)\ v_{m-1}(x) + (m-2)\ v_{m-2}(x)) \int_0^t \frac{\zeta^{m-2}d\zeta}{\zeta+b(x)})$$

et sur $b(x) = 0$, $Rv_j(x,t) = \chi(t)\,\frac{t^j}{j!}\,v_j(x)$ où $\chi(t) \in \mathcal{D}([0,\beta[)$, $\chi(0) = 1$.

Il s'agit ici d'un espace tel que $T^m \neq \Pi_j\ T_j^m$. En effet, séparons les espaces T_j^m . Pour ce faire, prenant v_j dans l'espace topologique parcouru par v_j du fait du système ci-dessus, on construit les autres traces en annulant les relations de liens et on vérifie que l'ensemble des traces ainsi déterminé appartient bien à l'espace calculé au-dessus.

PROPOSITION 4. - Les espaces de traces sont (munis de leur norme canonique) :

$T_o^m = \{v_o(x)$, fonctions mesurables sur B_o , $\frac{v_o(x)}{|\mathrm{Log}\ b(x)|^{1/2}} \in L^2(b(x) \neq 0)$, $v_o(x) \in L^2(b(x) = 0)\}$,

$T_k^m = \{v_k(x)$, fonctions mesurables sur B_o , $(b(x))^k\ |\mathrm{Log}\ b(x)|^{1/2}\ v_k(x) \in L^2(b(x) \neq 0)$, $v_k(x) \in L^2(b(x) = 0)\}_{1\leq k\leq m-2}$,

$T_{m-1}^m = \{v_{m-1}(x)\ ,\ (b(x))^{m-1}\ |\mathrm{Log}\ b(x)|^{1/2}\ v_{m-1}(x) \in L^2(b(x) \neq 0)\}$.

Revenons à l'irrégularité du problème de Dirichlet précédent : la méthode consiste à construire v à trace nulle telle que $\frac{\partial}{\partial t}((t+b(x))\frac{\partial v}{\partial t}) \in L^2$ sans que $\frac{\partial v}{\partial t} \in L^2$. On travaille donc sur le relèvement avec v_o nul et on écrit la relation vérifiée par $v_1(x)$.

Contre-exemple explicité. - On considère, pour Ω voisinage ouvert de 0 dans $\bar{R}_+^2$, $\delta(x,t) = t+b(x)$, $b(x) \geq 0$ et l'opérateur :

$$Av = -\frac{\partial}{\partial t}((t+b(x))\frac{\partial v}{\partial t}) - \frac{\partial}{\partial x}((t+b(x))\frac{\partial v}{\partial x}) + cv\ .$$

On prend pour contre-exemple : $v(x,t) = \zeta(x,t)\ \varphi(x)\ \mathrm{Log}\ (\frac{t+b(x)}{b(x)})$ où $\zeta(x,t)$ est une fonction C^∞ de troncature au voisinage de 0 . On peut prendre au niveau L^2 : $\{b(x) = x^6\ ,\ \varphi(x) = x^2\}$ ou $\{b(x) = e^{-1/x^2}\ ,\ \varphi(x) = e^{-3/x^2}\}$. On a des résultats analogues au niveau H^k .

4) Passons maintenant au détail des démonstrations. On commence par généraliser l'inégalité de Hardy pour pouvoir calculer les propriétés des fonctions à trace nulle et de dérivées intermédiaires.

A) 2 généralisations de l'inégalité de Hardy

Définitions et notations. - Soit $[a,b]$ un intervalle non vide, a étant éventuellement $-\infty$ et $b+\infty$, et (t) une fonction mesurable, nulle sur un ensemble de mesure nulle, telle que, pour tout intervalle fermé et borné $[c,d]$, $[c,d] \subset]a,b[$, $\int_c^d \frac{dt}{(\varphi(t))^2}$ existe. Si $\int_a^t \frac{d\sigma}{(\varphi(\sigma))^2}$ existe pour tout $a < t < b$, on définit la transformée de φ relative à a, $h_\varphi(t)$ par : $h_\varphi(t) = \dfrac{1}{\varphi(t)\int_a^t \frac{d\sigma}{(\varphi(\sigma))^2}}$.
On peut faire de même en b (soit $H_\varphi(t)$ la transformée).

LEMME 1. - Soient $]a,b[$ un intervalle non vide, fini ou infini, $\varphi(t)$ une fonction mesurable nulle sur un ensemble de mesure nulle telle que, pour tout $a < t < b$, $\int_a^t \frac{d\sigma}{(\varphi(\sigma))^2}$ existe.

Il existe une constante $c > 0$, indépendante de v, φ, a, b, telle que pour toute fonction $v \in C^1[a,b]$ avec $\varphi(t)\frac{\partial v}{\partial t}(t) \in L^2[a,b]$.

$$\int_a^b \frac{|v(t)-v(a)|^2\,dt}{(\varphi(t))^2\left(\int_a^t \frac{d\sigma}{(\varphi(\sigma))^2}\right)^2} \leqslant c\int_a^b (\varphi(t))^2 \left|\frac{\partial v}{\partial t}(t)\right|^2 dt .$$

Démonstration. - La démonstration se fait par intégrations par parties.

REMARQUE 1. - On a un lemme analogue au point b. Si $\varphi(t) = t^\alpha$, on retrouve les inégalités de Hardy classiques ([3]) ([9]).

REMARQUE 2. - On appliquera l'inégalité ci-dessus aux fonctions $t \rightarrow \varphi(x,t)$; d'après le calcul ci-dessus, c sera indépendante de x.

REMARQUE 3. - On ne peut pas, en général, calculer h_φ et H_φ mais on peut les encadrer par $c_1\,\psi_x(t)$ et $c_2\,\psi_x(t)$, où $\psi_x(t)$ dépend de x et c_1 et c_2 sont deux constantes non nulles.

EXEMPLE D'APPLICATION :

PROPOSITION. - Soit $\delta > \frac{1}{2r}$, soient B_o un ouvert de R^{n-1} et $\beta > 0$, il existe une constante $c > 0$ telle que, pour toute $v \in C^1[[0,\beta[,M_x]$ (où M_x est l'ensemble des fonctions mesurables en x) avec $v(x,\beta) = 0$:

$$\int_{B_o} \left(\int_0^\beta (t^r+b(x))^{2\delta-\frac{2}{r}} |v(x,t)|^2 dt\right) dx \leqslant c \int_{B_o} \left(\int_0^\beta (t^r+b(x))^{2\delta} \left|\frac{\partial v}{\partial t}(x,t)\right|^2 dt\right) dx .$$

B) Cas de $\varphi(x,t) \dfrac{\partial^m v}{\partial t^m}(x,t) \in L^2(B_+)$

Espace étudié. - $W^m(B_+)$ est l'espace des fonctions mesurables qui, pour presque tout x, sont dérivables à l'ordre m au sens des distributions et dont les dérivées sont mesurables dans B_+ et qui vérifient les conditions d'annulation en β :
$v(x,\beta) = \dfrac{\partial v}{\partial t}(x,\beta) = \ldots = \dfrac{\partial^{m-1} v}{\partial t^{m-1}}(x,\beta) = 0$.

On munit cet espace de la semi-norme $\left\| \varphi(x,t) \dfrac{\partial^m v}{\partial t^m}(x,t) \right\|_{L^2(B_+)}$. On commence par introduire les $(M_j)_{0 \leqslant j \leqslant p}$ où on définira la jème trace.

Notation : $M_n = \{x \in B_o , \displaystyle\int_0^\beta \frac{\sigma^{2m-2j-2} d\sigma}{(\varphi(x,\sigma))^2} < \infty\}$ pour $j \leqslant m-1$. Ils vérifient :
$M_o \supset M_1 \supset \ldots \supset M_{q-1} \supset M_q \supset M_{q+1} \ldots$. Si la mesure de M_o est nulle, il n'y a pas de trace. Si la mesure de M_o est non nulle, on note p le plus grand entier ℓ tel que : mesure $(M_\ell) \neq 0$ (il y a alors au total $(p+1)$ traces).

PROPOSITION 1. - $T_j^m = \{v_j(x)$, fonctions mesurables sur M_j avec
$\left\| \dfrac{v_j(x)}{\left(\displaystyle\int_0^\beta \frac{\sigma^{2m-2j-2} d\sigma}{(\varphi(x,\sigma))^2}\right)^{1/2}} \right\|_{L^2(M_j)} < \infty \}$ avec la norme canonique.

PROPOSITION 2. - Soient $L_j = \{(x,t) \in B_+$ tel que
$\left(\displaystyle\int_t^\beta \int_{\sigma_1}^\beta \int_{\sigma_{m-j-1}}^\beta \frac{\sigma_{m-j}^{m-j} d\sigma_{m-j} d\sigma_{m-j-1} \ldots d\sigma_1}{(\varphi(x,\sigma_{m-j}))^2}\right)^{1/2} < \infty\}$. On pose pour $(x,t) \in L_j$:

$$\psi_j(x,t) = \frac{1}{\left(\displaystyle\int_t^\beta \int_{\sigma_1}^\beta \int_{\sigma_{m-j-1}}^\beta \frac{\sigma_{m-j}^{m-j} d\sigma_{m-j} d\sigma_{m-j-1} \ldots d\sigma_1}{(\varphi(x,\sigma_{m-j}))^2}\right)^{1/2}}$$

. Il existe $c > 0$ telle que, pour tout $v \in W^m(B_+)$:

$$\int_{L_j} (\psi_j(x,t))^2 \left|\frac{\partial^j v}{\partial t^j}(x,t)\right|^2 dt\, dx \leq c \int_{B_t} (\varphi(x,t))^2 \left|\frac{\partial^m v}{\partial t^m}(x,t)\right|^2 dt\, dx .$$

REMARQUE 1. - $M_\ell \times [0,\beta[\subset L_j$ pour tout $j \leq m-1$, pour tout $\ell \in [0,q]$.

REMARQUE 2. - Il y a compatibilité entre les dérivées intermédiaire et les traces $\varphi(x,t) \dfrac{\partial^m v}{\partial t^m}(x,t) \in L^2(M_0 \times [0,\beta[)$ et $\psi_j(x,t) \dfrac{\partial^j v}{\partial t^j}(x,t) \in L^2(M_0 \times [0,\beta[)$ impliquent la même relation sur v_0.

C) Séparation des traces

LEMME 2

A) S'il existe $c > 0$ telle que $\forall (x,t) \in B_+$, $\forall r \in \mathbb{N}$, $|\varphi_{\alpha,j}(x,\frac{t}{r})| \leq c\, |\varphi_{\alpha,j}(x,t)|$ il existe une application linéaire et continue P_j de $W^m(B_+)$ dans $W^m(B_+)$ telle que : $y_j(P_j v) = y_j v$, $y_k(P_j v) = 0 \quad \forall k \neq j$.

B) S'il existe $c > 0$ telle que $\forall (x,t) \in B_+$, $\forall r \in \mathbb{N}$ avec $(x,rt) \in B_+$, $|\varphi_{\alpha,j}(x,rt)| \leq c\, |\varphi_{\alpha,j}(x,t)|$, alors on a la même proposition.

REMARQUE. - B) est aussi vrai pour $M \times [0,s(x)[$ au lieu de B_+, M mesurable de B_0, $s(x) > 0$ (par exemple $M = \{b(x) < 0\}$, $s(x) = |b(x)|$).

D) Démonstration succinte des théorèmes sur les relations normales

On se contente de la donner pour les $\varphi_i(x)$. Voyons d'abord la partie traces. On considère d'abord 2 fonctions $\varphi_\ell(x)$ et $\varphi_m(x)$ et les relations $\varphi_\ell(x) \dfrac{\partial^\ell v}{\partial t^\ell}(x,t) \in L^2$ et $\varphi_m(x) \dfrac{\partial^m v}{\partial t^m}(x,t) \in L^2$.

On pose $\omega_\ell(x,t) = \dfrac{\partial^\ell v}{\partial t^\ell}(x,t) - \dfrac{t^{j-\ell}}{(j-\ell)!} \dfrac{\partial^j v}{\partial t^j}(x,0)$.

On peut supposer, d'après le paragraphe C), que v a toutes ses traces (sauf la jème) nulles : $\omega_\ell(x,t)$ a toutes ses traces nulles.

De $\varphi_{j+q}(x) \dfrac{j+q-\ell}{t^{j+q-\ell}} (\omega_\ell(x,t)) \in L^2$, on déduit $\dfrac{\varphi_{j+q}(x)}{t^{j+q-\ell}} \omega_\ell(x,t) \in L^3(\varphi_{j+q}(x) \neq 0 \times]0,\beta[)$ (par applications successsives de A)).

On compare alors $\varphi_\ell(x)$ et $\dfrac{\varphi_{j+q}(x)}{t^{j+q-\ell}}$; soit t_1 tel que les 2 poids soient égaux :

$$t_1 = \left(\frac{|\varphi_{j+q}(x)|}{|\varphi_\ell(x)|}\right)^{\frac{1}{j+q-\ell}} .$$

Le calcul de $c = \int_{\varphi_{j+q}(x)\neq 0 \cap \varphi_\ell(x)\neq 0} \left(\int_0^{t_1} \frac{t^{2j-2\ell}dt}{((j-\ell)!)^2}\right) |\varphi_\ell(x)|^2 \left|\frac{\partial^j v}{\partial t^j}(x,0)\right|^2 dx$

nous conduit au poids $p_j(x) = \sup_{\substack{\ell\leq j,\, q>0 \\ \varphi_{j+q}(x)\neq 0\cap\varphi_\ell(x)\neq 0}} \left\{ |\varphi_\ell(x)| \left|\frac{\varphi_{j+q}(x)}{\varphi_\ell(x)}\right|^{\frac{2j-2\ell+1}{2j+2q-2\ell}} \right\}$.

Au niveau du relèvement, on introduit un couple $\{\ell_1 \leq j$ et $q_1 > 0\}$ tel que $\varphi_{\ell_1}(x)$ et $\varphi_{j+q_1}(x)$ donnent le poids principal et on pose :

$$q(x) = \left(\frac{|\varphi_{j+q_1}(x)|}{|\varphi_{\ell_1}(x)|}\right)^{\frac{1}{j+q_1-\ell_1}} .$$

On prend $Rv_j(x,t) = \chi(t/q(x)) \frac{t^j}{j!} v_j(x)$. Puisque β est infini, c'est un relèvement.

On vérifie ensuite toutes les relations en utilisant le fait que, puisque le poids est maximum, on a pour $\ell \leq j$ et $q > 0$:

$$|\varphi_\ell(x)| \left(\left|\frac{\varphi_{j+q_1}(x)}{\varphi_\ell(x)}\right|\right)^{\frac{2j-2\ell+1}{2j+2q_1-2\ell_1}} \leq |\varphi_{\ell_1}(x)| \left(\left|\frac{\varphi_{j+q_1}(x)}{\varphi_{\ell_1}(x)}\right|\right)^{\frac{2j-2\ell_1+1}{2j+2q_1-2\ell_1}}$$

$$|\varphi_{\ell_1}(x)| \left(\left|\frac{\varphi_{j+q}(x)}{\varphi_{\ell_1}(x)}\right|\right)^{\frac{2j-2\ell_1+1}{2j+2q_1-2\ell_1}} \leq |\varphi_{\ell_1}(x)| \left(\left|\frac{\varphi_{j+q_1}(x)}{\varphi_{\ell_1}(x)}\right|\right)^{\frac{2j-2\ell_1+1}{2j+2q_1-2\ell_1}} .$$

La démonstration est analogue pour β fini (on utilise l'annulation en β et on modifie le relèvement).

Les démonstrations pour $(t^r+b(x))^{\alpha_i}$ sont plus délicates mais de même nature.

III. EXEMPLES D'ESPACES DE TRACES

On se placera dans le cadre suivant : $B_o = (]-\mu,+\mu[)^{n-1}$, $\beta > 0$, $B_+ = B_o \times]0,\beta[$, $v \in C^m(\overline{R^n_+})$, supp $v \subset B_1 \cup B_o$.

EXEMPLE 1. - Soit $b(x)$ une fonction C^∞ , $b(x) \geq 0$, et soit $\delta_p \geq 0$, $p = 1,2,\dots,n-1$, $\delta_p > \frac{1}{2}-\frac{1}{r}$ ou $\delta_p = 0$.

$$W^1(B_+) = \{v \in L^2(B_+) \ , \ \frac{\partial v}{\partial t} \in L^2(B_+) \ , \ (t^r+b(x))^{\delta_p} \frac{\partial v}{\partial x_p} \in L^2(B_+)\} \ , \ p=1,2,\dots,n-1.$$

PROPOSITION 1. - La trace vérifie (on prouvera que ces relations caractérisent la trace) :

A) Il existe $c > 0$ telle que, pour toute $v \in W^1(B_+)$, supp $v \in B_+ \cup B_0$:

$$\|v_0(x)\|_{L^2(B_0)} \leq c \|v\|_{W^1(B_+)} .$$

B) Pour tout $p = 1,2,\dots,n-1$, il existe $c > 0$ telle que, pour toute $v \in W^1(B_+)$, supp $v \in B_+ \cup B_0$:

$$\int_{B_0} \left(\int_0^\beta \frac{1}{t^2} \left|v_0(x+t(t^r+b(x))^{\delta_p} e_p) - v_0(x)\right|^2 dt\right)dx \leq c \|v\|^2_{W^1(B_+)} .$$

ABUS DE NOTATION. - Dorénavant, pour alléger les écritures, on remplacera $\leq c \|v\|_{W^1(B_+)}$ par $< \infty$.

REMARQUE 1. - Le cas $\delta_p = 0$ donne $H^{1/2}$. Le cas $b(x) \equiv 0$ donne l'espace dissymétrique $H^{\frac{1}{2(r\delta_p+1)}}$ où on a noté :

$$H^{s_1,s_2,\dots,s_p} = \{v \in L^2(R^n) \ , \ (1+\zeta_1^{s_1}+\zeta_2^{s_2}+\dots+\zeta_{n-1}^{s_{n-1}}) \hat{v}(\zeta) \in L^2(R^n)\} .$$

REMARQUE 2. - La condition $\delta_p > \frac{1}{2}-\frac{1}{r}$ ou $\delta_p = 0$ est toujours vérifiée par $t+b(x)$, $b(x)$ C^∞ , $b(x) \geq 0$ ou par $t^2+|x|^2$. Si cette condition n'est pas vérifiée, les espaces de traces ont une expression différente dépendant de la forme de $b(x)$ (cf. remarques complémentaires à la fin).

EXEMPLE 2. - Soit $b(x)$ une fonction C^∞ , $b(x) \geq 0$ et soit $\delta_p \geq 0$, $p = 1,2,\dots,n-1$, $\delta_p > \frac{1}{2}-\frac{1}{r}$ ou $\delta_p = 0$ et $\delta_p > \frac{1}{2r}$;

$$W^m(B_+) = \{v \in L^2(B_+)\ ,\ \frac{\partial v}{\partial t} \in L^2(B_+)\ ,\ \frac{\partial^2 v}{\partial t^2} \in L^2(B_+)\ ,\ (t^r+b(x))^{\delta_p} \frac{\partial v}{\partial x_p} \in L^2(B_+)\ ,$$
$$(t^r+b(x))^{\delta p} \frac{\partial^2 v}{\partial x_p \partial t} \in L^3(B_+)\ ,\ (t^r+(x))^{\delta_p+\delta_q} \frac{\partial^2 v}{\partial x_p \partial x_q} \in L^2(B_+)\}\ ,$$

$p = 1,2,\dots,n-1$ et $q = 1,2,\dots,n-1$.

PROPOSITION 2

A) La trace v_1 est caractérisée par $v_1 \in L^2(B_0)$ et

$$\int_{B_0} \int_0^\beta \frac{1}{t^2} |v_1(x+t(t^r+b(x))^{\delta_p} e_p) - v_1(x)|^2 \, dt\, dx < \infty \quad \text{pour } p = 1,2,\dots,n-1 .$$

B) Soit $v_0^p = \dfrac{\partial v_0}{\partial x_p}$. La trace v_0 est caractérisée par les propriétés L^2 avec poids : $\{v_0 \in L^2(B_0)\ ,\ (b(x))^{\delta_p - \frac{1}{2r}} v_0^p(x) \in L^2(b(x) \neq 0)$ pour tout $p=1,2,\dots,n-1\}$ et les relations intégrales :

i) $$\int_{b(x)\neq 0} \int_0^{(b(x))^{1/r}} \frac{(t^r+b(x))^{2\delta_p}}{t^2} |v_0^p(x+t(t^r+b(x))^{\delta_q} e_q)-v_0^p(x)|^2 \, dt\, dx < \infty$$

pour tout $p = 1,2,\dots,n-1$ et tout $q = 1,2,\dots,n-1$;

ii) $$\int_{B_0} \int_0^\beta \frac{1}{t^2(t^r+b(x))^{2/r}} |v_0(x+t(t^r+b(x))^{\delta_p} e_p)-v_0(x)|^2 \, dt\, dx < \infty$$

pour tout $p = 1,2,\dots,n-1$.

REMARQUES. - Une remarque générale est que pour les espaces en $t^r+b(x)$, $b(x) \geqslant 0$ (en particulier $t+b(x)$, $b(x) \geqslant 0$ ou $t^2+|x|^2$), l'espace parcouru par le produit des traces est le produit des espaces parcourus par les traces séparément.
Il en est de même pour les espaces en $\varphi_i(x)$.
Sous des conditions autres que : $\{\delta_p > \frac{1}{2} - \frac{1}{r}$ ou $\delta_p = 0$ et $\delta_p > \frac{1}{2r}\}$, les espaces de traces ont une autre expression (cf. remarques complémentaires à la fin).

<u>EXEMPLE 3</u>. - $\{v \in H^m \,,\ (t^r+b(x))^\mu \dfrac{\partial^\alpha}{\partial x^\alpha} \dfrac{\partial^j v}{\partial t^j} \in L^2(B_+) \,,\ |\alpha|+j \leqslant m+k\} \,,\ k \in \mathbb{N} \,,$ $m \in \mathbb{N} \,,\ k > 0 \,,\ r\mu \geqslant k$.

Cette dernière hypothèse est faite pour ne pas surcharger l'exemple, ce n'est pas une restriction. Les traces d'ordre j $(j \leqslant m-1)$ (on peut aussi calculer les autres) vérifient les propriétés caractéristiques suivantes :

$$T_j^m = \{v_j \in L^2(B_0) \,,\ v_j^\alpha \in L^2(B_0) \,,\ |\alpha|+j \leqslant m-1 \,,$$
$$(b(x))^{\frac{1}{2r}(2|\alpha|+2j-2m+2r\mu-2k+1)} \, v_j^\alpha(x) \in L^2(b(x) \neq 0) \quad \text{pour} \quad m \leqslant |\alpha|+j \leqslant m+k-1\}$$

avec les relations intégrales :

$$\Big[\int_{B_0} \int_0^\beta \frac{1}{\sigma^2} \, |v_j^\alpha(x+\sigma e_p) - v_j^\alpha(x)|^2 \, d\sigma \, dx < \infty \quad \text{pour} \quad |\alpha|+j = m-1 \quad \text{et}$$

$p = 1,2,\ldots,n-1$

$$\int_{b(x)\neq 0} \int_0^{(b(x))^{1/r}} \frac{(\sigma^r+b(x))^{2\mu}}{\sigma^2} \, |v_j^\alpha(x+\sigma e_p) - v_j^\alpha(x)|^2 \, d\sigma \, dx < \infty$$

pour $|\alpha|+j = m+k-1 \Big]$.

<u>REMARQUE</u>. - Il y a d'autres relations intégrales (surabondantes) sur les dérivées intermédiaires des y (entre y^α où $|\alpha| = m-j-1$ et v_j^α où $|\alpha| = m+k-1$), à savoir :

$$\int_{b(x)\neq 0} \int_0^{(b(x))^{1/r}} \frac{(\sigma^r+b(x))^{2\mu}}{\sigma^2 (\sigma^r+b(x))^{2/r(m+k)1-|\alpha|-j)}} \, |v_j^\alpha(x+\sigma e_p) - v_j^\alpha(x)|^2 \, d\sigma \, dx < \infty$$

pour $p = 1,2,\ldots,n-1$.

On voit, sur ces exemples, apparaître la structure des espaces de traces formés par :

A) Des propriétés L^2 avec poids sur les traces et leurs dérivées. Les propriétés L^2 avec poids opèrent sur le domaine où la trace existe et sur les domaines M_j^α où les dérivées des traces sont localement dans L^2 .
<u>Remarque</u> : On a les inclusions : $M_j^\alpha \subset M_j$ et $M_j^\beta \subset M_j^\alpha$ si $\beta > \alpha$.

B) Des relations intégrales sur des couches : $\{M_j \times [0,s_j(x)[\}$; $\{M_j^\alpha \times [0,s_j(x)[\}$ construites sur les M_j et les M_j^α : $s_j^\alpha(x) \leqslant s_j(x)$.

L'accroissement dans une direction donnée est commun à tous les y et les y^α . Si $M_j^\beta = M_j^\alpha$ pour $\beta > \alpha$, les relations intégrales sur les M_j^α ne sont pas indispensables pour définir l'espace (elles sont surabondantes).

On voit comment se généralise la structure des espaces de traces où $\varphi_{\alpha,j} = t^{\mu(\alpha,j)}$ (3) (4) (14) qui était formée de :

- propriétés L^2 avec poids sous la forme $v_\ell \in L^2(B_o)$ ou $v_\ell^\alpha \in L^2(B_o)$, $\alpha \in \mathbb{N}^{n-1}$;
- des relations intégrales sur les dérivées v_ℓ^α (éventuellement) de la forme :
$$\int_{R^{n-1}} \int_0^\beta \frac{1}{t^{2s+1}} \left|v_\ell^\alpha(x+te_p)-v_\ell^\alpha(x)\right|^2 dt\, dx < \infty \quad \text{où } s = s_{\ell,\alpha,p} \ ,$$
α étant le plus grand multi-indice tel que $v_\ell^\alpha \in L^2(B_o)$.

Ceci est en particulier le cas des espaces H^s $(s \in \mathbb{N})$ et de leurs traces.

IV. TRACES D'ESPACES DE SOBOLEV. METHODES

1) Décomposition de v

On se place dans le cadre suivant : $B_+ = B_o \times]0,\beta[$ avec $B_o = (]-\mu,+\mu[)^{n-1}$ 0 . Les fonctions v considérées vérifieront : $v \in C^m(\overline{R^n_+})$, supp $v \in B_+ \cup B_o$. Les espaces de traces sont définis par des propriétés L^2 avec poids et par des relations intégrales. Sauf exceptions (cf. remarques complémentaires à la fin), les propriétés L^2 avec poids résultent du II.
Voyons les relations intégrales : on commence par décomposer toute fonction v sous la forme de la somme d'une fonction à traces nulles et d'une fonction des traces. Ceci s'effectue au-dessus de chaque N_k où N_k est une partition convenable de la base B_o .

EXEMPLE. - Si on a une seule relation normale : $\varphi(x,t) \dfrac{\partial^m v}{\partial t^m}(x,t) \in L^2$, on introduit M_o où existe v_o et M_j où existe la trace v_j . On a les relations :

$$B_o \supset M_o \supset M_1 \supset \ldots \supset M_j \supset \ldots \supset M_r \supset M_{r+1} \supset \ldots \supset M_p .$$

On introduit les ensembles $N_o = B_o - M_o$, $N_1 = M_o - M_1$, ... , $N_r = M_r - M_{r+1}$ et on prend les décompositions : $v(x,t) = (v(x,t)) + 0$ sur N_o , $v(x,t) = (v(x,t)-v(x,0)) + (v(x,0))$ sur N_1 jusqu'à :

$$v(x,t) = (v(x,t)-v(x,0)-t \frac{\partial v}{\partial t}(x,0) - \ldots - \frac{t^r}{r!}\frac{\partial^r v}{\partial t^r}(x,0))$$
$$+ (v(x,0)+t \frac{\partial v}{\partial t}(x,0) + \ldots + \frac{t^r}{r!}\frac{\partial^r v}{\partial t^r}(x,0)) \quad \text{sur } N_r .$$

Soit $v(x,t) = \omega(x,t) + L(x,t)$ une décomposition où $\omega(x,t)$ est une fonction à traces nulles et $L(x,t)$ une fonction des traces.

2) Le lemme intégral

HYPOTHESES. - On se place dans R^n_+ . Soient M un ensemble mesurable de R^{n-1} et $s(x)$ une fonction mesurable sur M , $s(x) > 0$ (M peut être et $s(x) = +\infty$).
Soit $(e_1, e_2, \ldots, e_n)$ la base de R^n .
Soient $\varphi(x,t)$ et $\psi_p(x,t)$ deux fonctions mesurables dans R^n_+ . On suppose que, parmi les semi-normes qui définissent l'espace, figurent les relations :

$$\begin{cases} \varphi(x,t) \dfrac{\partial^q v}{\partial t^q}(x,t) \in L^2(B_+) \\ \psi_p(x,t) \dfrac{\partial^\beta v}{\partial x_p^\beta}(x,t) \in L^2(B_+) \qquad 1 \leq p \leq n-1 . \end{cases}$$

On considère une décomposition de v : $v(x,t) = \omega(x,t) + L(x,t)$.

Soient $h_p(x,t)$ et $\nu(x,t)$ deux fonctions à valeurs réelles, définies sur $M \times]0,s(x)[$ avec, de plus, $\nu(x,t) > 0$.

LEMME 3

. On suppose que le changement de variable :

$$S = x + \zeta h_p(x,t) e_p , T = t \qquad (1)$$

est possible avec un jacobien uniformément borné par rapport à ζ où $|\zeta| \leq 1$.

. On suppose qu'il existe $c > 0$ telle que, pour tout (x,t,ζ) , $x \in M$, $t \in [0,s(x)]$, $|\zeta| \leq 1$:

$$\begin{cases} \nu(x,t) \leqslant c\ \nu(x+\zeta h_p(x,t),t) & (2) \\ \psi_\ell(x,t) \leqslant c\ \psi_p(x+\zeta h_p(x,t),t) & (2)' \end{cases}$$

$\nu(x,t)$ et $h_p(x,t)$ vérifiant : $\nu(x,t)(h_p(x,t))^{2\beta} \leqslant c(\psi_p(x,t))^2$ pour $(x,t) \in M \times [0,s(x)]$ (3) .

. On suppose que pour c' indépendante de $(x,\mu) \in \mathrm{Im}_\zeta\ (M \times [0,s(x)])$ (Im_ζ = image par le difféomorphisme relatif à ζ) :

$$\int_0^\mu \nu(x,t)\ |\omega(x,t)|^2\ dt \leqslant c' \int_0^\mu (\varphi(x,t))^2\ \left|\frac{\partial^q v}{\partial t^q}(x,t)\right|^2 dt \quad (4) .$$

. On suppose les relations de dérivées intermédiaires : pour $r \in [1,\beta-1]$, il existe $c'' > 0$ telle que pour toute fonction v :

$$\int_M \left(\int_0^{s(x)} (x,t)(h_p(x,t))^{2r} \left|\frac{\partial^r v}{\partial x_p^r}(x,t)\right|^2 dt\right)dx$$

$$\leqslant c'' \left\{\int_{B_+} (\quad (x,t))^2 \left|\frac{\partial^q v}{\partial t^q}(x,t)\right|^2 dt\ dx\right.$$

$$\left. + \int_{B_+} (\psi_p(x,t))^2 \left|\frac{\partial^\beta v}{\partial x_p^\beta}(x,t)\right|^2 dt\ dx\right\} \quad (5)$$

alors il existe $c_1 > 0$ telle que pour tout $v \in C^m(R^n_+)$, supp $v \in B_+ \cup B_0$:

$$\int_M \left(\int_0^{s(x)} \nu(x,t)\ |L(x+h_p(x,t)e_p,t) - L(x,t)|^2\ dt\right)dx$$

$$\leqslant c_1 \left\{\int_{B_+} (\quad (x,t))^2 \left|\frac{\partial^q v}{\partial t^q}(x,t)\right|^2 dt\ dx\right.$$

$$\left. + \int_{B_+} (\psi_p(x,t))^2 \left|\frac{\partial^\beta v}{\partial x_p^\beta}(x,t)\right|^2 dt\ dx\right\} \quad (6) .$$

3) Exemple d'application

On démontre, sur l'exemple 2, pour v_o, la relation :

$$\int_{B_o}\int_0^{\beta} \frac{1}{t^2(t^r+b(x))^{2/r}} \left|v_o(x+t(t^r+b(x))^{\delta_p} e_p) - v_o(x)\right|^2 dt\,dx < \infty .$$

On peut, par le critère de séparation, supposer v_1 nul. On pose, avec les notations précédentes :

$$\omega(x,t) = v(x,t) - v(x,0) \quad , \quad L(x,t) = v(x,0)$$

$$\nu(x,t) = \frac{1}{t^2(t^r+b(x))^{2/r}} \quad , \quad h_p(x,t) = t(t^r+b(x))^{\delta_p} .$$

Vérifions alors chaque hypothèse :

(1) (2) (2)' résultent de l'hypothèse $\delta_p > \frac{1}{2}-\frac{1}{r}$; (3) est évident ; (4) résulte du fait que $\frac{\partial^2 v}{\partial t^2} \in L^2$ et $v_1 = 0 \Rightarrow \frac{\omega(x,t)}{t^2} \in L^2$; (5) résulte du fait que l'on a la formule de dérivée intermédiaire $(t^r+b(x))^{\delta} \frac{\partial^2 v}{\partial x \partial t} \in L^2 \Rightarrow (t^r+b(x))^{\delta-\frac{1}{r}} \frac{\partial v}{\partial x} \in L^2$ car $\delta > \frac{1}{2r}$.

4) Lemmes à l'ordre 1 (ces lemmes sont des applications du lemme précédent)

LEMME 4. - Soit un espace $\{\varphi_o(x,t)\, v(x,t) \in L^2(B_+)\ , \varphi(x,t) \frac{\partial v}{\partial t}(x,t) \in L^3(B_+)\ ,$ $\varphi_p(x,t) \frac{\partial v}{\partial x_p}(x,t) \in L^2(B_+)\}$ et $s(x) > 0$ mesurable et $M \subset \{x \in B_o\ ,$ $\int_0^t \frac{d\sigma}{(\varphi(x,\sigma))^2}$ existe pour tout $t \in [0,s(x)]\}$.

On suppose que $h_p(x,t) = \frac{\psi_p(x,t)}{h_p(x,t)}$ et que :

i) le changement de variable $X = x+\zeta_p h_p(x,t) e_p, T = t$ est possible avec un jacobien borné uniformément par rapport à ζ_p avec $|\zeta_p| \leq 1$;

ii) il existe $c > 0$ telle que, pour tout (x,t,ζ) , $x \in M$, $t \in [0,s(x)]$, $|\zeta| \leq 1$:

$$\begin{cases} h_{\varphi}(x,t) \leq c\, h_{\varphi}(x+\zeta h_p(x,t),t) \\ \psi_p(x,t) \leq c\, \psi_p(x+\zeta h_p(x,t),t) \end{cases}$$

(ce qui implique d'abord que $h_{\varphi}(x+\zeta h_p(x,t),t)$ existe) alors il existe une constante $c_1 > 0$ telle que pour tout v, $v \in W^1(B_+)$, et si $v_o(x) = v(x,0)$:

$$\int_M \left(\int_0^{s(x)} (h\,\varphi(x,t))^2 \left|v_o\left(x+\frac{\psi_p(x;t)}{h\varphi(x,t)}e_p\right) - v_o(x)\right|^2 dt\right) dx$$

$$\leqslant c\left\{\int_{B_+} (\varphi(x,t))^2 \left|\frac{\partial^q v}{\partial t^q}(x,t)\right|^2 dt\,dx\right.$$

$$\left.+ \int_{B_+} (\psi_p(x,t))^2 \left|\frac{\partial^\beta v}{\partial x_p^\beta}(x,t)\right|^2 dt\,dx\right\} .$$

LEMME 5. - Soit un espace $\{\varphi_o(x,t)\, v(x,t) \in L^2(B_+)$, $\varphi(x,t)\,\frac{\partial v}{\partial t}(x,t) \in L^2(B_+)$, $\varphi_p(x,t)\,\frac{\partial v}{\partial x_p}(x,t) \in L^2(B_+)$, $1 \leqslant p \leqslant n-1\}$.

Soit M un ensemble mesurable, $M \subset B_o$, $s(x)$ une fonction mesurable définie sur M, $s(x) > 0$ sur M et $\nu(x,t) > 0$ une fonction sur $M \times [0,s(x)]$, $h_p(x,t)$ une fonction sur $M \times [0,s(x)]$ à valeurs réelles.

On suppose :

i) que le changement de variable $X = x+\zeta h_p(x,t), T = t$ est possible avec un jacobien borné uniformément par rapport à ζ où $|\zeta| \leqslant 1$ (1) ;

ii) qu'il existe $c_1 > 0$ telle que pour tout (x,t,ζ), $x \in M$, $t \in [0,s(x)]$, $|\zeta| \leqslant 1$:

$$\nu(x,t) \leqslant c_1\, \nu(x+\zeta h_p(x,t),t) \qquad (2)$$

$$|\varphi_p(x,t)|^2 \leqslant c_1\, |\varphi_p(x+\zeta h_p(x,t),t)| \qquad (2)'$$

$\nu(x,t)$ et h_p vérifiant : $\nu(x,t)\,(h_p(x,t))^2 \leqslant c_1(\varphi_p(x,t))^2$ (3) .

iii) On suppose que pour c_2 indépendante de $x,t,s(x)$:

$$\int_0^{s(x)} \nu(x,t) \left|\int_0^t \frac{\partial v}{\partial t}(x,\sigma)d\sigma\right|^2 dt \leqslant c_2 \int_0^{s(x)} (\varphi(x,t))^2 \left|\frac{\partial v}{\partial t}(x,t)\right|^2 dt \qquad (4)$$

alors il existe une constante $c_3 > 0$ telle que pour toute fonction $v \in C^1(\overline{R^n_+})$, supp $v \subset B_+ \cup B_o$ et si $v_o(x) = v(x,0)$:

$$\int_M \int_0^{s(x)} \nu(x,t)\ |v_o(x+h_p(x,t)e_p) - v_o(x)|^2\ dt\ dx$$

$$\leqslant \quad c_3\ \{\int_{B_+} (\varphi(x,t))^2\ |\frac{\partial v}{\partial t}(x,t)|^2\ dt\ dx$$

$$+ \quad \int_{B_+} (\varphi_p(x,t))^2\ |\frac{\partial v}{\partial x_p}(x,t)|^2\ dt\ dx\ \} \quad .$$

REMARQUE. - On en déduit les propriétés des traces de nombreux espaces d'ordre 1 . En effet, sous les hypothèses ci-dessus, la trace $v_o(x)$ vérifie sur $M_o = \{x \in B_o\ ,\ \int_0^\beta \frac{d\sigma}{(\varphi(x,\sigma))^2} < \infty\}$ les propriétés suivantes :

i) $\dfrac{v_o(x)}{\left(\int_0^\beta \frac{d\sigma}{(\varphi(x,\sigma))^2}\right)^{1/2}} \in L^2(M_o)$.

ii) Si $(\omega(x,t))^2 = \inf\ \{(\varphi_o(x,t))^2, (h_\varphi(x,t))^2\}$,

$$\int_{M_o} \left(\int_0^\beta (\omega(x,t))^2 dt\right) |v_o(x)|^2 dx \ < \ \infty \ .$$

Cette relation s'obtient en écrivant : $v(x,0) = v_o(x) = v(x,0)-v(x,t)+v(x,t)$ et en utilisant les relations : $\varphi_o(x,t)\ v(x,t) \in L^2(M_o \times [0,\beta])$ et $h_\varphi(x,t)(v(x,t)-v(x,0)) \in L^2(M_o \times [0,\beta])$.

iii) La relation intégrale ci-dessus pour $s(x)$ convenable.

EXEMPLE

i) Soit l'espace $\{\ v \in L^2(B_+)\ ,\ |x|^{2\alpha_n} \frac{\partial v}{\partial t} \in L^2(B_+)\ ,\ |x|^{2\alpha_p} \frac{\partial v}{\partial x_p} \in L^2(B_+)\ \}$, $p = 1,2,\ldots,n-1$, muni de sa norme canonique avec : $\alpha_n \in \mathbb{N}$ et $\alpha_p \in \mathbb{N}$, et $|x|^2 = \sum_{i=1}^{n-1} x_i^2$.

ii) La trace vérifie : elle existe sur $|x| \neq 0$ et $|x|^{\alpha_n} v_o(x) \in L^2(|x| \neq 0)$. De plus, on a les relations intégrales :

$$\int_{|x|\neq 0} \int_0^{s(x)} \frac{|x|^{4\alpha_n}}{t^2}\ |v_o(x+t|x|^{2\alpha_p-2\alpha_n} e_p) - v_o(x)|^2\ dt\ dx \quad < \ \infty \quad \text{pour tout}$$

$p = 1,2,\dots,n-1$ où $s(x) = |x|^{2\alpha_n}$ ($t = s(x)$ est la couche suivant laquelle on tronque : $\{v \in L^2 \ , \ |x|^{2\alpha_n} \frac{\partial v}{\partial t} \in L^2\}$ (cf. II, 4), D)). La vérification des hypothèses nous conduit à l'hypothèse (H) : pour tout $p = 1,2,\dots,n-1$, $\alpha_p \neq 0$.

iii) On verra que, sous cette hypothèses (H), les relations ci-dessus caractérisent la trace.

UN EXEMPLE D'ESPACE DE SOBOLEV

Espace étudié. - On considère l'espace de Sobolev avec poids défini par : $r \in \mathbb{N}$, $b(x)$ est une fonction C^∞, $b(x) \geq 0$ définie sur R^{n-1} et :

$$W^m(B_+) = \{v \in \mathcal{D}'(B_+) \ , \ (t^r+b(x))^{\alpha_0} v(x,t) \in L^2(B_+) \ , \ (t^r+b(x))^{\alpha} \frac{\partial^m v}{\partial t^m}(x,t) \in L^2(B_+) \ ,$$
$$(t^r+b(x))^{\alpha_p} \frac{\partial v}{\partial x_p}(x,t) \in L^2(B_+)\} \ .$$

Si $b(x) \equiv 0$, on prend $B_+ = R^n_+$ et on a affaire à un espace de trace H^s dissymétrique. La valeur limite pour qu'il y ait une trace est $\alpha = \frac{2m-1}{2r}$; si $\alpha \geq \frac{2m-1}{2r}$, il n'y a pas de trace ; si $\alpha < \frac{2m-1}{2r}$, il y a une trace v_0 dans $L^2(B_0)$.
Les propriétés L^2 avec poids des traces sont : $v_\ell \in L^2(B_0)$ si $\ell < \frac{2m-2r\alpha-1}{2}$.
Les espaces de traces sont obtenus en complétant les propriétés L^2 avec poids par les relations intégrales :

$$\int_{R^{n-1}} \int_0^\infty \frac{t^{2r\alpha} t^{2\ell}}{t^{2m}} |v_\ell(x+t^{m+r\alpha_p-r\alpha} e_p) - v_\ell(x)|^2 \, dt \, dx < \infty \qquad \text{pour } p=1,2,\dots,n-1$$

Si $b(x)$ est quelconque, on prend B_+ petit voisinage de 0 et on introduit les quantités :

$$\nu(x,t) = \frac{(t^r+b(x))^{2\alpha}}{t^{2m}} \ , \quad \nu_\ell(x,t) = \frac{(t^r+b(x))^{2\alpha} t^{2\ell}}{t^{2m}} \ , \quad h_p(x,t) = t^m (t^r+b(x))^{\alpha_p-\alpha}$$

et on pose : hypothèse H_1 : $\alpha_p > \alpha + \frac{1}{2} - \frac{m}{r}$ ou $\alpha_p = \alpha$ (cela correspond à la relation (1) du lemme intégral). Dans le cas particulier où $b(x) = \sum_{i=1}^{n-1} \alpha_i x_i^{\mu_i}$ où $\mu_i \in \mathbb{N}$, $\alpha_i \geq 0$, on introduit l'hypothèse H_2 : $\frac{m}{r} + \alpha_p - \alpha - \frac{1}{\mu_p} > 0$ ou $\alpha_p = \alpha$.

On a alors :

THEOREME 4. - Sous l'hypothèse H_1 (resp. H_2 si $b(x) = \sum_{i=1}^{n-1} \alpha_i x_i^{\mu_i}$ où $\alpha_i \geqslant 0$ et $\mu_i \in \mathbb{N}$) :

a) Si $\alpha < \frac{2m-2\ -1}{2r}$, la trace v_ℓ est caractérisée par :

$$v_\ell \in L^2(B_o) \quad \text{et} \quad \int_{B_o} \int_0^\beta \frac{(t^r+b(x))^{2\alpha}\, t^{2\ell}}{t^{2m}} \left| v_\ell(x+t^m(t^r+b(x))^{\alpha_p-\alpha} e_p)-v_\ell(x)\right|^2 dt dx < \infty$$

pour $p = 1,2,\ldots,n-1$.

b) Si $\alpha \geqslant \frac{2m-2\ -1}{2r}$

i) si $\alpha - \alpha_o < \frac{m}{r}$, la trace v_ℓ est caractérisée par :

$$(b(x))^{\frac{1}{2r}(2r\alpha+2\ell-2m+1)}\, v_\ell(x) \in L^2(b(x) \neq 0) \quad \text{et}$$

$$\int_{b(x)\neq 0} \int_0^{(b(x))^{\frac{1}{r}}} \frac{(t^r+b(x))^{2\alpha}\, t^{2\ell}}{t^{2m}} \left| v_\ell(x+t^m(t^r+b(x))^{\alpha_p-\alpha} e_p)-v_\ell(x)\right|^2 dt dx < \infty$$

pour $p = 1,2,\ldots,n-1$;

ii) si $\alpha - \alpha_o \geqslant \frac{m}{r}$, la trace v_ℓ est caractérisée par :

$$(b(x))^{\alpha_o+(\ell+\frac{1}{2})(\frac{\alpha-\alpha_o}{m})}\, v_\ell(x) \in L^2(b(x) \neq 0) \quad \text{et}$$

$$\int_{b(x)\neq 0} \int_0^{(b(x))^{\frac{\alpha-\alpha_o}{m}}} \frac{(t^r+b(x))^{2\alpha}\, t^{2\ell}}{t^{2m}} \left| v_\ell(x+t^m(t^r+b(x))^{\alpha_p-\alpha} e_p)-v_\ell(x)\right|^2 dt dx < \infty$$

pour $p = 1,2,\ldots,n-1$.

V. RELEVEMENT DES ESPACES DE TRACES

1) Formule de relèvement

Etant donnée y définie sur M_j , on la prolonge par 0 hors de M_j et hors de B_o . On

On prend pour formule de relèvement : $Rv_j(x,t) = \mu(x,t)\, \frac{t^j}{j!} \int_{R^{n-1}} R(\zeta) v_j(x+\zeta H(x,t),t)\, d\zeta$

$$\text{où}\quad\left\{\begin{array}{l}\mu(x,t)\ \text{ est une fonction de troncature}\\ R(\zeta)\in\mathcal{D}((]-1,+1[)^{n-1})\ ,\ R(\zeta)\ \text{ réelle},\ \int_{R^{n-1}} R(\zeta)d\zeta = 1\\ H(x,t) = (H_1(x,t),H_2(x,t),\dots,H_{n-1}(x,t))\ ,\ H_i(x,t)\in R\ .\end{array}\right.$$

2) Méthode

Le point essentiel, au niveau du relèvement, est que les relèvements avec noyaux soient : $\frac{1}{\prod_{i=1}^{n-1} H_i(x,t)}\int_{R^{n-1}} R(\frac{\eta_i-x_i}{H_i(x,t)})\,\omega(\eta)\,d\eta$ où $R(\zeta) = R(\zeta_1,\zeta_2,\dots,\zeta_{n-1})$ vérifie : $R(\zeta)\in\mathcal{D}((]-1,+1[)^{n-1})$, $\int_{R^{n-1}} R(\zeta)d\zeta = 1$, ont des dérivées qui peuvent se mettre sous plusieurs formes différentes (en fait, déduites les unes des autres par intégrations par parties). On pourra donc, compte tenu des expressions des traces ci-dessus, utiliser telle ou telle de ces expressions après avoir découpé B_+ en zones.

EXEMPLE D'EXPRESSIONS DIFFERENTES DES DERIVEES DU RELEVEMENT. - La dérivée par rapport à x_ℓ peut s'écrire :

- soit

$$-\sum_{p=1}^{n-1}\frac{\frac{\partial}{\partial x_\ell}(H_p(x,t))}{H_p(x,t)}\int_{R^{n-1}} P_p(\zeta)\omega(x_i+\zeta_i H_i(x,t)d\zeta-\frac{1}{H_\ell(x,t)}\int_{R^{n-1}} P^\ell(\zeta)\omega(x_i+\zeta_i H_i(x,t))d\zeta$$

où $P_p(\zeta)$ dépend de ζ et de p , $P_p(\zeta)\in\mathcal{D}((]-1,+1[)^{n-1})$, supp $P_p(\zeta)\subset$ supp $R(\zeta)$ $\int_{R^{n-1}} P_p(\zeta)d\zeta = 0$ (mêmes propriétés pour $P^\ell(\zeta)$) (on pourra donc remplacer $\int_{R^{n-1}} P_p(\zeta)\omega(x_i+\zeta_i H_i(x,t))d\zeta$ par $\int_{R^{n-1}} P_p(\zeta)(\omega(x_i+\zeta_i H_i(x,t))-\omega(x_i))d\zeta)$;

- soit $\sum_{r=1}^{n-1}\int_{R^{n-1}} R(\zeta)\zeta_p\,\frac{\partial}{\partial x_\ell}(H_r(x,t)\,\frac{\partial\omega}{\partial x_p}(x_i+\zeta_i H_i(x,t))d\zeta+\int_{R^{n-1}} R(\zeta)\,\frac{\partial\omega}{\partial x_\ell}(x_i+\zeta_i H_i(x,t))d\zeta$

où, si on pose $Q_\ell(\zeta) = R(\zeta)\zeta_\ell$, $Q_\ell(\zeta)\in\mathcal{D}((]-1,+1[)^q)$, supp $Q_\ell(\zeta)\subset$ supp $R(\zeta)$, $\int_{R^q} Q_\ell(\zeta)d\zeta$ quelconque.

On a plus généralement :

Formules de dérivation des relèvements

LEMME 6. - Soit un relèvement précédent : $\dfrac{1}{\prod_{i=1}^{n-1} H_i(x,t)} \displaystyle\int_{R^{n-1}} R\left(\frac{\eta_i - x_i}{H_i(x,t)}\right) \omega(\eta)\, d\eta$.

a) Si on fait porter toutes les dérivations sur le noyau, une dérivée d'ordre $\alpha = (\alpha', \alpha_n)$ se présente sous la forme d'une combinaison linéaire de termes en :

$$\frac{1}{(H_1(x,t))^{\beta_1}(H_2(x,t))^{\beta_2}\cdots(H_q(x,t))^{\beta_{n-1}}} \quad \frac{\prod_{i=1}^{n-1} D^{\mu_i}(H_{r_i}(x,t))}{\prod_{i=1}^{s} H_{r_i}(x,t)}$$

$$\int_{R^{n-1}} R_{\alpha,\beta,\mu_i}(\zeta)\, \omega(x_i + \zeta_i H_i(x,t))\, d\zeta$$

où $\beta_1 \leqslant \alpha_1$, $\beta_2 \leqslant \alpha_2$, ... , $\beta_{n-1} \leqslant \alpha_{n-1}$, $\int_{R^{n-1}} R_{\alpha,\beta,\mu_i}(\zeta)\, d\zeta = 0$ sauf si $\alpha = 0$, $\sum_{i=1}^{s} \mu_i \leqslant \alpha$, $s + \sum_{i=1}^{n-1} \beta_i \leqslant |\alpha|$.

b) Si on fait porter toutes les dérivations sur ω , une dérivée d'ordre $\alpha = (\alpha', \alpha_n)$ se présente sous la forme d'une combinaison linéaire de termes en :

$$\sum_{i=1}^{s} D^{\mu_i}(H_{r_i}(x,t)) \int_{R^{n-1}} R_{\mu_i}(\zeta) \frac{\partial \beta'}{\partial x \beta'} \omega(x_i + \zeta_i H_i(x,t))\, d\zeta$$

avec $|\beta'| \leqslant |\alpha|$, $\int_{R^{n-1}} R_{\mu_i}(\zeta)\, d\zeta$ de valeur quelconque, $\sum_{i=1}^{s} \mu_i \leqslant \alpha$, $s \leqslant |\alpha|$.

REMARQUE. - Pour avoir le cas général, on combine ces 2 formules.

On a besoin aussi de la majoration de certaines expressions :

LEMME 7

a) Soit $b(x)$ une fonction C^∞ , $b(x) \geqslant 0$, $r \in \mathbb{N}$, $\nu > 0$, $\chi(t) \in \mathcal{D}([0,1[)$, $\chi(t) \equiv 1$ sur $[0,\frac{1}{2}[$; il existe une constante $c > 0$, dépendant de (α', α_n) , telle que, pour tout $(x,t) \in B_+$:

$$\left|\frac{\partial^{\alpha'}}{\partial x^{\alpha'}}\frac{\partial^{\alpha_n}}{\partial t^{\alpha_n}}\left(\chi(t^r/(b(x))\nu)\right)\right| \leqslant \frac{c}{(b(x))^{\alpha_n\nu/r+|\alpha'|/2}} .$$

b) <u>Soit</u> $b(x)$ <u>une fonction</u> C^∞ , $b(x) \geqslant 0$ <u>et</u> $\mu > 0$, $\nu \in R$, $r \in \mathbb{N}$; <u>il existe une constante</u> $c > 0$, <u>dépendant de</u> (α',α_n) , <u>telle que, pour tout</u> $(x,t) \in B_+$:

$$\left|\frac{\partial^{\alpha'}}{\partial x^{\alpha'}}\frac{\partial^{\alpha_n}}{\partial t^{\alpha_n}}\left(\frac{t}{(t^r+b(x))^\nu}\right)\right| \leqslant c\ (t^r+b(x))^{\mu/r-\nu-|\alpha'|/2-\alpha_n/r} .$$

<u>Démonstration</u>. - Pour établir ces majorations, on utilise une récurrence et le fait que, si $|\mu_i| = 1$, $|D^{\mu_i} b(x)| \leqslant c(b(x))^{1/2}$ ( ) . Illustrons par un exemple la technique de relèvement. On prend le cas de la trace v_o de l'exemple 2 et le relèvement $Rv_o(x,t) = \chi(t)\int_{R^{n-1}} R(\zeta)\ v_o(x+\zeta H(x,t))d\zeta$.

On décompose B_+ en $t < (b(x))^{1/r}$ et $t > (b(x))^{1/r}$.

Pour $t > (b(x))^{1/r}$, on procède par dérivation sur R ce qui conduit à des termes majorés par :

$$\|v_o\|_{L^2(B_o)} \quad \text{et} \quad \int_{B_o}\int_0^\beta \frac{1}{t^2(t^r+b(x))^{2/r}}\ |v_o(x+t(t^r+b(x))^\delta) - v_o(x)|^2\ dt\ dx ,$$

relations qui figurent dans l'espace de trace, et, pour $t < (b(x))^{1/r}$, on procède en faisant porter les dérivations une fois sur v_o ce qui conduit à :

$$\|v_o\|_{L^2(B_o)} \ ; \ \left\|(b(x))^{\delta-\frac{1}{2r}}\frac{\partial v_o}{\partial x_p}\right\|_{L^2(b(x)\neq 0)} , \quad p = 1,2,\dots,n-1 \quad \text{et}$$

$$\int_{b(x)\neq 0}\int_0^{(b(x))^{1/r}} \frac{(t^r+b(x))^{2\delta}}{t^2}\ |v_o^p(x+t(t^r+b(x))^\delta) - v_o^p(x)|^2\ dt\ dx ,$$

autres relations de l'espace de trace.

<u>REMARQUES COMPLEMENTAIRES</u>

A) La restriction $r\delta > \frac{1}{2}$ dans l'exemple 2 est effective puisque, par exemple, l'espace $\{v \in L^2(B_+)$, $\frac{\partial v}{\partial t} \in L^2(B_+)$, $\frac{\partial^2 v}{\partial t^2} \in L^2(B_+)$, $(t+b(x))^\delta \frac{\partial v}{\partial x_i} \in L^2(B_+)$, $1 \leqslant i \leqslant n-1$, $(t+b(x))^\delta \frac{\partial^2 v}{\partial x_i \partial t} \in L^2(B_+)$, $(t+b(x))^{2\delta}\frac{\partial^2 v}{\partial x_i \partial x_j}$, $1 \leqslant v,j \leqslant n-1\}$

a pour traces :

. si $\delta < \frac{1}{2}$: $\{v_o \in L^2(B_o)$, $\frac{\partial v_o}{\partial x_i} \in L^2(B_o)$, $1 \leq i \leq n-1$,

$$\int_{B_o}\int_0^{\beta} \frac{(t+b(x))^{2\delta}}{t^2} \left|\frac{\partial v_o}{\partial x_i}(x+t(t+b(x))^{\delta} e_p) - \frac{\partial v_o}{\partial x_i}(x)\right|^2 dt\, dx < \infty$$

pour tous $1 \leq i,p \leq n-1\}$.

. si $\delta = \frac{1}{2}$: $\{v_o \in L^2(B_o)$, $\frac{\partial v_o}{\partial x_i} \in L^2(B_o)$, $1 \leq i \leq n-1$,

$$\int_{b(x)\neq 0}\int_0^{b(x)} \frac{(t+b(x))}{t^2} \left|\frac{\partial v_o}{\partial x_i}(x+t(t+b(x))^{1/2} e_p) - \frac{\partial v_o}{\partial x_i}(x)\right|^2 dt\, dx < \infty$$

pour tous $1 \leq i,p \leq n-1\}$.

B) On peut aussi obtenir, dans certains cas, les traces dans le théorème 4 dans les cas où les hypothèses H_1 (resp. H_2) ne sont pas vérifiées ou dans le cas des coefficients exceptionnels ($\alpha = \frac{2m-2\ell-1}{2r}$) . Il apparaît des propriétés L^2 avec poids supplémentaires et une modification des couches d'intégration. Voyons un exemple dans R^2_+ au voisinage de 0 :

$\{v \in L^2(B_+)$, $(t+x^2)^{1/2} \frac{\partial v}{\partial t} \in L^2(B_+)$, $\frac{\partial v}{\partial x} \in L^2(B_+)\}$ a pour trace : $v_o \in L^2$,

$$\int_{|x|\neq 0}\int_0^{x^2} \frac{(t+x^2)}{t^2} \left|v_o(x+\frac{t}{(t+x^2)^{1/2}} e_p) - v_o(x)\right|^2 dt\, dx < \infty \qquad \text{pour tout}$$

$p = 1,2,\dots,n-1$.

BIBLIOGRAPHIE

(1) M.S. BAOUENDI et C. GOULAOUIC : Régularité et théorie spectrale pour une classe d'opérateurs elliptiques dégénérés, Arch. Rational Mech. Anal. 34 n°5 (1969), 361-379.

(2) J. BARROS NETO : Inhomogeneous boundary value problems in a half space, Ann. Sc. Norm. Sup. Pisa 19 (1965), 331-365.

(3) P. BOLLEY et J. CAMUS : Quelques résultats sur les espaces de Sobolev avec poids, Séminaire d'Analyse Fonctionnelle, Rennes (1968), 1-68.

(4) P. BOLLEY et J. CAMUS : Sur une classe d'opérateurs elliptiques et dégénérés à plusieurs variables, Bull. Soc. Math. Francs, Mémoire 34 (1973), 55-140.

(5) P. GRISVARD : Commutativité de deux foncteurs d'interpolation et applications. J. Math. Pures Appl. 45 (1966), 143-190.

(6) P. GRISVARD : Théorèmes de traces relatifs à un polyèdre, C. R. Acad. Sc. Paris 278 (1974), série A, 1518-1583.

(7) V. V. GRUŠIN : Hypoelliptic differential equations and pseudo-differential operators with operator symbols, Mat. Sb. 88 (130) (1972) n°4.

(8) B. HANOUZET : Problèmes aux limites elliptiques dans des ouverts non bornés, Colloque d'Analyse Fonctionnelle, Bordeaux (1971), Bull. Soc. Math. France, Mémoire 31-32 (1972), 191-199.

(9) G. H. HARDY, J. E. LITTLEWOOD et G. POLYÀ : Inequalities, Cambridge Univ. Press (1959).

(10) L. HORMANDER : Linear partial differential operators, Springer Verlag (1964).

(11) L. D. KUDRYACEV : Imbedding theorems for functions defined on unbounded regions, Soviet. Math. Dokl. 4 (1963), 1715-1717.

(12) A. KUFNER : Einige Eigenschaften der Sobolevschen Räume mit Belegungs Funktion, Czekoslovak Math. J. 15 (90) (1965), 597-620.

(13) J. L. LIONS : Problèmes aux limites pour les équations aux dérivées partielles, Séminaire de Mathématiques Supérieures, Montréal (été 1962).

(14) J. L. LIONS - E. MAGENES : Problèmes aux limites non homogènes et applications, Dunod Paris (1968) volume I.

(15) C. MATTERA : Régularité pour des problèmes elliptiques singuliers, Séminaire Goulaouic-Schwartz, Ecole Polytechnique, 24 février 1976.

(16) J. NEČAS : Les méthodes directes en théorie des équations elliptiques, Masson Paris (1967).

(17) L. SCHWARTZ : Théorie des distributions, Hermann Paris (1950).

(18) G. N. YAKOVLEV : The Dirichlet problem for domains with non liptschitzian boundaries, Differentcial'nye Uravneija 1 n°8 (1965), 1085-1098.

ECOLE POLYTECHNIQUE
Centre de Mathématiques

91128 PALAISEAU Cedex

THE EIGENVALUES OF HYPOELLIPTIC OPERATORS

A. MENIKOFF and J. SJÖSTRAND

Let $P = P(x,D)$ be a self-adjoint pseudo-differential operator of order $m > 0$, with principal symbol $p_m(x,\xi) \geq 0$ on a smooth n-dimensional compact riemannian manifold M without boundary. If P is elliptic then P has a discrete set of eigenvalues bounded from below. Denoting by $N(\lambda)$ the number of eigenvalues $\leq \lambda$ (counting multiplicities) the distribution of eigenvalues of P may be described by the formula

(1) $$N(\lambda) \sim \frac{\lambda^{n/m}}{(2\pi)^n} \int_{p_m(x,\xi)\leq 1} dx \wedge d\xi \quad \text{as } \lambda \longrightarrow \infty .$$

This result has a long history. It may be obtained by studying the singularities of one of the functions

$$\mathrm{tr}(P-\lambda I)^{-1}, \quad \mathrm{tr}(e^{-tP}), \quad \mathrm{tr}(P^z), \ \mathrm{tr}(e^{itP})$$

(see [1], [4] or [8]). Here we would like to consider the same problem for hypoelliptic operators.

A result in this direction has been obtained by Metivier [7], who studied the spectral function of hypoelliptic operators which are the sums of squares of real vector fields. He described the spectral function for operators which have a uniform behavior in the base space, but, for example for the Grušin operator, $D^2_{x''} + |x''|^2 \, |D_{x'}|^2$, his results do not give the asymptotic behavior of the eigenvalues. Other results which overlap with ours have been presented at this meeting by Bolley, Camus and Pham [2].

We will discuss the eigenvalues of self-adjoint operators P which are hypoelliptic with the loss of one derivative. Let $\Sigma = \{p_m(x,\xi) = 0\}$ be the characteristic variety of P. We will suppose that Σ is a smooth symplectic submanifold of $T^*(M)$ and that p_m vanishes to exactly second order on Σ. Let $2n' = \dim \Sigma$, $2n'' = \operatorname{codim} \Sigma$ and $\pm i\mu_j$, $j = 1, \ldots, n''$, with $\mu_j > 0$ be the eigenvalues of the Hamilton matrix of p_m

(cf. [9]) restricted to the orthogonal space of Σ. Then, P will be hypoelliptic with the loss of one derivative if and only if

(2) $$p'_{m-1}(x,\xi) + \sum_{j=1}^{n''} \mu_j(x,\xi)\,(1+2\alpha_j) \neq 0$$

for any set of non-negative integers α_j, at every point $(x,\xi)\in\Sigma$. Here p'_{m-1} is the subprincipal symbol of P, (cf. [3] or [9]). In fact, P will have a parametrix $Q \in L^{1-m}_{\frac{1}{2},\frac{1}{2}}$, i.e.

(3) $$QP = I + K$$

where K is a compact operator on $L^2(M)$.

If $m > 1$ and P is hypoelliptic, then P will have only eigenvalues of finite multiplicity whose only limit points can be $\pm\infty$.

We will further suppose that on Σ

(4) $$p'_{m-1} + \sum_{j=1}^{n''} \mu_j > 0.$$

It will then follow from a theorem of Melin [5] that there is a constant C such that

(5) $$(Pu,u) \geq -C\,\|u\|^2$$

and consequently that the spectrum of P is bounded below. Then e^{-tP} is well defined for $t \geq 0$ and our goal will be to show

<u>THEOREM 1</u>. <u>Under the above assumptions</u>

(6) $$\operatorname{tr}(e^{-tP}) \sim \begin{cases} C_1\, t^{-n'/(m-1)} & \text{if } n' > n''(m-1) \\ C_2\, t^{-n/m}\log t & \text{if } n' = n''(m-1) \\ C_3\, t^{-n/m} & \text{if } n' < n''(m-1) \end{cases}$$

<u>as</u> $t \downarrow 0$.

Since $\operatorname{tr}(e^{-tP}) = \sum e^{-\lambda_j t}$ where λ_j are the eigenvalues of P, we may apply Karamata's Tauberian Theorem to conclude.

<u>COROLLARY 2</u>. Denoting the number of eigenvalues $\leq \lambda$ by $N(\lambda)$ we have

$$(7) \qquad N(\lambda) \sim \begin{cases} a_1 \lambda^{n'/(m-1)} & \underline{\text{if}} \quad n' > n''(m-1) \\ a_2 \lambda^{n/m} \log \lambda & \underline{\text{if}} \quad n' = n''(m-1) \\ a_3 \lambda^{n/m} & \underline{\text{if}} \quad n'' < n''(m-1) \end{cases}$$

as $\lambda \to \infty$ (a_3, incidently is the same constant as in formula (1)).

1. THE ELLIPTIC CASE.

We will begin our discussion of Theorem 1 by rederiving formula (1) for the elliptic case in a way amenable to generalization. To approximate $\exp(-tP)$ we will seek a solution of

$$(1.1) \qquad \begin{aligned} D_t w &= i\, P(x, D_x) w \qquad \text{or } \mathbb{R}^+ \times M \\ w(x,0) &= u(x), \end{aligned}$$

micro-locally of the form

$$(1.2) \qquad w(x,t) = A_t u(x) = (2\pi)^{-n} \int e^{i\varphi(t,x,\eta)}\, a(t,x,\eta)\, \hat{u}(\eta)\, d\eta.$$

Applying $D_t - iP(x, D_x)$ to (1.2) and grouping terms as if φ were homogenous of degree 1 in η we will get an eikonal equation of the form

$$(1.3) \qquad \varphi_t - i\, p_m(x, \varphi'_x) = 0 \quad ; \quad \varphi(0, x, \xi) = x.\eta$$

and various transport equations. Making the change of variables $t = |\eta|^{m-1} s$, (1.3) will become

$$(1.4) \qquad \varphi_s - i p'(x, \varphi'_x) = 0 \quad \text{where} \quad p' = p_m(x, \varphi'_x)/|\eta|^{m-1}$$

for which we will try to find a solution which is homogenous of degree 1 in η. Expanding φ as a power series in s we can find

$$(1.5) \qquad \varphi(s,x,\eta) = \langle x, \eta \rangle + i P'(x,\eta) s + \psi_2(x,\eta) s^2 + \ldots$$

which satisfies (1.4) modulo an arbitrarily high power of s. From the first transport equation we find that $a = 1 + O(s)$. Since φ leaves the real axis rapidly we may modify φ and a for large s so as to get a solution of (1.1) modulo an operator with C^∞

kernel in x and t.

As a result

$$e^{-tP}u(x) \approx A(t)u(x) = (2\pi)^{-n} \int e^{i<x-y,\eta>-t\,p_m(x,\eta)+\dots} a(t,x,\eta)u(y)dyd\eta$$

and

$$tr(e^{-tP}) \approx (2\pi)^{-n} \iint e^{-tp_m(x,\xi)} dx\wedge d\xi + \dots$$

$$= (2\pi)^{-n}\, t^{-n/m}\, \frac{n}{m}\, \Gamma(\frac{n}{m}) \iint_{p_m(x,\xi)\leq 1} dx\wedge d\xi + \dots$$

modulo a function less singular in t. Applying Karamata's Tauberian Theorem gives (1).

2. THE HYPOELLIPTIC CASE.

We will now attempt to find a solution of (1.1) micro-locally of the form (1.2) when P satisfies the assumption of Theorem 1. The eikonal equation will be of the form

(2.1) $$\varphi_t' = ip_m(x,\varphi_x')$$

again. We make the same change of variables as before to make (2.1) homogenous. But this time it will be necessary to solve (2.1) as $s \to \infty$. This is because the solutions of (2.1) will not leave the real axis everywhere. In fact, bicharacteristics starting in Σ stay in Σ giving a point where Im φ stays 0.

We'll solve (2.1) using Hamilton-Jacobi Theory. We'll make a series of canonical transformations to simplify our problem. To begin with let us choose new canonical coordinates so that $\Sigma = \{x'' = \xi'' = 0\}$ where $(x,\xi) = (x',x'',\xi',\xi'')$, $x' \in \mathbf{R}^{n'}$, $x'' \in \mathbf{R}^{n''}$ etc. Setting $t = s|\eta'|^{m-1}$, (2.1) becomes

(2.2) $$\varphi_s' = ip_m(x,\varphi_x')/|\eta'|^{m-1} = i\,p'(x,\varphi_x').$$

Expanding p' as a Taylor's series in (x'',ξ'') we find

(2.3) $$p'(x,\xi) = \sum_{|\alpha+\beta|=2} a_{\alpha\beta}(x',\xi')x''^{\alpha}\xi''^{\beta} + O(|\xi|^m(|x''|+|\xi''|\,|\xi|))^3).$$

The quadratic terms in (2.3) may be expressed as

$$\sigma((x'',\xi''),H(x'',\xi''))$$

where H, the (transversal) Hamilton matrix of p is skew-symetric with respect to the standard symplectic form σ in $\mathbf{R}^{2n''}$.

Recalling the results of [9], H has eigenvalues of the form $\pm i\mu_j(x',\xi')$ with $\mu_j > 0$ for $j = 1,\dots,n''$, and if V_+ (V_-) denotes the span of the positive (negative) eigenvectors of H in $\mathbb{C}^{2n''}$, then V_+ (V_-) is a positive (negative) definite Lagrangean plane in $\mathbb{C}^{2n''}$, and

$$\mathbb{C}^{n''} \oplus \mathbb{C}^{n''} = V_+ \oplus V_- .$$

Since $V_\pm$ depend smoothly on (x',ξ') we may make a <u>complex</u> canonical change of variables so that $V_- = \{x'' = 0\}$ and $V_+ = \{\xi'' = 0\}$. In terms of these new coordinates

$$H = \frac{i}{2}\begin{pmatrix} A & 0 \\ 0 & -A^t \end{pmatrix} \tag{2.4}$$

where A is a matrix with only positive eigenvalues.

Since we have made a complex change of variable the following considerations will be only formal and will required justification.

Equation (2.2) now takes the form

$$\varphi'_s = - < A(x',\varphi'_{x'})\,x'', \varphi'_{x''} > + \sum_{3<|\alpha+\beta|} b_{\alpha\beta}\, x''^{\alpha}\, \varphi'^{\beta}_{x''} . \tag{2.5}$$

It is possible to find one more canonical transformation so as to make the higher order term in (2.5) takes the form $O(|x''||\varphi'_{x''}|(|x''| + |\varphi''|))$. Solving (2.5) by using formal power series in (x'',η'') we will get a solution

$$\varphi = <x',\eta'> + <e^{-sA}x'',\eta''> + \text{cubic term in } (x'',\eta'').$$

The phase function of A_t is

$$\psi = <e^{-sA}x'' - y'', \eta''> + <x' - y',\eta'> + \dots$$

where the other higher order terms converge to 0 exponentially fast.

Denoting by $C_s = \{(x,\varphi'_{x'} - \varphi'_{\eta}, \eta)\}$ the canonical relation generated by ψ we may note the C_0 is the graph of the identity and $C_\infty = \{(x',x'',\xi',0),(x',0,\xi',\xi'')\}$.

The fist transport equation is

(2.7) $$\frac{da}{ds} + \left(\frac{1}{2} \operatorname{tr} A + p'_{m-1}\right)a = O(|x''| + |\xi''|)$$

whose solution is

$$a(s,x,\xi) = e^{-s(\frac{1}{2} \operatorname{tr} A + p'_{m-1})} + O(|x''| + |\xi''|).$$

The leading term of the solution $A_t u$ is

$$(2\pi)^{-n} \int e^{i<e^{-sA}x''-y'',\xi''>+<x'-y',\xi'> - s(\operatorname{tr}^+ H + p'_{m-1})} u(y)\, dy\, d\xi .$$

The leading term of $\operatorname{tr}(e^{-tP})$ is then

(2.8) $$(2\pi)^{-n} \int e^{i<(e^{-sA}-I)x'',\xi''>} e^{-s(\operatorname{tr}^+ H + p'_{m-1})} dx d\xi.$$

When $n' > n''(m-1)$ we will compute the singular part of (2.8).

Evaluate the integral with respect to (x'',ξ'') in (2.8) by the "method of stationary phases" (thinking of $s^{-1} = |\xi|^{m-1}/t$ as the large parameter). This gives that the leading term of $\operatorname{tr}(\exp(-tP))$ is

(2.9) $$(2\pi)^{-n'} \int \frac{e^{-s(\operatorname{tr}^+ H + p'_{m-1})}}{\det(I - e^{-sA})} dx' \wedge d\xi' .$$

It is easily seen that

$$\det(I - e^{-sA})^{-1} = \Pi(1 - e^{-2s\mu_j})^{-1}$$

$$= \sum_{0 \le \alpha \in \mathbf{Z}^n} e^{-2(\alpha.\mu)s}$$

where $2\mu_1, \ldots, 2\mu_{n''}$ are the eigenvalues of A. When $n' > (m-1)n''$ the integral (2.9) is convergent and equals

(2.10) $$\frac{t^{-\frac{n'}{m-1}}}{(2\pi)^{n'}} \frac{n'}{m-1} \Gamma\left(\frac{n'}{m-1}\right) \int_{\Sigma \cap \{F(x',\xi') \ge 1\}} dx' \wedge d\xi'$$

where

(2.11) $$F(x',\xi') = \sum_{0 \le \alpha \in \mathbf{Z}^{n''}} (p'_{m-1}(x',\xi') + (1+2\alpha_j)\mu_j(x',\xi'))^{-n'/m-1}$$

(P is hypoelliptic if and only if $F \ne \infty$ for all $(x',\xi') \in \Sigma$).

Applying a Tauberian theorem will yield

$$(2.12) \qquad N(\lambda) \sim \frac{\lambda^{n'/(m-1)}}{(2\pi)^{n'}} \int_{\{F \geq 1\} \cap \Sigma} dx' \wedge d\xi' .$$

This completes a sketch of the proof of Theorem 1. A justification of our formal changes and variable and complete details of the proof will appear in a future publication.

After this conference we learned that Trèves has also constructed exponential e^{-tP} for the same class of operators considered here. Trèves' construction is different from ours. As an application he proves the local analytic hypoellipticity of the $\bar{\partial}$-Neuman-problem.

REFERENCES

[1] S. AGMON and Y. KANNAI. On the asymptotic behavior of the spectral functions and resolvent kernels of elliptic operators. Israel J. Math. 5 (1967) 1-30.

[2] C. BOLLEY, J. CAMUS and T. PHAM. In this volume.

[3] L. BOUTET de MONVEL and F. TREVES. On a classe of pseudo-differential operators with double characteristics. Invent. Math. 24 (1974) 1-34.

[4] L. HÖRMANDER. The spectral function of an elliptic operator. Acta Math. 121 (1968) 193-218.

[5] A. MELIN. Lower bounds for pseudo-differential operators. Ark. Mat. 9 (1971) 117-140.

[6] A. MELIN and J. SJÖSTRAND. Fourier integral operators with complex-valued phase functions. Springer L.N. 459, 255-282.

[7] G. METIVIER. Fonction spectrale et valeurs propres d'une classe d'opérateurs non elliptiques. Comm. PDE 1 (1976) 467-519.

[8] R. SEELEY. Complex powers of an elliptic operator. AMS Proc. Symp. in Pure Math. 10 (1967) 288-307.

[9] J. SJÖSTRAND. Parametrices for pseudodifferential operators with multiple characteristics. Ark. Mat. 12 (1974) 85-130.

Université de Paris XI
U.E.R. Mathématique
91405 ORSAY

VALEURS PROPRES D'UNE CLASSE D'EQUATIONS DIFFERENTIELLES SINGULIERES

SUR UNE DEMI-DROITE

par

PHAM THE LAI et Didier ROBERT

Nous considérons dans ce travail des opérateurs différentiels du type : $L(t,D_t) = D_t^m(t^h D_t^m) + t^k$ sur $]0,\infty[$ où $m \in \mathbb{N} \setminus (0)$, h et k réels, $k > 0$, $0 \leqslant h < 2m$ et $D_t = i^{-1}\frac{d}{dt}$. Après avoir défini la réalisation de Neumann A de $L(t,D_t)$ dans $L^2(]0,\infty[)$ nous montrons qu'elle possède une suite $(\lambda_j)_{j\geqslant 0}$ de valeurs propres réelles écrite suivant les conventions habituelles. Nous nous proposons d'étudier la répartition de la suite $(\lambda_j)_{j\geqslant 0}$. Soit

$$N(\lambda) = \sum_{\lambda_j \leqslant \lambda} 1 .$$

On établit en particulier la formule asymptotique :

$$(*) \qquad \lim_{\lambda \to +\infty} \lambda^{(h/2k.m)-(1/k)-(1/2m)} N(\lambda) = (\pi k)^{-1} B\left(\frac{1}{k} - \frac{h}{2km}, \frac{1}{2m} + 1\right)$$

où B désigne la fonction bêta classique.

Les opérateurs du type $L(t,D_t)$ interviennent dans l'étude d'opérateurs elliptiques dégénérés ([3]), ([5]) et ([8]).

Nous ne donnons pas ici le détail des démonstrations. Elles paraîtront probablement ailleurs.

I. - INTRODUCTION

La formule (*) est connue dans des cas particuliers :

(I_1) $m = 1$:
- $h = 0$: Levitan ([6])
- $h = k = 1$: opérateur d'Euler.

On a explicitement : $\lambda_j = 2j + 1$ pour j entier $\geqslant 1$.

(I_2) m quelconque, $h = k$ entier : A. Mohamed ([7]).

Nous considérons ici la classe des opérateurs différentiels qui s'écrivent formellement :

$$L(t,D_t) = \sum_{0\leq j,\ \ell\leq m} D_j(a_{j\ell}(t)\, t^{2(\sigma+\delta m)+(j+\ell)(1-\delta)}.D^{\ell})$$

avec les hypothèses :

(H_1) σ réel < 0 , δ réel > 0 tels que $\sigma + \delta m > 0$ et $\sigma + m \geq 0$

(H_2) $a_{j\ell} \in L^{\infty}([0,\infty[)$; $a_{j\ell}$ réels ; $a_{j\ell} = a_{\ell j}$ et $\lim\limits_{t\to+\infty} a_{j\ell}(t) = a_{j\ell}(\infty)$ existent pour $0 \leq j , \ell \leq m$.

Définissons les espaces de Sobolev à poids :

$$W^m_{\sigma,\delta} = \{u \in \mathcal{D}'(]0,\infty[) : t^{\sigma+\delta m+j(1-\delta)}.D^j u \in L^2(]0,\infty[) \quad \text{pour} \quad 0 \leq j \leq m\}$$

muni de la norme hilbertienne canonique.

Posons :

$$a(u,v) = \sum_{0\leq j,\ \ell\leq m} \int_0^{\infty} a_{j\ell}(t).t^{2(\sigma+\delta m)+(j+\ell)(1-\delta)}.D^j u\ \overline{D^{\ell} v}\ dt$$

pour $u, v \in W^m_{\sigma,\delta}$.

On fait sur a l'hypothèse de coercivité : (C) Il existe $C_0, \gamma_0 > 0$ telles que

$$a(u,u) \geq C_0 \| u \|^2_{W^m_{\sigma,\delta}} - \gamma_0 \| u \|^2_{L^2} \quad \text{pour tout} \quad u \in W^m_{\sigma,\delta} .$$

D'après le lemme de Lax-Milgram, la forme sesquilinéaire hermitienne a engendre un opérateur $A \in \mathcal{L}(W^m_{\sigma,\delta}, W^{-m}_{\sigma,\delta})$ où $W^{-m}_{\sigma,\delta}$ désigne l'antidual de $W^m_{\sigma,\delta}$ pour le crochet d'antidualité défini par le produit scalaire de $L^2(]0,\infty[)$. A correspond à la réalisation de Neumann de $L(t,D_t)$. L'opérateur : $L(t,D_t) = D^m_t(t^h.D^m_t) + t^k$ correspond aux paramètres : $\delta = 1 + \frac{h-k}{2m}$ et $\sigma = \frac{h}{2} - m$.

II. - RESULTATS

On a besoin du résultat préliminaire :

PROPOSITION 1. - Posons

$$\omega_{\infty}(\xi) = \sum_{0\leq j,\ \ell\leq m} a_{j\ell}(\infty).\xi^{j+\ell} .$$

Alors il existe $E > 0$ telle que :

$$\omega_{\infty}(\xi) \geq E(1 + \xi^2)^m \quad \text{pour tout} \quad \xi \in \mathbb{R} .$$

D'après (C), $G_\lambda = (A + \lambda)^{-1}$ existe pour λ réel $\geq \gamma_0$ et $G_\lambda \in \mathcal{L}(W^{-m}_{\sigma,\delta}, W^m_{\sigma,\delta})$.

On a les résultats suivants :

THEOREME 1. - (i_1) G_λ est un opérateur intégral, de noyau $G_\lambda(t,\tau)$ continu sur $]0,\infty[\times]0,\infty[$.

(i_2) Sous la condition supplémentaire : $\alpha = \frac{\delta}{2(\sigma+\delta m)} < 1$, G_λ est un opérateur nucléaire de $L^2(|0,\infty|)$ dans lui-même et l'on a :

$$\lim_{\lambda\to+\infty} \lambda^{1-\alpha}.\int_0^\infty G_\lambda(t,t)dt = (2\pi.\delta)^{-1}(\sin\pi\alpha)^{-1}\pi\alpha \int_{\mathbb{R}} \omega_\infty(\xi)^{-\alpha}d\xi .$$

THEOREME 2. - (ii_1) Le spectre de A est discret, constitué d'une suite croissante $(\lambda_k)_{k\geq 0}$ de valeurs propres, chacune étant répétée suivant sa multiplicité qui est finie.

(ii_2) Posons : $N(\lambda) = \sum_{\lambda_k\leq\lambda} 1$. On a alors :

$$\lim_{\lambda\to+\infty} \lambda^{-\alpha}.N(\lambda) = (2\pi.\delta)^{-1}\int_{\mathbb{R}} \omega_\infty(\xi)^{-\alpha}d\xi .$$

REMARQUES. - (R_1) Lorsque $\frac{\delta}{2(\sigma+\delta m)} < 1$, (ii_2) est une conséquence immédiate de (i_2). En effet, on a :

$$\int_{-\infty}^{+\infty} \frac{dN(t)}{t+\lambda} = \int_0^\infty G_\lambda(t,t)dt$$

et il suffit alors d'appliquer le théorème taubérien de Hardy-Littlewood ([1]).

(R_2) Un calcul simple d'intégrales montre que (*) est un cas particulier de (ii_2).

III. - INDICATIONS SUR LES DEMONSTRATIONS

DEMONSTRATION DE LA PROPOSITION 1.: Soit $\varphi\in C_0^\infty(]0,\infty[)$, $\varphi\geq 0$, Supp $\varphi\subseteq[1,\infty[$ telle que $\int_1^\infty t^{2(\sigma+\delta m)}.\varphi^2(t)dt = 1$. Pour $\varepsilon\in]0,1]$ posons :

$$u_{\varepsilon,\xi}(t) = \varepsilon^{\sigma+\delta m+(1/2)}.\varphi(\varepsilon.t)e^{i\xi\delta^{-1}t^\delta} .$$

On a alors :

$$a(u_{\varepsilon,\xi}, u_{\varepsilon,\xi}) = \sum_{0\leq j,\ \ell\leq m} \xi^{j+\ell}\int_0^\infty a_{j\ell}(\tfrac{t}{\varepsilon})t^{2(\sigma+\delta m)}.\varphi^2(t)dt + R_{\varepsilon,\xi} .$$

Utilisant Liebnitz on prouve que $|R_{\varepsilon,\xi}| \leq c(\xi).\varepsilon^\delta$.
On en déduit :

$$\lim_{\varepsilon\to 0} a(u_{\varepsilon,\xi}, u_{\varepsilon,\xi}) = \omega_\infty(\xi) .$$

Or :
$$\lim_{\varepsilon\to 0} \|t^{\sigma+m}.D^m u_{\varepsilon,\xi}\|^2_{L^2} = \xi^{2m}$$

$$\lim_{\varepsilon\to 0} \|t^{\sigma+\delta m} u_{\varepsilon,\xi}\|^2_{L^2} = 1$$

$$\lim_{\varepsilon\to 0} \|u_{\varepsilon,\xi}\|^2_{L^2} = 0 \ .$$

La proposition 1 résulte alors de la coercivité de a.

DEMONSTRATION DU THEOREME 1 : D'après un théorème abstrait sur les opérateurs continus : $W^{-m}_{\sigma,\delta} \to W^{m}_{\sigma,\delta}$ (³) on sait que G_λ admet un noyau continu sur $]0,\infty[\times]0,\infty[$ et qu'il existe $C > 0$ telle que : $|G_\lambda(t,\tau)| \leqslant C(t.\tau)^{-(\sigma+m)/2m}.\lambda^{-1+(1/2m)}$ pour tout $\lambda \geqslant \gamma_0$, $t, \tau > 0$.

D'où il résulte que si $T > 0$ on a :
$$\lambda^{1-\alpha}.\int_0^T G_\lambda(t,t)dt \leqslant C\,\lambda^{(1/2m)-\alpha}\int_0^T t^{-(\sigma+m)/m}\,dt \ .$$

Or : $\frac{1}{2m} - \alpha < 0$, d'où :
$$\lim_{\lambda\to+\infty} \lambda^{1-\alpha}.\int_0^T G_\lambda(t,t)dt = 0 \ .$$

On est ramené à étudier le comportement de $\int_T^\infty G_\lambda(t,t)dt$ pour $\lambda \to +\infty$.

On commence par l'étude du cas où les coefficients $a_{j\ell}$ sont constants. On suppose donc à partir de maintenant que $a_{j\ell}(t) = \alpha_{j\ell}$ pour $t \in]0,\infty[$. On distinge alors deux cas :

<u>1er cas</u> : $\delta \geqslant 1$. - On procede par figeage des coefficients de $L(t,D_t)$. Soit $t_0 \geqslant 1$,

$$\alpha_{t_0}(u,v) = \sum_{0\leqslant j,\ \ell\leqslant m} \alpha_{j\ell}.t_0^{2(\sigma+\delta m)+(j+\ell)(1-\delta)}.\int_1^\infty D^j u\,\overline{D^\ell v}\,dt$$

$$\alpha(u,v) = \sum_{0\leqslant j,\ \ell\leqslant m} \alpha_{j\ell}.\int_1^\infty t^{2(\sigma+\delta m)+(j+\ell)(1-\delta)} D^j u\,\overline{D^\ell v}\,dt \ .$$

Posons $V = \{u \in W^m_{\sigma,\delta}$, Supp $u \subseteq [1,\infty[\}$ muni de la norme canonique. Il est clair que α est V-coercif et α_{t_0} est $H^m(]1,\infty[)$-coercif (H^m : espace de Sobolev usuel).

Soient alors A (resp. A_{t_0}) l'opérateur engendré par α (resp. α_{t_0}) et $G_\lambda = (A+\lambda)^{-1}$, $G_{\lambda,t_0} = (A_{t_0}+\lambda)^{-1}$ pour $\lambda \geqslant \gamma_0$, γ_0 assez grand.

G_{λ,t_0} a un noyau donné par :
$$G_{\lambda,t_0}(t,\tau) = (2\pi)^{-1}\int_{\mathbb{R}} \frac{e^{i(t-\tau).\xi}d\xi}{t_0^{2(\sigma+\delta m)}.\omega(t_0^{1-\delta}\xi)+\lambda}$$

où l'on a posé :

$$\omega(\eta) = \sum_{0\leq j,\ \ell\leq m} \alpha_{j,\ell}\cdot\eta^{j+\ell}\ ,\quad \eta\in\mathbb{R}\ .$$

L'estimation suivante est essentielle (nous l'admettrons).

LEMME 1. - *Il existe* $C > 0$ *telle que* :

$$|G_\lambda(t,t) - G_{\lambda,t}(t,t)| \leq$$

$$\leq C\, t^{\delta-1((\sigma+\delta m)/m)}.(t^{2(\sigma+\delta m)} + \lambda)^{-1+(1/2m)}\left[\varepsilon + \varepsilon^{-m}\frac{t^{-1+(\sigma+\delta m)/m}}{(t^{2(\sigma+\delta m)}+\lambda)^{1/2m}}\right]$$

pour $t \geq 2$, $\lambda \geq \gamma_0$, $0 < \varepsilon \leq 1/2$.

Un calcul explicite prouve que :

$$\lim_{\lambda\to+\infty} \lambda^{1-\alpha}\int_1^\infty G_{\lambda,t}(t,t)dt = (2\pi\ \delta)^{-1}(\mathrm{Sin}\ \pi\alpha)^{-1}\pi\alpha\int_{\mathbb{R}}\omega(\xi)^{-\alpha}d\xi\ .$$

Utilisant alors le lemme 1 en faisant $\lambda \to +\infty$ puis $\varepsilon \to 0$ on obtient (i_2).

2ème cas : $\delta\in\,]0,1[$. - On construit une paramètrix à droite pour $L(t,D_t) + \lambda$ sur $[1,\infty[$. Posons :

$$L_0(t,D_t) = \sum_{0\leq j,\ \ell\leq m} \alpha_{j\ell}\ t^{2(\sigma+\delta m)+(j+\ell)(1-\delta)}D_t^{j+\ell}$$

et $$L_1 = L - L_0\ .$$

Suivant le schéma classique de Hörmander on construit une paramètrix à droite en posant :

$$b_{0,\lambda}(t,\xi) = (L_0(t,\xi) + \lambda)^{-1}$$

$$b_{j+1}(t,\xi) = -\, b_{0,\lambda}\sum_{\substack{i+\alpha=j-k+1\\ 0\leq k\leq j\\ i=0,1}} \frac{1}{\alpha!}\,\partial_\xi^\alpha L_i.D_t^\alpha b_{k,\lambda}\quad \text{pour } j \text{ entier} \geq 0\ .$$

Posons : $B_{N,\lambda} = b_{0,\lambda} + \ldots + b_{N,\lambda}$ N entier ≥ 0 , on a alors :

$$(L(t,D_t) + \lambda)B_{N,\lambda} = 1 + R_{N,\lambda}$$

où $$R_{N,\lambda}(t,\xi) = \sum_{\substack{\gamma+k\geq N+1\\ k\leq N}} \frac{1}{\gamma!}\,\partial_\xi^\gamma L_0.D_t^\gamma b_{k,\lambda} + \sum_{\substack{\gamma+k\geq N\\ k\leq N}} \frac{1}{\gamma!}\,\partial_\xi^\gamma L_1.D_t^\gamma b_{k,\lambda}\ .$$

Soit $\chi\in C^\infty(\mathbb{R})$ telle que $\mathrm{Supp}\ \chi\subsetneq[1,\infty[$, $\chi\equiv 1$ sur $[2,\infty[$. On a :

$$\chi.B_{N,\lambda} - (A+\lambda)^{-1}.\chi = (A+\lambda)^{-1}\chi R_{N,\lambda} + (A+\lambda)^{-1}[L,\chi]B_{N,\lambda}$$

où $[\ ,\ ]$ désigne le commutateur de deux opérateurs.

On estime le noyau de chacun des termes de cette égalité à l'aide du :

LEMME 2. - Pour tous entiers $p, q, N \geqslant 0$, il existe $c(N,p,q) > 0$ telle que :

$$|\partial_\xi^p D_t^q b_{N,\lambda}| \leqslant C(N,p,q)|b_{o,\lambda}| \sum_{\ell=1}^{2N+p+q} |L_o.b_{o,\lambda}|^\ell (\phi.\varphi)^{-N}\phi^{-p}\varphi^{-q}$$

pour tout $(t,\xi) \in [1,\infty[\times \mathbb{R}$, $\lambda \geqslant 0$.

Le lemme 2 permet de prouver (i_2) dans le cas des coefficients constants à l'infini.

Ensuite nous établissons (ii_2) dans le cas des coefficients constants à l'infini. Pour cela on considère un entier $p > \alpha$.

Posons $G_\lambda^{(p)} = (A^p + \lambda)^{-1}$. On a : $G_\lambda^{(p)} \in \mathscr{L}(W_{\sigma,\delta}^{-m}, W_{\sigma,\delta}^m)$.

Il en résulte que $G_\lambda^{(p)}$ a un noyau continu sur $]0,\infty[\times]0,\infty[$. De plus : $t \to G_\lambda^{(p)}(t,t)$ est localement intégrable sur $]0,\infty[$.

LEMME 3. - Sous les hypothèses précédentes on a :

$$\lim_{\lambda\to+\infty} \lambda^{1-(\alpha/p)}.\int_0^T G^{(p)}(t,t)dt = 0$$

Procèdant comme pour traiter le cas $\alpha < 1$ on prouve la :

PROPOSITION 2. -

$$\lim_{\lambda\to\infty} \lambda^{1-(\alpha/p)} \int_0^\infty G_\lambda^{(p)}(t,t)dt = (2\pi\delta)^{-1}(\mathrm{Sin}\ (\frac{\pi\alpha}{p}))^{-1}(\frac{\pi\alpha}{p}).\int_{\mathbb{R}} \omega_\infty(\xi)^{-\alpha}d\xi .$$

De la proposition 2 et du théorème taubérien de Hardy-Littlewood on en déduit (ii_2) dans le cas où les coefficients de $L(t,D_t)$ sont constants à l'infini. Le passage des coefficients constants aux coefficients variables se fait de la manière suivante. Pour $\varepsilon \in]0,1[$ posons :

$$a_{j\ell}^{(\varepsilon)}(t) = \begin{cases} a_{j\ell}(\infty) & \text{pour } t \geqslant T(\varepsilon) \\ a_{j\ell}(t) & \text{pour } o \leqslant t < T(\varepsilon) \end{cases}$$

où $T(\varepsilon)$ est tel que : $|a_{j\ell}(t) - a_{j\ell}(\infty)| \leqslant \varepsilon$ pour tout $t \geqslant T(\varepsilon)$.

Posons alors :

$$a_\varepsilon(u,v) = \sum_{o\leqslant j,\ \ell\leqslant m} \int_0^\infty a_j^{(\varepsilon)}(t)t^{2(\sigma+\delta m)+(j+\ell)(1-\delta)}D^j u\ \overline{D^\ell v}\ dt$$

pour u et $v \in W^m_{\sigma,\delta}$, on a clairement :

$$|a(u,v) - a_\varepsilon(u,v)| \leqslant \varepsilon \|u\|_{W^m_{\sigma,\delta}} \cdot \|v\|_{W^m_{\sigma,\delta}} .$$

D'où il résulte que pour ε assez petit, a_ε est $W^m_{\sigma,\delta}$-coercive.

D'autre part il existe $C, C_o > 0$ tels que :

$$|a(u,u) - a_\varepsilon(u,u)| \leqslant C.\varepsilon.a_\varepsilon(u,u) + C_o \|u\|^2_{L^2}$$

pour tout $u \in W^m_{\sigma,\delta}$.

Soit $(\lambda_j^{(\varepsilon)})_{j \geqslant 0}$ la suite des valeurs propres relatives à a_ε .

De la formule du Max-Min (Courant-Hilbert ([4])) on déduit :

$$- C_o + (1 - C_\varepsilon)\lambda_j^{(\varepsilon)} \leqslant \lambda_j \leqslant (1 + C_\varepsilon)\lambda_j^{(\varepsilon)} + C_o$$

pour tout $j \geqslant 0$, ε assez petit.

Posons $N_\varepsilon(\lambda) = \sum_{\lambda_j^{(\varepsilon)} < \lambda} 1$. On obtient alors :

$$\begin{cases} N_\varepsilon\left(\dfrac{\lambda}{1 + C_\varepsilon}\right) \leqslant N(\lambda + C_o) \\ N(\lambda - C_o) \leqslant N_\varepsilon\left(\dfrac{\lambda}{1 - C\varepsilon}\right). \end{cases}$$

Si $\gamma = (2\pi\delta)^{-1} \int_{\mathbb{R}} \lambda^{-\alpha}(\xi)d\xi$ on a :

$$\lim_{\lambda \to \infty} \lambda^{-\alpha} N_\varepsilon(\lambda) = \gamma \quad \text{pour tout} \quad \varepsilon \in]0,1[.$$

D'où l'on tire :

$$\lim_{\lambda \to \infty} \lambda^{-\alpha} N(\lambda) = \gamma .$$

Ce qui prouve (ii_2). On en déduit (i_2) par le théorème réciproque de Hardy-Littlewood ([1]).

BIBLIOGRAPHIE

([1]) S. AGMON, Lectures on elliptic value problems, Van Nostrand, Math. Studies n°2 (1965).

([2]) P. BOLLEY, J. CAMUS et B. HELFFER, Sur une classe d'opérateurs partiellement hypoelliptiques, J. Math. Pures Appl. 55 (1976), n°2, 131-171.

([3]) P. BOLLEY, J. CAMUS et PHAM THE LAI, Noyau, résolvante et valeurs propres d'une classe d'opérateurs elliptiques et dégénérés, Exposé à ce colloque.

(4) R. COURANT and D. HILBERT, Methods of mathematical physics 1, John Wiley, Interscience Publishers (1953).

(5) V. V. GRUSHIN and M. A. SAVSAN, Smoothness of the solutions of boundary-value problems for a class of elliptic equations of arbitrary order which degenerate on the boundary or the domain, Vestnik Moskov. Univ. Mat. 30 (1975), n°5, 33-41.

(6) B. M. LEVITAN and S. SARGSJAN, Introduction to spectral theory, Trans. of Math. monographs 39, American Mathematical Society (1975).

(7) A. MOHAMED, Régularité et théorie spectrale d'une classe d'équations différentielles singulières sur une demi-droite, Thèse de Doctorat de 3ème cycle, Université de Nantes (1977).

(8) PHAM THE LAI, Comportement asymptotique du noyau de la résolvante et des valeurs propres d'une classe d'opérateurs elliptiques dégénérés non nécessairement auto-adjoint, J. Math. Pures Appl. 55 (1976), n°4, 379-420.

(9) PHAM THE LAI, Théorie spectrale d'une classe d'opérateurs différentiels hypoelliptiques, Comm. Partial Differential Equations 2 (1977), n° 5, 439-497.

(10) D. ROBERT, Propriétés spectrales d'opérateurs pseudo-différentiels, (à paraître).

UNIVERSITE DE NANTES
Institut de Mathématiques et d'Informatique
B. P. 1044 - 44072 NANTES CEDEX

PROPAGATION ET REFLEXION DE LA PROPRIETE DE TRANSMISSION DES DISTRIBUTIONS DE FOURIER

par

A. PIRIOU

§1. - INTRODUCTION

Considérons, par exemple, la solution fondamentale A du problème mixte intérieur de Cauchy-Dirichlet pour l'opérateur des ondes

$$P = D_t^2 - \sum_{j=1}^{n} D^2_{y_j^2}$$

dans le cylindre $\mathbb{R}^+ \times \Omega$, où Ω est un ouvert borné régulier strictement convexe de $\mathbb{R}^n$:

$$\begin{cases} PA = 0 \\ A_{|t=o} = 0 \\ D_t A_{|t=o} = \delta_{y_o} \quad (y_o \in \Omega) \\ A_{|\mathbb{R}^+ \times \partial\Omega} = 0 \end{cases}$$

On sait que WFA est invariant par le flot bicaractéristique brisé (par réflexions successives sur $\mathbb{R}^+ \times \partial\Omega$) de P (cf. ([11]), ([10]), ([3]), ([12])) et que, pour $t > 0$ petit, A coïncide avec la solution fondamentale directe E de P, dont les lacunes sont bien connues : en particulier, si S est le cône de lumière $\{t = |y - y_o|, t > 0\}$, on sait que, pour $t > 0$ assez petit, A est C^∞ jusqu'au bord de part et d'autre de S lorsque n est impair, et C^∞ jusqu'au bord uniquement du côté extérieur à S (en fait nulle de ce côté) lorsque n est pair. La propagation et la réflexion de telles propriétés de régularité jusqu'au bord ont été étudiées par Hirschowitz et Piriou ([8]). On se propose ici de généraliser les théorèmes correspondants de ([8]) à des cas plus généraux pour des opérateurs à caractéristiques réelles de multiplicité constante vérifiant la condition de Lévi, en utilisant les propriétés de propagation et de réflexion de la régularité établies par Chazarain (([2]), ([4])) pour de tels opérateurs.

L'auteur remercie J. Chazarain et A. Hirschowitz pour l'interêt qu'ils ont porté à ce travail.

§2. - RAPPEL SUR LA PROPRIETE DE TRANSMISSION (cf. ([7]), ([8]))

Soient X une variété C^∞, T_o^*X son fibré cotangent privé de la section nulle, Λ une sous-variété lagrangienne conique de T_o^*X ; on suppose Λ <u>symétrique</u>, c'est-à-dire invariante par la symétrie antipodale ℓ définie par $\ell(x,\xi) = (x,-\xi)$.

On appelle $S\Lambda$ la projection de Λ sur le fibré S^*X en sphères cotangentes et $\mathbb{P}\Lambda$ sa projection sur le fibré $\mathbb{P}^*X$ en espaces projectifs cotangents ; les projections naturelles sont systématiquement notées π. Pour $m \in \mathbb{R}$, $I^m(X,\Lambda)$ désigne l'espace des distributions de Fourier dans X de degré m associées à Λ, classiques en ce sens qu'elles sont définies par des symboles admettant des développements asymptotiques en somme de composantes homogènes de degrés décalés d'entiers.

On note $\mathcal{J}_\Lambda^m$ le faisceau sur $S\Lambda$ des microfonctions correspondantes.

Appelons <u>indice</u> sur Λ une fonction $\omega : S\Lambda \to \mathbb{R}/4\mathbb{Z}$ antisymétrique telle que :

> si $\varphi(x,\theta)$ est une phase non dégénérée définissant localement Λ, alors $\omega(\lambda) + \operatorname{sgn} \varphi''_{\theta\theta}(x,\theta)$ est localement constante (pour $\varphi'_\theta(x,\theta) = 0$, $\lambda = (x, \varphi'_x(x,\theta))$.

Pour $d \in \mathbb{R}$, posons

$$\mathcal{J}_{\Lambda,d} = \bigcup_{k\in\mathbb{Z}} \mathcal{J}_\Lambda^{d+k} \quad \text{et} \quad \rho = (d,\omega) .$$

On définit (cf. ([8]), et aussi ([7]) avec un décalage dans la notation d) le morphisme involutif ℓ_ρ du faisceau (sur $\mathbb{P}\Lambda$) $\pi_*\mathcal{J}_{\Lambda,d}$. Il peut être caractérisé par la propriété suivante :

> si une section $\mathcal{A}$ de $\pi_*\mathcal{J}_{\Lambda,d}$ est représentée par une intégrale oscillante $\int e^{i\varphi(x,\theta)}a(x,\theta)d\theta$, où φ est une phase antisymétrique dans un cône symétrique de $X \times (\mathbb{R}^N|0)$, et où $a(x,\theta) \sim \sum_j a_j(x,\theta)$ avec $a_j(x,\theta)$ homogène de degré $\delta-j$ en θ $(\delta = d + n/4 - N/2)$, alors $\ell_\rho\mathcal{A}$ est représentée par $\int e^{i\varphi(x,\theta)}b(x,\theta)d\theta$, où $b(x,\theta) \sim \sum_j b_j(x,\theta)$ et $b_j(x,-\theta) = (-1)^j e^{i\pi(\omega(\lambda)+\operatorname{sgn}\varphi''_{\theta\theta}(x,\theta))/2} a_j(x,\theta)$.

Une section $\mathcal{A}$ de $\pi_*\mathcal{J}_{\Lambda,d}$ est dite de ρ-<u>transmission</u> si $\ell_\rho\mathcal{A} = \mathcal{A}$; une distribution $A \in I^{d+k}(X,\Lambda)$ est dite de ρ-transmission si la microfonction $\mathcal{A}$ définie par A est de ρ-transmission ; cette définition est voisine de la définition des intégrales oscillantes couplées donnée par Gärding ([6]). Rappelons quelques propriétés de ℓ_ρ :

(1) Soit P un opérateur différentiel dans X. Alors $P\ell_\rho = \ell_\rho P$.

(2) Soient Y une hypersurface (lisse) de X et γ l'opérateur de restriction à Y ; on sait que γ est un opérateur intégral de Fourier pour la relation canonique R de T_o^*X dans T^*Y définie par $R = \{(\mu,\lambda) \in T^*Y \times T_o^*X \mid \lambda \in T_o^*X_{|Y} , \mu = \pi\lambda\}$, où $\pi : T^*X_{|Y} \to T^*Y$ est la projection. Supposons vérifiées les hypothèses standard

de composition (cf. ([5])) pour $R \circ \Lambda$. Alors $\gamma \ell_\rho = \ell_{\rho_0}\gamma$, où $\rho_0 = (d + \frac{1}{4}, \omega_0)$ et où ω_0 est l'indice sur $R \circ \Lambda = \Lambda_0$ défini par la condition : $\omega_0(\pi\lambda) = \omega(\lambda)$ lorsque $\lambda \in \Lambda_{|Y}$ (on suppose que $\omega(\lambda)$ ne dépend pas du relèvement λ choisi pour $\pi\lambda$).

(3) Prenons en particulier $\Lambda = N_S$, où S est une hypersurface (lisse) de X et N_S son fibré conormal privé de la section nulle. Pour des coordonnées locales de X telles que $S = \{x \in \mathbb{R}^n \mid x_n = 0\}$, appellons ω la valeur de $\omega(\lambda)$ correspondant à $\xi_n > 0$. En posant $\delta = d + n/4 - 1/2$ on vérifie que les distributions de ρ-transmission sont les distributions qui, modulo $C^\infty(X)$, s'écrivent localement

$f(x)Y(x_n) + g(x)D^\mu\delta(x_n)$ avec $f,g \in C^\infty$ et $\mu \in \mathbb{N}$ lorsque $\delta \in \mathbb{Z}$, $\omega + 2\delta = 0$

$f(x)x_{n\pm}^\mu$ avec $f \in C^\infty$, $\mu - \delta \in \mathbb{Z}$ lorsque $\delta \notin \mathbb{Z}$, $\pm\omega + 2\delta = 0$.

Il y a donc régularité C^∞ jusqu'au bord de part et d'autre de S dans le premier cas, et régularité C^∞ jusqu'au bord du côté $\pm x_n > 0$ de S dans le second cas. De telles propriétés de transmission sont par exemple vérifiées, du moins pour $t > 0$ petit, par la solution fondamentale directe d'un opérateur du type des ondes itéré à coefficients variables selon que la dimension d'espace est impaire ou paire.

§3. - PROPAGATION DE LA PROPRIETE DE TRANSMISSION

Soit P un opérateur differentiel dans X de degré M , à symbole principal réel p . On suppose que P est à caractéristiques réelles de multiplicité constante, c'est-à-dire que

$$p = \prod_{j=1}^{J} p_j^{r_j}$$

où les r_j sont des entiers positifs et les p_j des symboles réels de type principal tels que les variétés $p_j^{-1}(o)$ soient deux à deux disjointes. On définit le champ bicaractéristique H_p de p par $H_p = H_{p_j}$ sur $p_j^{-1}(o)$. On suppose que P vérifie la <u>condition de Lévi</u> (cf. ([1]), ([2])).

THEOREME 1. - <u>Soit Λ une sous-variété lagrangienne conique de T_o^*X contenue dans $p^{-1}(o)$. Soit au voisinage de $S\Lambda$ une microfonction $\mathcal{A}$ telle que $P\mathcal{A} = 0$. Alors, pour $m \in \mathbb{R}$,</u>

(4) <u>l'ensemble des $\lambda \in \Lambda$ tels que $\mathcal{A}$ soit une section de $\mathcal{J}_\Lambda^m$ au voisinage de $\pi\lambda$ est invariant par H_p .</u>

<u>On suppose de plus Λ symétrique ; soit ω un indice sur Λ . Alors, pour $d \in \mathbb{R}$,</u>

(5) <u>l'ensemble des $\lambda \in \Lambda$ tels que $\mathcal{A}$ soit une section de (d,ω)-transmission de $\pi_* \mathcal{J}_{\Lambda,d}$ au voisinage de $\pi\lambda$ est invariant par H_p .</u>

<u>Démonstration</u> : Soient $\lambda_0 \in \Lambda$ et V_o un germe d'hypersurface conique de Λ

transverse en λ_o à H_p. Supposons $\lambda_o \in p_j^{-1}(o)$. Soit au voisinage de λ_o un symbole elliptique homogène de degré : 1 - degré p_j ; posons $q = ep_j$, et appelons ψ^s le flot de H_q. Soit $I =]-\varepsilon,\varepsilon[$ tel que $\overline{\psi} : (\lambda,s) \to \psi^s(\lambda)$ soit un difféomorphisme (homogène de degré 1 en λ) de $V_o \times I$ sur un voisinage (conique) V de λ_o dans Λ. Soit J un sous-intervalle ouvert de I, et soit $W = \overline{\psi}(V_o \times J) \subset V$.

(6) LEMME. - Soit $u \in \mathcal{J}_\Lambda^m(V)$. Alors $Pu \in \mathcal{J}_\Lambda^{m+M-r_j}(V)$, et son symbole principal est de la forme $\mathcal{L}\sigma$, où σ est le symbole principal de u et $\mathcal{L}$ un opérateur différentiel linéaire ordinaire de degré r_j le long des bicaractéristiques de p_j, indépendant de u.

Ce lemme se déduit de ([1]), ([2]) et du fait que $V \subset p_j^{-1}(o)$.

(7) LEMME. - Soit $u \in \mathcal{J}_\Lambda^m(W)$ telle que $Pu = 0$. Alors u se prolonge d'une façon unique en $\tilde{u} \in \mathcal{J}_\Lambda^m(V)$ vérifiant $P\tilde{u} = 0$.

En effet, soit $\sigma_o \in C^\infty(W, \Omega_{1/2} \otimes L)$ le symbole principal de u (σ_o est homogène de degré $m + n/4$). Le lemme (6) montre que $\mathcal{L}\sigma_o = 0$ dans W ; d'après les propriétés classiques des équations différentielles linéaires ordinaires, σ_o se prolonge en $\tilde{\sigma}_o \in C^\infty(V, \Omega_{1/2} \otimes L)$ homogène de degré $m + n/4$ tel que $\mathcal{L}\tilde{\sigma}_o = 0$ dans V. Soit $\tilde{u}_o \in \mathcal{J}_\Lambda^m(V)$ de symbole principal $\tilde{\sigma}_o$. On a $u - \tilde{u}_o \in \mathcal{J}_\Lambda^{m-1}(W)$ et $P\tilde{u}_o \in \mathcal{J}_\Lambda^{m'-1}(V)$ où $m' = m + M - r_j$; soit σ_1 le symbole principal de $u - \tilde{u}_o$. ; on a $\mathcal{L}\sigma_1 = f$ dans W, où $f \in C^\infty(V, \Omega_{1/2} \otimes L)$ est le symbole principal de $-P\tilde{u}_o$; σ_1 se prolonge en $\tilde{\sigma}_1 \in C^\infty(V, \Omega_{1/2} \otimes L)$ tel que $L\tilde{\sigma}_1 = f$ dans V ; on détermine ainsi de proche en proche des $u_k \in \mathcal{J}_\Lambda^{m-k}(V)$ de symbole principal $\tilde{\sigma}_k$ $(k \in \mathbb{N})$, et on prend $\tilde{u} \sim \sum_k \tilde{u}_k$. L'unicité de $\tilde{u}$ résulte du théorème de propagation de la régularité (cf. ([2]), th. 1.1).

Le lemme (7) et un argument de connexité impliquent (4).

Pour démontrer (5), considérons $\lambda \in \Lambda$ tel que $\mathcal{A}$ soit une section de (d,ω)-transmission de $\pi_* \mathcal{J}_{\Lambda,d}$ au voisinage de $\pi\lambda$. D'après (4), $\mathcal{A}$ est une section de $\pi_* \mathcal{J}_{\Lambda,d}$ dans $\pi\mathcal{V}$, où $\mathcal{V}$ est un voisinage conique symétrique de la bicaractérisation b issue de λ. Or, d'après (1), on a $P(\ell_\rho \mathcal{A} - \mathcal{A}) = \ell_\rho P\mathcal{A} - P\mathcal{A} = 0$; puisque $\ell_\rho \mathcal{A} - \mathcal{A}$ est nulle par hypothèse au voisinage de chaque point de $\pi\lambda$, le théorème de propagation de la régularité montre que $\ell_\rho \mathcal{A} - \mathcal{A}$ est nulle au voisinage de chaque point de πb.

REMARQUE 1. - Le théorème 1 se généralise immédiatement au cas où P est pseudo-différentiel (pour (4)) et où P est pseudo-différentiel de transmission (pour (5)).

§4. - REFLEXION DE LA PROPRIETE DE TRANSMISSION

On reprend l'opérateur différentiel P considéré au début du paragraphe précédent. Soient Y une hypersurface de X et $\mu_o = (y_o,\eta_o)$ un point de T_o^*Y. On suppose que Y est non caractérisitque pour P en y_o, et que $p^{-1}(o) \cap \pi^{-1}\mu_o$ est non vide

($\pi : T^*X_{|Y} \to T^*Y$ est la projection). On pose $p^{-1}(o) \cap \pi^{-1}\mu_o = \{\lambda_1,\dots,\lambda_k\}$ et on suppose que $H_{p_{-1}}$ est transverse à $T^*X_{|Y}$ en λ_j $(j = 1,\dots,k)$. Si j' est l'indice tel que $\lambda_j \in p_{j'}^{-1}(o)$, on pose $r_{j'} = s_j$.

Le théorème 2 ci-dessous est, comme le théorème 1, composé de deux parties : l'une décrit la réflexion de la propriété, pour une distribution, d'être de Fourier ; l'autre d'écrit la réflexion de la propriété de transmission. Il sera sous-entendu que toutes les variétés lagrangiennes sont coniques pour la première partie, et de plus symétriques pour la seconde.

Soit Λ_o un germe en μ_o de sous-variété lagrangienne de T_o^*Y ; on appelle C la relation bicaractérisitque de P, et R la relation canonique correspondant à l'opérateur γ de restriction à Y (cf. (2)). Soit Λ_j $(j = 1,\dots,k)$ le germe en λ_j de $C \circ R^{-1} \circ \Lambda_o$, et définissons la sous-variété lagrangienne Λ de T_o^*X par $\Lambda = \bigcup_{j=1}^{k} \Lambda_j$. Notons que $R \circ \Lambda = \Lambda_o$; si ω_o est un indice sur Λ_o, on définit l'indice ω sur Λ par $\omega(\lambda) = \omega_o(\pi\lambda)$ pour $\lambda \in \Lambda_{|Y}$.

Soient $\tilde{G}$ un voisinage de y_o dans X, et G son intersection avec un des demi-espaces ouverts délimités par Y dans X.

Soit $A \in \mathcal{D}'(G)$ prolongeable à $\tilde{G}$ et telle que $PA \in C^\infty(\overline{G})$. Fixons un champ ν sur X transverse à Y, et appelons $\gamma_j A = \gamma(\nu^j A)$ la $j^{\text{ième}}$ trace de A sur $G_o = \tilde{G} \cap Y$. On désigne par $\mathcal{A}$ la microfonction définie par A.

THEOREME 2. - <u>Soit</u> $k_o \in \{0,\dots,k\}$. <u>On suppose que</u> $WFA \subset \Lambda_{|G}$.
<u>On suppose que</u> $\mathcal{A}$ <u>est une section de</u> $\mathcal{J}_\Lambda^m$ <u>au voisinage de chaque point de</u> $S\Lambda_{j|G}$ <u>pour</u> $1 \leq j \leq k_o$, <u>et que</u> $\gamma_j A \in C^\infty(G_o)$ <u>pour</u> $0 \leq j \leq m_2 + m'/2 - 1$, <u>où on a posé</u> $m_1 = s_1 + \dots + s_{k_o}$, $m_2 = s_{k_o+1} + \dots + s_k$, $m' = M - m_1 - m_2$. <u>Alors</u>

(8) $\mathcal{A}$ <u>est une section de</u> $\mathcal{J}_\Lambda^{m+s_j-1}$ <u>au voisinage de chaque point de</u> $S\Lambda_{j|G}$ <u>pour</u> $k_o + 1 \leq j \leq k$.

<u>On suppose de plus</u> $m' = 0$ <u>et que</u> $\mathcal{A}$ <u>est de</u> (d,ω)-<u>transmission au voisinage de chaque point de</u> $S\Lambda_{j|G}$ <u>pour</u> $1 \leq j \leq k_o$. <u>Alors</u>

(9) $\mathcal{A}$ <u>est de</u> (d,ω)-<u>transmission au voisinage de chaque point de</u> $S\Lambda_{j|G}$ <u>pour</u> $k_o + 1 \leq j \leq k$.

<u>Démonstration</u> : On peut supposer $Y = \{x = (t,y) \in \mathbb{R}^n \mid t = 0\}$, $G = \{t > 0\}$, $\nu = \frac{\partial}{\partial t}$. Par hypothèse, pour (t,y,η) dans un voisinage conique symétrique de (o,y_o,η_o), on a

$$p(t,y,\tau,\eta) = \prod_{j=1}^{k} (\tau - v_j(t,y,\eta))^{s_j} q(t,y,\tau,\eta) ,$$

où q est un polynôme en τ de degré m' sans zéro réel, et où

(10) les $v_j(t,y,\eta)$ sont réels, deux à deux distincts, homogènes de degré 1 en η.

Prolongeons les v_j à $\mathbb{R} \times T_o^* Y$ en conservant (10). On sait (cf. ([10]), ([4])) qu'on peut factoriser P en

(11) $$P = H_1 Q H_2 + R$$

où H_1, H_2, Q, R sont des opérateurs pseudo-différentiels de degrés m_1, m_2, m', m différentiels en t , H_1 ayant pour symbole principal

$$\prod_{j=1}^{k_o} (\tau - v_j(t,y,\eta))^{s_j} ,$$

H_2 ayant pour symbole principal

$$\prod_{j=k_o+1}^{k} (\tau - v_j(t,y,\eta))^{s_j} ,$$

H_1 et H_2 vérifiant encore la condition de Lévi, où le reste R est de la forme

(12) $$\sum_{j=0}^{M-1} R_j(t,y,D_y) D_t^j ,$$

le symbole complet de R_j étant d'ordre $-\infty$ dans un voisinage conique symétrique Γ de (o,y_o,η_o) et où Q est elliptique dans $\Gamma \times \mathbb{R}$.

Posons

$$\Lambda^1 = \bigcup_{j=1}^{k_o} \Lambda_j , \quad \Lambda^2 = \bigcup_{j=k_o+1}^{k} \Lambda_j , \quad PA = f , \text{ et}$$

(13) $$B = QH_2 A .$$

On a donc, d'après (11), $H_1 B = f - RA$. Posons $g_j = (D_t^j B)_{|\, t=T}$ où $T > 0$ est choisi assez petit. Par existence et unicité de la solution du problème de Cauchy pour H_1 (avec données initiales pour $t = T$) (cf. ([1])), on a $B = B' + B''$, où B' est la solution de $H_1 B' = 0$, $(D_t^j B')_{|\, t=T} = g_j$ $(j = 0,\dots,m_1-1)$ et où B'' est la solution de $H_1 B'' = f - RA$, $(D_t^j B'')_{|\, t=T} = 0$ $(j = 0,\dots,m_1-1)$. D'après (12) et ([4]) on sait que B'' est <u>régulière en</u> μ_o , en ce sens que $a(y,D_y)B'' \in C^\infty$ lorsque le symbole complet de $a(y,D_y)$ est à support dans un voisinage conique assez petit de (y_o,η_o) ou de $(y_o,-\eta_o)$.

On en déduit que la microfonction $\mathcal{B}''$ définie par B'' est nulle dans un voisinage conique symétrique V de $\{\lambda_1,\dots,\lambda_k\}$, et donc que $\mathcal{B}' \in \mathcal{J}^{m+m'+m_2}(S\Lambda^1_{|G} \cap V)$ (cf. (13)).

Puisque $H_1 B' = 0$, le théorème 1 de propagation montre qu'on peut encore décomposer B en

(14) $$B = B' + B'' , \text{ avec } B' \in I^{m+m'+m_2}(\tilde{G},\Lambda) , \quad B'' \text{ régulière en } \mu_o .$$

Posons maintenant

(15) $$H_2 A = C .$$

D'après (13), (14) et l'hypothèse sur les traces de A (on appelle que degré $H_2 = m_2$) on obtient

$$\begin{cases} QC = B' + B'' \\ \gamma_j C \in C^{\infty} \quad \text{pour} \quad 0 \leq j \leq m'/2 - 1 . \end{cases}$$

Soit E une paramètrix microlocale de Q (on rappelle que Q est elliptique dans $\Gamma \times \mathbb{R}$). Posons $C - (EB')_{|G} = D$; alors

$$\begin{cases} QD \text{ est régulière en } \mu_0 \\ \gamma_j D \in I^{m+m_2+j+1/4}(G_0,\Lambda_0) \quad \text{pour} \quad 0 \leq j \leq m'/2 - 1 . \end{cases}$$

D'après la théorie (microlocale) du projecteur de Caldéron, on en déduit que la microfonction définie par $\gamma_j D$, et donc aussi la microfonction définie par $\gamma_j C$ est, pour tout $j \in \mathbb{N}$, une section de $\mathcal{J}_{\Lambda_0}^{m+m_2+j+1/4}$ au voisinage de $\pi\mu_0$. En calculant de proche en proche les traces de A à l'aide de l'équation (15) (on rappelle que $\gamma_j A \in C^{\infty}$ pour $0 \leq j \leq m_2 - 1$) on obtient alors que

(16) | la microfonction définie par $\gamma_j A$ est, <u>pour tout</u> $j \in \mathbb{N}$, une section de $\mathcal{J}_{\Lambda_0}^{m+j+1/4}$ au voisinage de $\pi\mu_0$.

En considérant une factorisation analogue à (11) :

$$\tilde{P} = \tilde{H}\tilde{Q} + \tilde{R} \quad (\text{degré } \tilde{H} = m_1 + m_2 , \quad \text{degré } \tilde{Q} = m')$$

et en posant

(17) $$\tilde{Q}A = U$$

il vient $\begin{cases} \tilde{H}\tilde{U} = f - \tilde{R}A \\ \gamma_j U = \tilde{g}_j' + \tilde{g}_j'' \quad (0 \leq j \leq m_1 + m_2 - 1) \end{cases}$

où, d'après (16), $\tilde{g}_j' \in I^{m+m'+j+1/4}(G_0,\Lambda_0)$, $\tilde{g}_j''$ régulière en μ_0 .

On sait (cf. ([1]), ([2])) que la solution U de ce problème de Cauchy est, modulo une distribution régulière en μ_0 , de la forme

$$\sum_{j=1}^{k} U_j \ , \text{ avec } \ U_j \in I^{m+m'+sj-1}(\tilde{G},\Lambda_j) \ .$$

D'où (8) grâce à (17) puisque $\tilde{Q}$ est elliptique de degré m' dans $\Gamma \times \mathbb{R}$.

Plaçons-nous enfin sous les hypothèses de (9). Puisque $m' = 0$, on peut prendre $\tilde{Q} = I$, $U = A$ dans le raisonnement précédent, qui montre alors que $A = A'_{|G} + A''$, où $\mathcal{A}'$ est une section de $\pi_* \mathcal{J}_{\Lambda,d}$ et où A'' est régulière en μ_0 .

En posant $\rho = (d,\omega)$, on définit naturellement (modulo $C^{\infty}(\tilde{G})$) la distribution $\ell_\rho A'$ à partir de la microfonction $\ell_\rho \mathcal{A}'$. On a (cf. (1), (2))

$$\begin{cases} P(\ell_\rho A' - A') \equiv \ell_\rho PA' - PA' & \text{régulière en } \mu_o \\ \gamma_j(\ell_\rho A' - A') \equiv \ell_{\rho_o}\gamma_j A' - \gamma_j A' & \text{régulière en } \mu_o \quad \text{pour} \quad 0 \leq j \leq m_2 - 1 \ . \end{cases}$$

Or, par hypothèse, $WF(\ell_\rho A' - A')$ ne rencontre pas $\Lambda^1_{|G} \cap (\Gamma \times \mathbb{R})$, où Γ est un voisinage conique symétrique de (o, y_o, η_o) . Le théorème de réflexion de la régularité (cf. [4]) montre alors que $\ell_\rho A' - A'$ est régulière en μ_o , ce qui implique (9).

REMARQUE. - On peut étendre le théorème 2 au cas des conditions au bord plus générales considérées par Majda, Osher [9] et, sous l'hypothèse des caractéristiques réelles simples, au cas des systèmes considérés par Taylor [12]. La généralisation du résultat (9) concernant la réflexion de la propriété de transmission au cas $m' > 0$ n'est pas évidente puisque les opérateurs pseudo-différentiels sur Y intervenant dans le projecteur de Caldéron ne conservent pas la transmission.

EXEMPLE. - Soit S_1 un germe en $y_o \in Y$ d'hypersurface de X tel que $N_{S_1} \subset p^{-1}(o)$.

On suppose H_p transverse à $T^*X_{|Y}$ en $\lambda_1 = (y_o, \xi_1) \in N_{S_1}$; soit $\mu_o = \pi\lambda_1$; on suppose $k = 2$ et H_p transverse à $T^*X_{|Y}$ en λ_2 . On prend $\Lambda_o = R \circ N_{S_1}$; on vérifie que $\Lambda_o = N_{S_o}$, où S_o est une hypersurface de Y , et que $\Lambda = N_{S_1} \cup N_{S_2}$ où S_2 est un germe en y_o d'hypersurface de X . Si ω_1 est un indice sur $\Lambda_1 = N_{S_1}$, on définit l'indice ω_o sur N_{S_o} et l'indice ω_2 sur $\Lambda_2 = N_{S_2}$ par $\omega_1(\lambda_1) = \omega_o(\mu_o) = \omega_2(\lambda_2)$; ω est alors l'indice sur Λ défini par $\omega = \omega_j$ sur Λ_j $(j = 1,2)$. Quand on applique le théorème 2 dans ce cas pour $k_o = 1$ lorsque (d,ω) est d'un type (4) sur N_{S_1} , on obtient les réflexions de comportement au bord schématisées ci-dessous :

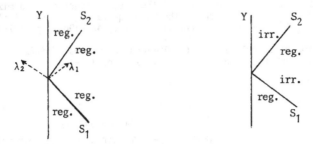

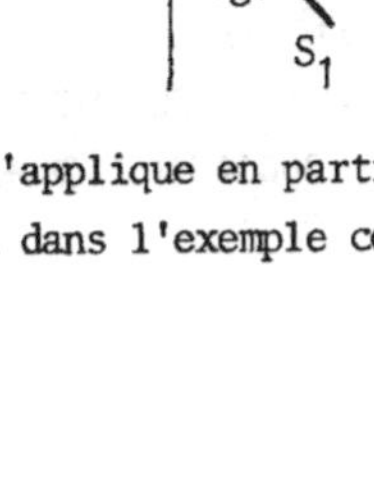

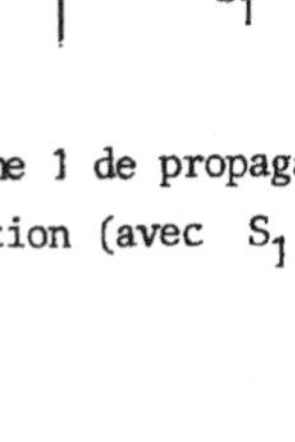

Ceci s'applique en particulier, grâce au théorème 1 de propagation, à la première réflexion dans l'exemple considéré dans l'introduction (avec $S_1 = S$) .

BIBLIOGRAPHIE

(1) CHAZARAIN, Opérateurs hyperboliques à caractéristiques de multiplicité constante, Ann. Inst. Fourier 24 (1974), p. 173-202.

(2) CHAZARAIN, Propagation des singularités pour une classe d'opérateurs à caractéristiques multiples et résolubilité locale, Ann. Inst. Fourier 24 (1974), p. 203-223.

(3) CHAZARAIN, Paramètrix du problème mixte pour l'équation des ondes à l'intérieur d'un domaine convexe pour les bicaractéristiques, Soc. Math. France, Astérisque 34-35 (1976), p.165-181.

(4) CHAZARAIN, Reflexion of C^∞ singularities for a class of operators with multiple characteristics, Publ. R.I.M.S., Kyoto Univ. 12 supplement (1977), p. 39-52.

(5) DUISTERMAAT, Fourier integral operators, Courant Institute of Math. Sc., New-York University, (1973).

(6) GÅRDING, Sharp Front of Paired oscillatory integrals, Publ. R.I.M.S., Kyoto Univ. 12 supplement (1977), p. 53-68.

(7) HIRSCHOWITZ, PIRIOU, La propriété de transmission pour les distributions de Fourier ; applications aux lacunes, Séminaire Goulaouic-Schwartz (1976-77), exposé n° 14.

(8) HIRSCHOWITZ, PIRIOU, La propriété de transmission pour les distributions intégrales de Fourier, (à paraître).

(9) MAJDA, OSHER, Reflection of singularities at the boundary, comm. Pure Appl. Math. 28 (1975), p. 479-499.

(10) NIRENBERG, Lectures on linear partial differential equations, Regional Conf. series in Math. n° 17, A. M. S. (1973).

(11) POUZNER, SUKHARREVSKII, Discontinuities of the Green's fonction of a mixed problem for a mixed problem for the wave equation, Mat. Sb. 51 (1960), p. 3-26, Amer. Math. Soc. Transl., ser. 2, 47 (1965), p. 131-156.

(12) TAYLOR, Reflection of singularities of solutions to systems of differential equations, Comm. Pure Appl. Math. 28 (1975), p. 457-478.

Université de Nice

INSTITUT DE MATHEMATIQUES ET SCIENCES PHYSIQUES

Parc Valrose - 06034 NICE CEDEX

SUR CERTAINS COMPLEXES D'OPERATEURS PSEUDODIFFERENTIELS

J. SJOSTRAND *

1. INTRODUCTION.

Soit P un opérateur pseudodifférentiel. Si on pouvait construire $\exp(-itP)$, $t \in [0,\infty[$ on pourrait espérer avoir une paramétrixe de la forme $E = i\int_0^\infty \exp(-itP)dt$. Cette idée a été développée en détail pour certains opérateurs dans Melin-Sjöstrand [7], voir aussi Kucherenko [5], Helffer [3], Menikoff-Sjöstrand [8]. Une autre idée basée sur division (également esquissée dans l'introduction de [7]) est de construire une famille d'opérateurs π_z, $z \in \mathbb{C}$ (ou bien $z \in \mathbb{R}$) telle que $P\pi_z = z\pi_z$, $\int \pi_z ds \wedge \overline{dz} = I$. On aurait alors la paramétrixe à droite : $E = \int_{\mathbb{C}} \frac{1}{z}\pi_z dz \wedge \overline{dz}$ (ou bien $E = \int_{\mathbb{R}} \frac{1}{(z \pm io)} \pi_z dz$).

Sans trop de travail supplémentaire cette deuxième idée permet également de traiter certains complexes d'opérateurs pseudo différentiels et le but de cet exposé est de décrire cette construction. Les détails paraîtront sans doute ailleurs.

Malheureusement nos constructions sont seulement microlocales. Il doit être possible de développer un calcul global pour des distributions qui microlocalement sont de la forme $\int_{\mathbb{R}^k} g(\alpha) U_\alpha d\alpha$ où U_α est une famille lisse de distributions intégrales de Fourier et $g(\alpha) \in \mathcal{D}'(\mathbb{R}^n)$ est singulière à l'origine seulement. Avec un tel calcul les constructions ci-dessous se simplifieraient probablement beaucoup et on aurait également des résultats globaux.

2. LE RESULTAT.

Soit X une variété C^∞ de dimension n et soit $\rho_0 \in T^*X \setminus 0$ un point fixé. Dans la suite toutes les hypothèses et résultats seront valables seulement microlocalement

* Supported in part by the NSF grant MCS 76 - 04 972

dans un voisinage de ρ_o. La terminologie sera la même que dans [6].

Soient $P_1,..,P_d \in L^m_c(X)$ des opérateurs classiques de symboles principaux $p_1,..,p_d$ tels que $p_j(\rho_o)=0$, $1\leqslant j\leqslant d$. On suppose

(2.1) $dp_1,..,dp_d,\overline{dp}_1,..,\overline{dp}_d$ sont indépendantes.

(2.2) Il existe des opérateurs $A^\nu_{j,k}\in L^{m-1}_c$ tels que pour tous j,k :

$$[P_j,P_k]\equiv \sum_1^d A^\nu_{j,k}P_\nu \qquad \text{(microlocalement au voisinage de } \rho_o).$$

On peut alors construire un complexe pseudodifférentiel :

$$(2.3)\qquad 0\longrightarrow \mathcal{D}'(X)\overset{\mathcal{P}_1}{\longrightarrow}\mathcal{D}'(X;\wedge^1\mathbb{C}^d)\overset{\mathcal{P}_2}{\longrightarrow}\cdots\overset{\mathcal{P}_d}{\longrightarrow}\mathcal{D}'(X;\wedge^d\mathbb{C}^d)\longrightarrow 0$$

tel que

$$(2.4)\qquad \mathcal{P}_1\equiv\sum_{j=1}^d e_j\wedge P_j \ ,$$

$$(2.5)\qquad \mathcal{P}_k\equiv\sum_{j=1}^d e_j\wedge P_j \quad \bmod\ L^{m-1}_c$$

$$(2.6)\qquad \mathcal{P}_{k+1}\circ\mathcal{P}_k\equiv 0$$

Ici $e_1,..,e_d$ est la base habituelle de $\mathbb{C}^d$, et $e_j\wedge P_j$ est défini par :

$$e_j\wedge P_j(u(x)e_{j_1}\wedge\cdots\wedge e_{j_k})=P_j(u)e_j\wedge e_{j_1}\wedge\cdots\wedge e_{j_k}.$$

Modulo des équivalences de la forme :

$$\begin{array}{ccccccc}
0\longrightarrow & \mathcal{D}'(X) & \overset{\mathcal{P}_1}{\longrightarrow} & \mathcal{D}'(X;\wedge^1\mathbb{C}^d) & \overset{\mathcal{P}_2}{\longrightarrow} & \mathcal{D}'(X;\wedge^2\mathbb{C}^d) & \longrightarrow\cdots\\
 & \downarrow I & & \downarrow \mathcal{A}_1 & & \downarrow \mathcal{A}_2 & \\
0\longrightarrow & \mathcal{D}'(X) & \overset{\mathcal{P}'_1}{\longrightarrow} & \mathcal{D}'(X;\wedge^1\mathbb{C}^d) & \overset{\mathcal{P}'_2}{\longrightarrow} & \mathcal{D}'(X;\wedge^2\mathbb{C}^d) & \longrightarrow
\end{array}$$

, où les $\mathcal{A}_k$ sont élliptiques, le complexe (2.3) est unique. En effet il dépend seulement de l'idéal à gauche dans $L^\infty_c(X)/L^{-\infty}_c(X)$ engendré par $P_1,..,P_d$. (Voir Boutet-de Monvel [1].)

Soient $\Sigma=\{(x,\xi)\subset T^*X\setminus 0\ ;\ p_j(x,\xi)=0,\ 1\leqslant j\leqslant d\}$,

$$J=\{(x,\xi)\in\widetilde{T^*X\setminus 0}\ ;\ p_j(x,\xi)=0,\ 1\leqslant j\leqslant d\}$$

Alors $\dim_{\mathbb{R}} \Sigma = 2n-2d$, $\dim_{\mathbb{C}} L = 2n-d$, L est une variété involutive. On suppose

(2.7) Il existe une relation canonique, positive

$C_0 \subset \widetilde{T^*X\setminus 0} \times \widetilde{T^*X\setminus 0}$ telle que $C_0 \subset L \times \bar{L}$,

$\mathrm{diag}(\Sigma \times \Sigma) \subset C_0$ et telle que

$|\mathrm{Im}(x,\xi,y,\eta)| \geqslant C \ \mathrm{dist.}((x,\xi,y,\eta),\mathrm{diag.}(\Sigma \times \Sigma))^{1/\delta}$

localement sur C_0, où C et δ sont des constantes positives.

On démontre facilement que C_0 est unique. La condition (2.7) est vérifiée quand la matrice de Lévi : $(\frac{1}{i}\{p_j,\bar{p}_k\})$ est définie positive, mais pas toujours dans le cas semi-défini. (Voir [2].)

Quand $\Omega \subset \mathbb{C}^n$ est pseudoconvexe de la forme $\varphi(z) < 0$, $\varphi \in C^\infty(\mathbb{C}^n;\mathbb{R})$, $d\varphi \neq 0$ sur $X = \partial\Omega$, alors le complexe $\bar{\partial}_b$ vérifie (2.7) sur l'une des composantes de sa variété caractéristique réelle, si et seulement si il existe des constantes positives ; C,δ telles que

(2.8) $|\psi(z,w)| \geqslant C \ \mathrm{dist}((z,w),\mathrm{diag}(X \times X))^{1/\delta}$

pour $(z,w) \in X \times X$ dans un voisinage de $\mathrm{diag}(X \times X)$. Ici $\psi \in C^\infty(\mathbb{C}^n \times \mathbb{C}^n)$ est l'extension de φ de Hörmander telle que : $\psi(z,z) = \varphi(z)$ et $\bar{\partial}_z\psi(z,w)$, $\partial_w\psi(z,w)$ s'annullent à l'ordre infini sur $\mathrm{diag}(\mathbb{C}^n \times \mathbb{C}^n)$.

<u>THEOREME</u>. Sous les hypothèses (2.1),(2.2),(2.7) il existent des opérateurs $\mathcal{E}_j : \mathcal{D}'(X;\wedge^j\mathbb{C}^d) \longrightarrow \mathcal{D}'(X;\wedge^{j-1}\mathbb{C}^d)$, $j=1,..,d$, tels que $WF'(\mathcal{E}_j) \subset \mathrm{diag}((T^*X\setminus 0) \times (T^*X\setminus 0))$ et

(2.9) $\mathcal{P}_j\,\mathcal{E}_j + \mathcal{E}_{j+1}\,\mathcal{P}_{j+1} \equiv I$, $1 \leqslant j \leqslant d$

(2.10) $I - \mathcal{E}_1\,\mathcal{P}_1 \in I_c^0(X;C_0')$.

Donc microlocalement le complexe (2.3) est exact sauf en degrè 0, où un projecteur sur le noyeau de $\mathcal{P}_1$ est donné par un opérateur intégral de Fourier : $I - \mathcal{E}_1\,\mathcal{P}_1$. Pour $\bar{\partial}_b$ on obtient du Théorème un résultat <u>local</u> analogue (sous l'hypothèse (2.8)). Nos constructions sont sans doute assez proches de celles de Henkin [4].

3. ESQUISSE DE LA CONSTRUCTION.

En utilisant seulement (2.2) et le fait que $dp_1,..,dp_d$ sont indépendantes on peut d'abord montrer :

LEMME 3.1. Il existe une matrice elliptique $(A_{j,k})_{1\leq j,k\leq d}$, $A_{j,k} \in L_c^{-m}(X)$ telle que si $Q_j = \Sigma A_{j,k} P_k$ alors pour tous ν,μ ; tout terme homogène dans le développement asymptotique du symbole complet de $[Q_\nu, Q_\mu]$ s'annulle à l'ordre infini sur Σ.

Nous ignorons si l'on peut trouver $A_{j,k}$ tels que $[Q_\nu, Q_\mu] \equiv 0$. Cela n'a pas beaucoup d'importance dans la suite. Néanmoins pour ne pas trop compliquer la terminologie dans cet exposé, nous supposons que l'on peut obtenir $[Q_\nu, Q_\mu] \equiv 0$, $\forall\ \nu,\mu$. Puisque le complexe ne dépend essentiellement que de l'idéal à gauche engendré par $P_1,..,P_d$ nous pouvons remplacer ces générateurs par $Q_1,..,Q_d$. Nous nous sommes donc ramenés au cas où $m = 0$ et

(3.1) $\qquad [P_j, P_k] \equiv 0 \quad , \quad \forall\ j,k.$

Dans ce cas on peut prendre $\mathcal{P}_k = \Sigma\, e_j \wedge P_j$ dans (2.3). Pour $z = (z_1,\dots,z_d) \in \mathbb{C}^d$ dans un voisinage de 0 on pose $\Sigma_z = \{(x,\xi) \in T^*X \setminus 0\ ;\ p_j(x,\xi) = z_j,\ \forall\ j\}$. Alors $\Sigma_0 = \Sigma$. Pour $t = (t_1,\dots,t_d) \in \mathbb{C}^d$ soit $t\mathcal{H}_p = \sum_1^d t_j \mathcal{H}_{p_j}$ le champs Hamiltonien de $\Sigma\, t_j p_j$ et posons (après un choix de représentation locale de $\widetilde{T^*X\setminus 0}$) :

(3.2) $\qquad C_z = \{(\exp t\mathcal{H}_p(\rho))\ ,\exp s\mathcal{H}_{\bar{p}}(\rho));\rho \in \Sigma_z,\ t,s \in \mathbb{C}^d, |t| < \varepsilon, |s| < \varepsilon\}$

Alors C_z est une relation canonique presque analytique invariante par rapport au poids $\mathrm{dist.}((x,\xi,y,\eta),\mathrm{diag}(\Sigma_z \times \Sigma_z))$ au lieu du poids $|\mathrm{Im}(x,\xi,y,\eta)|$ utilisé dans les définitions de [6]. (autrement dit : (3.2) définit seulement un développement de Taylor en chaque point de $\mathrm{diag}(\Sigma_z \times \Sigma_z)$). Pour $z = 0$, on obtient bien la relation canonique de (2.7). Nous ignorons si l'on peut toujours faire la construction de telle façon que les C_z deviennent des relations canoniques positives vérifiant l'inégalité dans (2.7) avec Σ remplacée par Σ_z. Pour éviter certains problèmes techniques dans cet exposé nous supposons que cela est possible. (Voir ci-dessous.)

Notons que les C_z forment une famille lisse non dégénérée au sens de [7] et que la relation canonique associée à cette famille est la relation d'identité.

<u>LEMME</u> 3.2. Il existe une famille lisse et unique ;

$$\pi_z \in I_c^d(X \times X, C_z'), \quad z \in \mathbb{C}^d, \quad |z| < \varepsilon, \quad \text{telle que}$$

$$\int \pi_z dz \wedge \overline{dz} \equiv I \ , \quad (P_j - z_j)\pi_z \equiv 0 \ , \quad \pi_z(P_j^* - \bar{z}_j) \equiv 0.$$

En effet, la première condition détermine le symbole principal de π_z sur $\mathrm{diag}(\Sigma_z \times \Sigma_z)$ et les deux autres conditions fournissent ensuite des équations de transport qui déterminent le symbole principal complètement. Les symboles d'ordre inférieur sont déterminés de la même façon. (Quand on ne suppose pas que les C_z sont positives et presque analytiques au sens habituel, les opérateurs π_z pour $z \neq 0$ seront seulement des objets formels. Néanmoins on peut donner un sens comme opérateur à l'intégrale ci-dessus, ainsi que à toutes les intégrales dans la suite.)

Considérons maintenant le complexe (2.3) comme un opérateur nilpotent $\mathcal{P}$ dans $\mathcal{D}'(X; \overset{d}{\underset{0}{\oplus}} \wedge^j \mathbb{C}^d)$. Nous considérons également π_z comme opérateur dans cet espace. Il sera commode de considérer des formes différentielles u_z en z de type (p,q) dont les coefficients sont des familles lisses d'opérateurs intégraux de Fourier d'ordre m : $\mathcal{D}'(X;\oplus\wedge^j\mathbb{C}^d) \longrightarrow \mathcal{D}'(X;\oplus\wedge^j\mathbb{C}^d)$. Nous écrivons alors : $u_z \in I_c^m(X\times X, C_z'; \wedge^{p,q})$.

Posons $\pi_z^0 = \pi_z dz \wedge \overline{dz} \in I_c^d(X \times X, C_z'; \wedge^{d,d})$.

<u>PROPOSITION</u> 3.3. On peut trouver $\pi_z^j \in I_c^{d-j}(X \times X, C_z'; \wedge^{d,d-j})$, $j=1,2,.,d$ tels que

$$(3.3) \qquad P_k \pi_z^j \equiv z_k \pi_z^j \ , \quad \forall\ j,k$$

$$(3.4) \qquad \bar{\partial}_z \pi_z^1 \equiv \pi_z^0 \mathcal{P} - \mathcal{P} \pi_z^0$$

$$\vdots$$

$$\bar{\partial}_z \pi_z^{j+1} \equiv \pi_z^j \mathcal{P} - (-1)^j \mathcal{P} \pi_z^j$$

$$\vdots$$

De plus (les coefficients de) π_z^j envoient $\mathcal{D}'(X; \wedge^k \mathbb{C}^d)$ dans $\mathcal{D}'(X; \wedge^{k+j}\mathbb{C}^d)$ pour tout k.

Ce résultat découle d'une étude plus systématique du complexe $\bar{\partial}_z$ sur les familles lisses d'O.I.F. Au niveau des symboles principaux $\bar{\partial}_z$ induit un complexe multiplicatif assez simple et on peut montrer

<u>LEMME</u> 3.4. Soit $v_z \in I_c^m(X \times X, C_z'; \wedge^{d,q})$ une famille lisse, $q \geqslant 1$.

Alors il existe $u_z \in I_c^{m-1}(X \times X, C_z'; \wedge^{d,q-1})$ tel que $\bar{\partial}_z u_z \equiv v_z$ si et seulement si $q < d$ et $\bar{\partial} v_z \equiv 0$ ou bien $q = d$ et $\int p(z) v_z \equiv 0$ pour tout polynome $p(z)$.

Si v_z dans le lemme vérifie aussi $P_k v_z \equiv z_k v_z$, $\forall\, k$, on peut choisir u_z avec la même propriété. La Proposition 3.3 résulte facilement de ce lemme. Soit par exemple $v_z = \pi_z^o \mathcal{P} - \mathcal{P}\pi_z^o$, et soit p un polynome. Puisque $P_k \mathcal{P} \equiv \mathcal{P} P_k$ pour tout k, et $P_k \pi_z^o \equiv z_k \pi_z^o$, on obtient $p(z) v_z \equiv p(z)\pi_z^o \mathcal{P} - \mathcal{P} p(z)\pi_z^o \equiv$

$= p(P_1,\dots,P_k)\pi_z^o \mathcal{P} - \mathcal{P} p(P_1,\dots,P_k)\pi_z^o \equiv p(P_1,\dots,P_k)(\pi_z^o \mathcal{P} - \mathcal{P}\pi_z^o)$.

Donc

$\int p(z) v_z \equiv p(P_1,\dots,P_k) \int \pi_z^o \mathcal{P} - \mathcal{P}\pi_z^o \equiv p(P_1,\dots,P_k)(I\mathcal{P} - \mathcal{P}I) \equiv 0$, et grace au lemme 3.4 on peut trouver π_z^1 ....

Pour bien distinguer entre $\wedge^r \mathbb{C}^d$ et $\wedge^{p,q}\mathbb{C}^d$ on modifie maintenant l'écriture ; ainsi entre les espaces $\wedge^r \mathbb{C}^d$ nous utiliserons "$\wedge$" pour désigner le produit extérieur. Donc les $e_{j_1} \wedge \dots \wedge e_{j_r}$, $j_1 < \dots < j_r$ forment une base dans $\wedge^r \mathbb{C}^d$. Dans $\wedge^{p,q} = \wedge^{p,q}\mathbb{C}^d$ le produit extérieur sera désigné par "$\wedge$", ainsi $dz_{j_1} \wedge \dots \wedge dz_{j_p} \wedge d\bar{z}_{k_1} \wedge \dots \wedge d\bar{z}_{k_q}$, $j_1 < \dots < j_p$, $k_1 < \dots < k_q$ forment une base dans $\wedge^{p,q}$. Ces deux produits s'étendent aussi aux produits tensoriels ; ainsi sur $\mathcal{D}'(\mathbb{C}^d; \wedge^{p,q} \otimes \wedge^r)$ nous pouvons définir les opérateurs $D = \Sigma\, e_j \wedge \frac{\partial}{\partial z_j}$, $\partial = \Sigma dz_j \wedge \frac{\partial}{\partial z_j}$, $\bar{\partial} = \Sigma\, dz_j \wedge \frac{\partial}{\partial \bar{z}_j}$ dont les images sont dans $\mathcal{D}'(\mathbb{C}^d; \wedge^{p,q} \otimes \wedge^{r+1})$, $\mathcal{D}'(\mathbb{C}^d; \wedge^{p+1,q} \otimes \wedge^r)$ et $\mathcal{D}'(\mathbb{C}^d; \wedge^{p,q+1} \otimes \wedge^r)$ respectivement.

Le choix de base $e_1,\dots,e_d$ dans $\mathbb{C}^d$ donne une identification de $\wedge^r \mathbb{C}^d$ avec son dual. Si $u \in \wedge^s \mathbb{C}^d$ alors la contraction $u \lrcorner : \wedge^r \mathbb{C}^d \to \wedge^{r-s}\mathbb{C}^d$ est définie comme l'adjoint de la multiplication à gauche avec u ;

$u\wedge : \wedge^{r-s}\mathbb{C}^d \to \wedge^r\mathbb{C}^d$. Si $u,v \in \wedge^1\mathbb{C}^d$ alors

(3.5) $\quad (u\lrcorner)(v\wedge) + (v\wedge)(u\lrcorner) = \langle u,v \rangle I,$

où I est l'identité.

Posons $a(z) = z^2/2$, $b(z) = \ln|z|^2$. Alors

(3.6) $$Da = \Sigma\, z_j e_j, \qquad Db = \Sigma \frac{\overline{z_j}}{|z|^2} e_j.$$

Quand $d \geqslant 2$ on obtient

(3.7) $$\bar\partial Db = \Sigma \frac{1}{|z|^2} e_j \overline{dz_j} - \Sigma\Sigma \frac{\overline{z_j} z_k}{|z|^4} e_j \overline{dz_k} \in \mathcal{D}'(\mathbb{C}^d; \wedge^{0,1} \otimes \wedge^1).$$

Pour $d = 1$ on obtient

(3.8) $$\bar\partial Db = \pi\delta(z_1) e_1 \overline{dz_1},$$

où δ est la masse de Dirac. Pour $d \geqslant 2$ nous avons

(3.9) $$\langle Da, Db \rangle = 1, \quad \langle Da, \bar\partial Db \rangle = \bar\partial(1) = 0,$$

d'où l'on obtient les relations :

(3.10) $$(Da\wedge)(\bar\partial Db\lrcorner) = -(\bar\partial Db\lrcorner)(Da\wedge).$$

(3.11) $$(Da\wedge)(\bar\partial Db^{\lrcorner}_{\wedge}) = -(\bar\partial Db^{\lrcorner}_{\wedge})(Da\wedge).$$

(Ici le "double" produit : "$^{\lrcorner}_{\wedge}$" est le produit tensoriel de "$\lrcorner$" et "$\wedge$".)

Pour $j \leqslant d-1$ les fonctions à valeurs vectorielles ; $(\bar\partial Db^{\lrcorner}_{\wedge})^j$ et $(Db\lrcorner)(\bar\partial Db^{\lrcorner}_{\wedge})^j$ sont intégrables dans un voisinage de l'origine. Donc pour $j \leqslant d-2$ nous avons au sens des distributions :

(3.12) $$\bar\partial[(Db\lrcorner)(\bar\partial Db^{\lrcorner}_{\wedge})^j] = (\bar\partial Db^{\lrcorner}_{\wedge})^{j+1}$$

Pour $j = d-1$ cette formule est valable en dehors de $\{0\}$. Puisque le produit de plus que d contractions consécutives est nécessairement 0, on obtient dans $\mathbb{C}\setminus\{0\}$:

$$0 = (Da\wedge)(Db\lrcorner)(\bar\partial Db^{\lrcorner}_{\wedge})^d = (\bar\partial Db^{\lrcorner}_{\wedge})^d - (Db\lrcorner)(Da\wedge)(\bar\partial Db^{\lrcorner}_{\wedge})^d = (\bar\partial Db^{\lrcorner}_{\wedge})^d - (-1)^d(Db\lrcorner)$$

$$(-1)^d(\bar\partial Db^{\lrcorner}_{\wedge})^d(Da\wedge) = (\bar\partial Db^{\lrcorner}_{\wedge})^d.$$

Donc $\bar\partial[(Db\lrcorner)(\bar\partial Db^{\lrcorner}_{\wedge})^{d-1}]$ s'annule en dehors de $\{0\}$. Il est facile de vérifier que cette distribution à valeurs vectorielles est "une masse de Dirac".

Nous pouvons maintenant donner la formule pour la paramétrixe de $\mathcal{S}$:

$$(3.13)\qquad \mathcal{E} = \sum_{0}^{d-1} h(j)\int (Db^{\lrcorner}\ )(\bar\partial Db^{\lrcorner}_{\wedge}\ )^{j}\pi_z^{j},$$

(Cette intégrale a un sens microlocal, on intègre ici sur un voisinage de 0 dans $\mathbb{C}^d$.) Ici $h(j) = (-1)^{j(j-1)/2}$ de façon que

$$(3.14)\qquad h(j) = (-1)^{j-1}h(j-1),\quad h(0) = 1.$$

Rappelant que $\mathcal{P} \equiv \Sigma\, e_k \wedge P_k$ et que $P_k\pi_z^j \equiv z_k\pi_z^j$ on voit que

$$\mathcal{P}\mathcal{E} \equiv \sum_{0}^{d-1} h(j)\int (Da^{\wedge}\ )(Db^{\lrcorner}\ )(\bar\partial Db^{\lrcorner}_{\wedge}\ )^{j}\pi_z^{j}.$$

Grâce aux (3,10),(3,11) et le fait que $\mathcal{P}\pi_z^j = (Da^{\wedge}\ )\pi_z^j$. On obtient alors

$$(3.15)\qquad \mathcal{P}\mathcal{E} \equiv \sum_{0}^{d-1} h(j)\int (\bar\partial Db^{\lrcorner}_{\wedge}\ )^{j}\pi_z^{j} - \sum_{0}^{d-1} h(j)\int (Db^{\lrcorner}\ )(\bar\partial Db^{\lrcorner}_{\wedge}\ )^{j}(-1)^{j}\mathcal{P}\pi_z^{j}$$

Donc (3.4) donne

$$(3.16)\qquad \mathcal{P}\mathcal{E}+\mathcal{E}\mathcal{P} \equiv \sum_{0}^{d-1} h(j)\int (\bar\partial Db^{\lrcorner}_{\wedge}\ )^{j}\pi_z^{j} + \sum_{0}^{d-1} h(j)\int (Db^{\lrcorner}\ )(\bar\partial Db^{\lrcorner}_{\wedge}\ )^{j}\ \pi_z^{j+1}$$

Dans le dernier terme de la deuxième somme on utilise le fait que $\bar\partial[(Db^{\lrcorner}\ )(\bar\partial Db^{\lrcorner}_{\wedge}\ )^{d-1}]$ soit une masse de Dirac pour conclure que

$$-\mathcal{E}_+ \overset{\text{def.}}{=} h(d-1)\int (Db^{\lrcorner}\ )(\bar\partial Db^{\lrcorner}_{\wedge}\ )^{d-1}\bar\partial_z\pi_z^{d} \in I_c^{0}(X\times X, C_0').$$

Il est clair que $\mathcal{E}_+(\mathcal{D}'(X)) \subset \mathcal{D}'(X)$, $\mathcal{E}_+(\mathcal{D}'(X;\ \wedge^k\mathbb{C}^d)) = \{0\}$ pour $k \geqslant 1$. Pour les autres termes de la dernière somme on obtient

$$\sum_{0}^{d-2} h(j)\int (Db^{\lrcorner}\ )(\bar\partial Db^{\lrcorner}_{\wedge}\ )^{j}\bar\partial\pi_z^{j+1} = -\sum_{0}^{d-2} h(j)(-1)^{j}\int (\bar\partial Db^{\lrcorner}_{\wedge}\ )^{j+1}\bar\partial\pi_z^{j+1} =$$

$$-\sum_{1}^{d-1} h(j-1)(-1)^{j-1}\int (\bar\partial Db^{\lrcorner}_{\wedge}\ )^{j}\bar\partial\pi_z^{j}\ .$$

Donc (3.14),(3.16) impliquent que

$$(3.17)\qquad \mathcal{P}\mathcal{E}+\mathcal{E}\mathcal{P}+\mathcal{E}_+ \equiv \int \pi_z^{0} \equiv I,$$

et le théorème en résulte si l'on remarque que $\mathcal{E}$ s'écrit $\bigoplus_{k=1}^{d} E_k$

où $E_k : \mathcal{D}'(X; \wedge^k\mathbb{C}^d) \longrightarrow \mathcal{D}'(X; \wedge^{k-1}\mathbb{C}^d)$.

BIBLIOGRAPHIE.

1 BOUTET DE MONVEL,L. Hypoelliptic operators with double characteristics and related pseudodifferential operators, Comm. Pure appl. Math, 27(1974), 585-639.

2 BOUTET DE MONVEL,L., SJOSTRAND,J. Sur la singularité des noyeaux de Bergman et de Szegö, Astérisque 34-35(1976), 123-164.

3 HELFFER,B. Quelques exemples d'opérateurs pseudodifférentiels localement résolubles, Exposé à ce colloque.

4 HENKIN,G.M. Intégral representation of functions in a strictly pseudo convex domain and application to the $\bar{\partial}$-problem, Mat. Sb. 82(124)(1970), n°2. Math. USSR Sb. 11(1970), n°2, 273-281.

5 KUCHERENKO,V.V. Parametrix for equations with degenerate symbol. Dokl, Akad., Nauk SSSR, 229(1976) n°4, Sovj Math. Dokl. 17(1976) n°4.

6 MELIN,A., SJOSTRAND,J. Fourier integral operators with complex phase functions, Springer Lecture Notes, 459, 120-223.

7 MELIN,A. SJOSTRAND,J. Fourier integral operators with complex phase and application to an interior boundary problem, Comm. in PDE, 1(4), (1976), 313-400.

8 MENIKOFF,A., SJOSTRAND,J. The eigenvalues of hypoelliptic operators. Exposé à ce colloque.

Université de Paris XI

U.E.R. Mathématique

91405 ORSAY

PROPRIETE DE SYMETRIE DES MATRICES LOCALISEES D'UNE MATRICE FORTEMENT HYPERBOLIQUE EN UN POINT MULTIPLE

par

Jean VAILLANT

Soit $H(\xi)$ une matrice fortement hyperbolique à coefficients réels et $\eta \neq 0$ un point de multiplicité k pour le déterminant de H. Pour un polynôme hyperbolique P, ATIYAH, BOTT, et GÅRDING [1] ont défini le polynôme localisé du polynôme P en un point multiple et décrit ses propriétés. Nous définissons pour la matrice $H(\xi)$ des matrices carrées à k lignes, $\mathcal{H}(\xi)$, linéaires en ξ, que nous appelons localisées de $H(\xi)$ en η et qui ont les propriétés convenables : leur déterminant est proportionnel à la localisation en η de $\det H$, le support de la solution élémentaire de $\mathcal{H}$ est inclus dans le support singulier de celle de H [4], ou, autrement dit, les termes successifs de la partie relative à η d'une solution asymptotique se calculent à l'aide de l'opérateur $\mathcal{H}(D)$.

Le résultat principal de ce travail est le suivant : pourvu que la dimension réduite de $\mathcal{H}(\xi)$ soit supérieure ou égale à $\frac{k(k+1)}{2}$, -c'est-à-dire que le nombre minimum de variables ξ_α, grâce auxquelles, dans une base convenable, on peut exprimer $\mathcal{H}(\xi)$ soit supérieur ou égal à $\frac{k(k+1)}{2}$- , $\mathcal{H}(\xi)$ est symétrisable par une matrice inversible ; de façon précise, si N est la direction d'hyperbolicité, $\mathcal{H}^{-1}(N)\quad \mathcal{H}(\xi) = T^{-1}\, S(\xi)\, T$, où $S(\xi)$ est symétrique pour tout ξ, T ne dépend pas de ξ.

P.D. LAX [3] avait mis en évidence le fait que la symétrisabilité n'était pas nécessaire à l'hyperbolicité forte ; on voit ici que les matrices localisées sont toujours symétrisables. Pour obtenir ce résultat, on a besoin, en particulier, d'une proposition qui peut porter un intérêt en soi : une matrice $k \times k$ de formes linéaires $\mathcal{H}(\xi)$, diagonalisable pour tout ξ, de dimension réduite $\geq \frac{k(k+1)}{2}$, telle que les différences 2 à 2 des formes de la diagonale n'appartiennent pas au sous-espace engendré par les formes non diagonales est symétrisable par une matrice diagonale indépendante de ξ à coefficients positifs. Cette propriété annoncée dans [9] pour $k = 3$ a été obtenue dans le cas général, en collaboration avec D. SHILTZ.

La propriété de symétrie des matrices localisées obtenue sera utilisée dans un prochain travail où nous décrirons la propagation des singularités des solutions du problème de CAUCHY pour $H(D)$.

Cette Conférence est le résumé d'un article à paraître aux "Annali della Scuola Normale Superiore di Pisa".

§1 - On désigne par E un espace vectoriel réel de dimension $n+1$ et par E^* l'espace vectoriel dual ; on note ξ un élément de E^*. On note $\mathcal{H} = (\mathcal{H}^{\bar{C}}_{\bar{D}})$, $1 \leq \bar{C}$, $\bar{D} \leq k$ une matrice carrée d'ordre k d'éléments de E ; un vecteur de E définit une forme linéaire sur E^* ; à tout ξ, $\mathcal{H}$ fait correspondre une matrice numérique réelle $\mathcal{H}(\xi)$ dont les éléments sont les valeurs de chaque vecteur élément de $\mathcal{H}$ pour ξ. On note dét $\mathcal{H}$ l'application polynomiale homogène de degré k :

$$\xi \longrightarrow \text{dét } \mathcal{H}(\xi) \quad .$$

<u>Définition</u> 1 - On appelle linéalité de $\mathcal{H}$ le sous-espace vectoriel $L(\mathcal{H})$ de E^* orthogonal du sous-espace vectoriel de E engendré par les éléments de $\mathcal{H}$.
On appelle dimension réduite de $\mathcal{H}$ le nombre :

$$d(\mathcal{H}) = n + 1 - \dim L(\mathcal{H})$$

On suppose désormais : dét $\mathcal{H} \not\equiv 0$.

<u>Lemme</u> 1 - Si $\xi \in L(\mathcal{H})$, ξ est un point multiple d'ordre k de dét $\mathcal{H}$.

Lemme 2 - Si T est une matrice réelle inversible d'ordre k,

$$d(T.\mathcal{H}) = d(\mathcal{H}) \quad .$$

P désigne une application polynômiale homogène réelle sur E^* de degré k.

Définition 2 [1] - On appelle linéalité de P le sous-espace vectoriel $L(P)$ de E^* dont les éléments sont les ξ tels que $P(\xi+\zeta) = P(\zeta)$ pour tout $\zeta \in E^*$. $L(P)$ est aussi l'ensemble des ξ de multiplicité k pour P. On appelle dimension réduite de P le nombre $d(P) = n + 1 - \dim L(P)$.

Lemme 3 - Si $\xi \in L(\mathcal{H})$, $\xi \in L(\text{dét}\,\mathcal{H})$; $d(\text{dét}\,\mathcal{H}) \leq d(\mathcal{H})$.

Soit $N \in E^*$, tel que $\text{dét}\,\mathcal{H}(N) \neq 0$; on pose $\mathcal{H}' = \mathcal{H}^{-1}(N)\mathcal{H}$;

Soit une base de premier vecteur N ; on notera ξ' un élément de composantes $(0, \xi_1, \ldots, \xi_n)$. Un élément quelconque ξ de E^* s'écrira aussi : $\xi = \xi_o N + \xi'$.

Lemme 4 - On peut choisir une base de E^* dont le premier vecteur soit N et dont les autres éléments sont dans le noyau de $\mathcal{H}'^1_1$, ($\mathcal{H}'^1_1$ élément de la 1ère ligne et de la 1ère colonne de $\mathcal{H}'$), on a alors

$$\mathcal{H}'(\xi) = \xi_o I + (\varphi^{\bar{C}}_{\bar{D}}(\xi)) \quad ,$$

où $\varphi^1_1 = 0$; $\varphi^{\bar{C}}_{\bar{D}}(N) = 0$.

Nour rappellerons [2] [5] [6] la :

Définition 3 - Pour que $\mathcal{H}$ soit fortement hyperbolique par rapport à N, il faut et il suffit que, pour un choix d'une base de E^* de 1° vecteur N,

a) pour tout ξ', (de coordonnées $(0, \xi_1, \ldots, \xi_n)$ dans cette base), les valeurs propres de $\mathcal{H}'(\xi')$ soient toutes réelles et $\mathcal{H}'(\xi')$ soit diagonalisable : il existe $M(\xi')$ telle que $M^{-1}(\xi')\,\mathcal{H}'(\xi')\,M(\xi')$ soit diagonale, (ou bien la dimension de l'espace propre correspondant à chaque valeur propre soit égale à la multiplicité de cette valeur propre).

b) La diagonalisation soit uniforme : il existe un nombre $\varepsilon > 0$, tel que, pour tout ξ' appartenant à la sphère unité, on puisse trouver une matrice diagonalisatrice $M(\xi')$ dont les colonnes soient de longueur euclidienne 1 et telle que $|\text{dét}\, M(\xi')| \geq \varepsilon$.

On sait de plus que, si on choisit une autre base de 1° vecteur N, les conditions analogues dans cette base sont réalisées.

Nous utiliserons alors la

Définition 4 - Si pour un choix d'une base de E^* de 1er vecteur N, $\mathcal{H}$ satisfait la condition a), on dira que $\mathcal{H}$ est diagonalisable par rapport à N.

On voit encore que pour tout autre base de 1er vecteur N, $\mathcal{H}$ satisfait à a).

On obtient alors la :

Proposition 1 - Si $\mathcal{H}$ est diagonalisable par rapport à N, alors $d(\mathcal{H}) = d(\text{dét}\,\mathcal{H})$.

Lorsque $\mathcal{H}$ est diagonalisable son étude sera facilitée par le

lemme 5 - Si $\mathcal{H}$ est diagonalisable par rapport à N et si :

$d(\mathcal{H}) \geq \frac{k(k+1)}{2}$, alors, avec les notations du lemme 4, les vecteurs $(\varphi\frac{\bar{C}}{\bar{D}})$, $\bar{C} \geq \bar{D}$, $(\bar{C}, \bar{D}) \neq (1, 1)$ sont linéairement indépendants.

Pour simplifier la typographie, nous remplacerons dans les démonstrations du lemme 5 et des propositions 2 et 3, les indices $\bar{C}$, $\bar{D}$, par des indices, i, j, p, q.

Si la dimension du sous-espace engendré par les (φ^i_j), $i \geq j$, $(i,j) \neq (1,1)$ était strictement inférieure à $\frac{k(k+1)}{2} - 1$, du fait de l'hypothèse sur $d(\mathcal{H})$, on pourrait choisir un vecteur φ^p_q, $p < q$, qui n'appartiennne pas à ce sous-espace et un ξ' tel que $(\varphi^i_j(\xi')) = 0$ et $\varphi^p_q(\xi') = 1$; pour ce ξ', $\xi_0 = 0$ serait racine multiple d'ordre k et on devrait avoir $\varphi^p_q(\xi') = 0$, d'après la définition 4, d'où une contradiction.

Proposition 2 - Si $\mathcal{H}$ est diagonalisable par rapport à N et si $d(\mathcal{H}) \geq \frac{k(k+1)}{2}$, alors pour un choix quelconque d'une base de E^* de 1er vecteur N, le discriminant par rapport à ξ_0 de dét $\mathcal{H}$ n'est pas identiquement nul.

On voit tout de suite qu'il suffit de le démontrer pour une base de E^* de premier vecteur N choisie commodément ; choisissons une base dans les conditions du lemme 4 ; compte tenu du lemme 5, on peut trouver un point ξ' tel que

$$\varphi^i_j(\xi') = 0 \ , \ i > j \ ; \ \varphi^i_i(\xi') = i \ ; \ i \neq 1 \ ,$$

les racines en ξ_o correspondantes sont toutes distinctes et la proposition est démontrée.

Proposition 3 - On suppose que $\mathcal{H}$ est diagonalisable par rapport à N, que $d(\mathcal{H}) \geqslant \frac{k(k+1)}{2}$ et que les vecteurs $\mathcal{H}' \frac{\bar{C}}{C} - \mathcal{H}' \frac{\bar{D}}{D}$, $\bar{C} \neq \bar{D}$, n'appartiennent pas au sous-espace de E engendré par les vecteurs $\mathcal{H}' \frac{\bar{C}}{C}$, $\bar{C} \neq \bar{D}$. Alors $\mathcal{H}'$ est symétrisable par une matrice réelle diagonale inversible D à termes positifs, c'est-à-dire que : $\mathcal{H}' = \mathcal{H}^{-1}(N)\ \mathcal{H} = D^{-1}\ S\ D$, où S est une matrice de vecteurs de E, symétrique. $\mathcal{H}$ est donc fortement hyperbolique par rapport à N et $d(\mathcal{H}) = \frac{k(k+1)}{2}$.

Démonstration de la propostion 3.

a) Comme dans le lemme 4, N est le 1er vecteur de base de $E^{\star}$ et les autres vecteurs de base seront pris dans le noyau de $\mathcal{H}'^{1}_{1}$; d'après le lemme 5 les vecteurs φ^i_j , $i \geqslant j$, $(i,j) \neq (1,1)$ de E sont linéairement indépendants et du lemme 4 résulte qu'ils définissent aussi des formes linéaires indépendantes du dual du noyau de $\mathcal{H}'^{1}_{1}$; on prendra aussi la base du noyau telle que les φ^i_j considérés appartiennent à la base duale. Un point ξ' du noyau aura les coordonnées correspondantes notées ξ^i_j au cours de cette démonstration : $\xi^i_j = \varphi^i_j(\xi')$.
Pour tout ξ' tel que $\xi^i_j = 0$, $i \geqslant j$, $(i,j) \neq (1,1)$, $\xi_o = 0$ est racine multiple d'ordre k de det $\mathcal{H}'(\xi_o N + \xi') = 0$ et l'on a pour un tel point :

$$\forall p,\ q,\ p < q,\ \varphi^p_q(\xi') = 0.$$

On a donc pour ξ quelconque, si $p < q$, $\varphi^p_q(\xi) = \sum\limits_{i \geqslant j} a^{pj}_{qi}\ \xi^i_j$; $a^{pj}_{qi} \in \mathbb{R}$.

b) On démontre ensuite qu'en fait :

$$\text{si} \qquad p < q,\ \varphi^p_q(\xi) = \sum_{i > j} a^{pj}_{qi}\ \xi^i_j \ .$$

On choisit pour cela ξ' tel que :

$$\xi^i_j = 0 \qquad \text{pour tout} \quad i > j.$$

On démontre d'abord que :

$$\varphi^p_q(\xi') = \sum_{i=p}^{q} a^{pi}_{qi}\ \xi^i_i$$

On écrit pour cela que, j étant fixé :

$$(\forall i,\ i \neq j\ ,\ \xi_i^i = 0) \quad \text{et} \quad \xi_j^j \neq 0,$$

et que la racine obtenue en ξ_o est multiple d'ordre $k-1$.

Ensuite on procède par récurrence sur $q-p$. Pour $q-p = 1$, on construit une racine multiple en ξ_o d'ordre $k-1$ égale à -1 et on se sert de l'hypothèse faite sur les vecteurs diagonaux. On achève la récurrence en construisant de même des racines multiples d'ordre $k-1$.

c) On montre, par récurrence sur $q-p$, que

$$a_{qq}^{pp} \neq 0$$

et

$$\forall u,v,\ u < v,\quad (u,v) \neq (p,q) \quad a_{vq}^{up} = 0$$

Le résultat s'obtient par constructions encore de racines multiples en ξ_o égales à 0 ou à -1, et par annulation des mineurs correspondants.

Enfin de la réalité des racines, on déduit que, de façon générale :

$$a_{qq}^{pp} > 0\ .$$

d) On a donc, en posant :

$$a_{qq}^{pp} = a_q^p\ :$$

si $p < q$:

$$\varphi_q^p(\xi) = a_q^p\ \xi_p^q\ ,\ a_q^p > 0\ .$$

On se propose de démontrer que $\mathcal{H}'(\xi_o N + \xi')$ est symétrisable par une matrice réelle diagonale à termes diagonaux strictement positifs.

On remarquera d'abord que, $\forall (p,q)\ :\ 1 < p < q$, on a :

$$a_p^1\ a_q^p = a_q^1\ .$$

On pose pour cela : $\xi^i_j = 0$ pour tout $i \geq j$, $(i,j) \notin \{(p,1), (q,1), (q,p)\}$ et on écrit que le déterminant de la matrice ci-dessous a toutes ses racines en ξ_o réelles :

$$\begin{pmatrix} \xi_o & a^1_p\ \xi^p_1 & a^1_q\ \xi^q_1 \\ \xi^p_1 & \xi_o & a^p_q\ \xi^q_p \\ \xi^q_1 & \xi^q_p & \xi_o \end{pmatrix}$$

D'autre part pour que la matrice $\mathcal{H}'(\xi)$ soit symétrisable par une matrice diagonale réelle à coefficients diagonaux strictement positifs notés D_r , $1 \leq r \leq k$, il faut et il suffit que l'on puisse trouver des D_r , vérifiant pour tous (p,q), $p < q$

$$\sqrt{a^p_q} = \frac{D_p}{D_q} \quad .$$

Comme on sait que si $1 < p < q$, $a^p_q = \frac{a^1_q}{a^1_p}$, il suffit de prendre :

$$D_1 = 1 \ , \ D_q = \frac{1}{\sqrt{a^1_q}} \qquad \text{pour } q > 1 \quad .$$

On a bien alors :

$$\mathcal{H}'(\xi) = D^{-1}\, S(\xi) D \quad .$$

$S(\xi)$ est symétrique pour tout ξ ; $\mathcal{H}'$ et $\mathcal{H}$ sont fortement hyperboliques par rapport à N et $d(\mathcal{H}) = \frac{k(k+1)}{2}$.

§2 - On note $H(\xi)$ une matrixe $m \times m$ de polynômes homogènes d'ordre t à coefficients réels. Des indices A,B ,... varient de 1 à m ; on a ainsi : $H(\xi) = (H^A_B(\xi))$. On notera $A^B_A(\xi)$ le cofacteur de $H^A_B(\xi)$ dans la matrice $H(\xi)$. La définition 3 de l'hyperbolicité forte pour $t = 1$ se généralise [(2)] ; nous la donnerons sous une forme voisine de [(8)] p. 39. On suppose dét $H(N) \neq 0$.

Définition 5 - Pour que H soit fortement hyperbolique par rapport à N , il faut et il suffit que, pour un choix d'une base de E^* de 1er vecteur N :

a) pour tout ξ' , (de coordonnées $(0, \xi_1, \ldots, \xi_n)$ dans cette base), les racines en ξ_0 de $\det H(\xi_0 , \xi')$ soient toutes réelles et la dimension du noyau de $H(\xi_0 , \xi')$ soit égale à la multiplicité de la racine correspondante.

b) En notant S la sphère unité de $\xi_o = 0$, $(\xi_{o1}, \ldots, \xi_{op} \ldots \xi_{o\ell})$ les racines correspondant à $\xi' \in S$, il existe un nombre strictement positif ε tel que pour tout $\xi' \in S$, pour tout p , il existe une base $(d_{p\,\underline{D}(p)}(\xi'))$ $[1 \leq \underline{D}(p) \leq$ multiplicité $k(p)$ de la racine $\xi_{op}]$ normée, (vecteurs de longueur 1), du noyau de $H(\xi_{op} , \xi')$ telle que :

$$|\det \Delta(\xi')| \geq \varepsilon$$

$$\Delta(\xi') = \begin{pmatrix}
\vdots & d^B_{p1} & \vdots & d^B_{p\underline{D}} & \vdots & d^B_{p\,k} & \vdots \\
\vdots & \vdots & \vdots & \vdots & \vdots & \vdots & \vdots \\
\vdots & (\xi_{op})^q \; d^B_{p1} & \vdots & (\xi_{op})^q \; d^B_{p\underline{D}} & \vdots & (\xi_{op})^q \; d^B_{p\,k} & \vdots \\
\vdots & \vdots & \vdots & \vdots & \vdots & \vdots & \vdots \\
\vdots & (\xi_{op})^{t-1} \; d^B_{p1} & \vdots & (\xi_{op})^{t-1} \; d^B_{p\underline{D}} & \vdots & (\xi_{op})^{t-1} \; d^B_{p\,k} & \vdots \\
\vdots & \vdots & \vdots & \vdots & \vdots & \vdots & \vdots
\end{pmatrix}$$

On aura aussi (2) (5) (6) la condition équivalente de SVENSSON.

<u>Définition</u> 5' - Pour que H soit fortement hyperbolique par rapport à N , il faut et il suffit que :

a) $\det H(\xi + i N) \neq 0 \quad , \quad \forall \xi \in E^*$

b) il existe un réel C tel que, pour tout ξ , A , B :

$$\left| \frac{A^B_A (\xi + i N)}{\det H(\xi + i N)} \right| \leq C \; (1 + |\xi|)^{1-t}$$

où $|\xi|$ désigne la norme euclidienne de ξ .

On supposera désormais H fortement hyperbolique par rapport à N . Dans toute la suite, η est un point multiple d'ordre k de det H et $\eta \neq 0$.

On a immédiatement le :

Lemme 6 - La dimension du noyau de $H(\eta)$, (resp. de sa transposée) est k .

On note $(d_{\bar{D}})$, $1 \leq \bar{D} \leq k$, (resp. $(g^{\bar{C}})$) , $1 \leq \bar{C} \leq k$ une base du noyau de $H(\eta)$, (resp. de la matrice transposée). On utilise les conventions matricielles habituelles.

Définition 6 - On appelle matrice localisée de H en η toute matrice $k \times k$ de la forme :

$$\mathcal{H}_\eta (d,g,\xi) = \Big(\sum_{0 \leq \alpha \leq n} g^{\bar{C}} \, . \, \frac{\partial H}{\partial \xi_\alpha}(\eta) \, . \, d_{\bar{D}} \, \xi_\alpha \Big) , \quad 1 \leq \bar{C} , \bar{D} \leq k .$$

Lemme 7 - Si $\mathcal{H}_\eta(d , g , \xi)$ et $\mathcal{H}_\eta(d , \gamma , \xi)$ sont deux matrices localisées en η alors :

$$\mathcal{H}_\eta(\delta , \gamma , \xi) = \Lambda \, . \, \mathcal{H}_\eta(d , g , \xi) \, . \, M ,$$

où M est la matrice inversible de passage de la base d à la base δ , (resp. Λ de g à γ).

On rappellera d'après ([1]), la :

Définition 7 - On appelle localisation en η de P le premier coefficient non nul du développement de $P(\eta + r\,\zeta)$ en puissances croissantes de $r \in \mathbb{R}$; la puissance de r correspondante est la multiplicité de η pour P .

On obtient, ([4]), le

Lemme 8 - Les matrices localisées de H en η sont fortement hyperboliques par rapport à N ; leurs déterminants sont proportionnels à la localisation en η de det H , soit $(\det H)_\eta$.

Compte tenu du lemme 7, il suffit de le démontrer pour un choix commode de vecteurs du noyau de la base de $H(\eta)$ et de sa transposée. On notera :

$A^{B_1 \dots B_p}_{A_1 \dots A_p}$ le cofacteur obtenu en rayant dans H les lignes d'indice $A_1 \dots A_p$ et les colonnes d'indice $B_1,\ldots,B_p$. D'après le lemme 6 un des cofacteurs d'ordre m-k est non nul en η ; on peut supposer que c'est $A^{12\ldots k}_{12\ldots k}$; on a donc $A^{12\ldots k}_{12\ldots k}(\eta) \neq 0$.

On pose :

$$\delta^{B}_{\bar{D}} = A^{12\ \ldots\ (\bar{D}-1)\ B(\bar{D}+1)\ \ldots\ k}_{12\ \ldots\ldots\ldots\ldots\ldots\ldots\ldots\ k}(\eta)$$

, en convenant que si B prend une des valeurs 1 , 2 ,..., $(\bar{D}-1)$, $(\bar{D}+1)$ ... k , alors $\delta^{B}_{\bar{D}} = 0$. De même

$$\gamma^{\bar{C}}_{A} = A^{12\ \ldots\ldots\ldots\ldots\ldots\ldots\ldots\ k}_{12\ \ldots\ (\bar{C}-1)\ A(\bar{C}+1)\ \ldots\ k}(\eta)$$

Les $(\delta_{\bar{D}})$ forment une base de $H(\eta)$; de même les $(\gamma^{\bar{C}})$ pour la transposée.

On a encore ([7])

$$(\mathcal{H}_\eta(\delta,\gamma,\xi))^{\bar{C}}_{\bar{D}} = A^{12\ \ldots\ k}_{12\ \ldots\ k}(\eta)\ .\ (-1)^{(\bar{C}+\bar{D})}\sum_{\alpha}\frac{\partial}{\partial\xi_\alpha} A^{12\ldots(\bar{D}-1)\ (\bar{D}+1)\ \ldots\ k}_{12\ldots(\bar{C}-1)\ (\bar{C}+1)\ \ldots\ k}(\eta)\xi_\alpha$$

Posons :

$$\mathcal{A}'^{\bar{C}}_{\bar{D}} = (-1)^{(\bar{C}+\bar{D})}\ A^{12\ \ldots\ (\bar{D}-1)\ (\bar{D}+1)\ \ldots\ k}_{12\ \ldots\ (\bar{C}-1)\ (\bar{C}+1)\ \ldots\ k}\ ;\ \mathcal{A}' = (\mathcal{A}'^{\bar{C}}_{\bar{D}})\ ;\ A = (A^{\bar{C}}_{\bar{D}}).$$

On a les identités : (cf par ex. ([7])) :

$$\mathcal{A}'\ .\ A = \text{dét}\ H\ .\ A^{12\ \ldots\ k}_{12\ \ldots\ k}\ I\qquad ,$$

où I désigne la matrice unité d'ordre k et

$$\text{dét}\ \mathcal{A}' = \text{dét}\ H\ .\ (A^{12\ \ldots\ k}_{12\ \ldots\ k})^{k-1}\qquad .$$

En localisant ces identités en η et en utilisant la condition de SVENSSON localisé en η , on obtient l'hyperbolicité forte de la matrice

$$\sum_{\alpha}\partial^{\alpha}\mathcal{A}'(\eta)\xi_\alpha$$

et le lemme 8 est démontré.

Remarque 2 - On en déduit ([4]) que le support de la solution élémentaire hyperbolique d'une matrice localisée est inclus dans le support singulier de la solution élémentaire de la matrice H ; cette remarque et les résultats de propagation obtenus justifient la définition 6.

Nous rappellerons maintenant un résultat de ([3]) ([1]) que nous écrirons sous une forme adaptée à notre étude. On prend une base de E^* de premier vecteur N .

Lemme 9 - $r \in \mathbb{R}$, μ' a pour coordonnées $(0, \mu_1, \ldots, \mu_i, \ldots, \mu_n)$, $\mu' \in E^*$; $\mu' \neq 0$, $s \in \mathbb{C}$; le polynôme :

$$(r,s) \longrightarrow \det H\,(\eta + r\,\mu' + s\,N)$$

se factorise sous la forme :

$$\det H(\eta + r\,\mu' + s\,N) = \det H(N)\,[s - \lambda^1(r)]\ldots[s - \lambda^{\bar{D}}(r)]\ldots[s - \lambda^k(r)] = Q(r,s)$$

où les fonctions

$$r \in \mathbb{R} \longrightarrow \lambda^{\bar{D}}(r) \quad , \quad 1 \leqslant \bar{D} \leqslant k \; ,$$

sont à valeurs réelles, analytiques, telles que : $\lambda^{\bar{D}}(0) = 0$; Q se décompose de façon analogue, mais les racines $\lambda^{k+1}(r), \ldots, \lambda^{mt}(r)$ sont non nulles pour $r = 0$ et $Q(0\,,\,0) \neq 0$.

Lemme 10 - On pose : $\mu_o^{\bar{D}} = \frac{d\lambda^{\bar{D}}}{dr}(0)$; $\mu^{\bar{D}} = \mu_o^{\bar{D}}\,N + \mu'$, $\mu^{\bar{D}}$ a pour coordonnées : $(\mu_o^{\bar{D}}, \mu_1 \ldots \mu_n) = (\mu_\alpha^{\bar{D}})$; $(\det H)_\eta$ est la localisation en η de det H ; alors, pour μ' donné :

$$(\det H)_\eta \quad (\mu_o\,N + \mu') = 0$$

a pour racines en μ_o les valeurs $\mu_o^{\bar{D}}$, $1 \leqslant \bar{D} \leqslant k$; ainsi $\forall\,\bar{D}$:

$$(\det H)_\eta \quad (\mu^{\bar{D}}) = 0 \quad .$$

On suppose, jusqu'au lemme 14 inclus que μ' est tel que : $\mu_o^{\bar{C}} \neq \mu_o^{\bar{D}}$, pour $\bar{C} \neq \bar{D}$.

On construit alors des bases des noyaux des matrices $H(\eta + r\,\mu' + \lambda^{\bar{D}}(r)\,N)$ correspondant à chaque $\bar{D}$, analytiques en r et pour $r = 0$ formant une base de $H(\eta)$.

Lemme 11 - Pour tout (B,A) , $1 \leqslant A$, $B \leqslant m$, et $\bar{D}$, $1 \leqslant \bar{D} \leqslant k$:

$$\frac{d^p}{dr^p}\left[A_{A}^{B}(\eta + r\mu' + \lambda^{\bar{D}}(r)N)\right](0) = 0 \quad , \text{ si } \quad 0 \leqslant p \leqslant k-2 \quad .$$

Soit $A_{1\ 2\ \dots\ k}^{1\ 2\ \dots\ k}(\eta) \neq 0$; pour chaque $\bar{D}$, on peut choisir $\bar{E}(\bar{D})$ et $\bar{F}(\bar{D})$ tels que :

$$\frac{d^{k-1}}{dr^{k-1}}\left[A_{\bar{E}(\bar{D})}^{\bar{F}(\bar{D})}(\eta + r\mu' + \lambda^{\bar{D}}(r)N)\right](0) \neq 0 \quad .$$

On pose, pour $r \neq 0$:

$$d_{\bar{D}}^{B}(r) = \frac{A_{\bar{E}(\bar{D})}^{B}(\eta + r\mu' + \lambda^{\bar{D}}(r)N)}{\left[\sum_{B}\left(A_{\bar{E}(\bar{D})}^{B}(\eta + r\mu' + \lambda^{\bar{D}}(r)N)\right)^2\right]^{1/2}}$$

et de même :

$$g_{A}^{\bar{C}}(r) = \frac{A_{A}^{\bar{F}(\bar{C})}(\dots \lambda^{\bar{C}})}{\left[\sum_{A}\left(A_{A}^{\bar{F}(\bar{C})}(\dots)\right)^2\right]^{1/2}}$$

pour $r = 0$:

$$d_{\bar{D}}^{B}(0) = \frac{\frac{d^{k-1}}{dr^{k-1}}\left[A_{\bar{E}(\bar{D})}^{B}(\eta + r\mu' + \lambda^{\bar{D}}(r)N)\right](0)}{\left[\sum_{B}\left(\frac{d^{k-1}}{dr^{k-1}}\left[A_{\bar{E}(\bar{D})}^{B}(\eta + r\mu' + \lambda^{\bar{D}}(r)N)\right](0)\right)^2\right]^{1/2}}$$

et :

$$g_{A}^{\bar{C}}(0) = \frac{\frac{d^{k-1}}{dr^{k-1}}\left[A_{A}^{\bar{F}(\bar{C})}(\dots)\right](0)}{\left[\sum_{A}\left(\frac{d^{k-1}}{dr^{k-1}}\left[A_{A}^{\bar{F}(\bar{C})}(\dots)\right](0)\right)^2\right]^{1/2}}$$

Dans un voisinage de $r = 0$,

a) les vecteurs $d_{\bar{D}}$ et $g^{\bar{C}}$ sont fonctions analytiques de r .

b) $\forall r \neq 0$, $\forall \bar{D}$, $d_{\bar{D}}(r)$ est une base du noyau de

$$H(\eta + r\mu' + \lambda^{\bar{D}}(r)N) \quad ;$$

pour $r = 0$ la famille $(d_{\bar{D}}(0))$, $1 \leq \bar{D} \leq k$ forme une base du noyau de $H(\eta)$.

$\forall r \neq 0$, $\forall \bar{C}$, $g^{\bar{C}}(r)$ est une base du noyau de la transposée de

$$H(\eta + r\mu' + \lambda^{\bar{C}}(r)\, N) \quad ;$$

pour $r = 0$, la famille $(g^{\bar{C}}(0))$, $1 \leq \bar{C} \leq k$ forme une base du noyau de la transposée de $H(\eta)$.

Le a) s'obtient en exprimant l'ordre d'annulation de $\det H$ et des mineurs de H pour $r = 0$ et en utilisant l'identité de Jacobi.

Pour obtenir le b), on a d'abord si $r \neq 0$:

$$H(\eta + r\mu' + \lambda^{\bar{D}}(r)\, N)\; d_{\bar{D}}(r) = 0 \quad ,$$

et $d_{\bar{D}}(r)$ est un vecteur normé, base du noyau de $\overset{(\bar{D})}{H}(r)$ qui est de dimension 1, puisque pour r petit, $r \neq 0$, les racines $\lambda^{\bar{D}}(r)$ sont distinctes du fait de l'hypothèse faite sur μ'.

Pour montrer que les $(d_{\bar{D}}(0))$ forment une base de $H(\eta)$, on remarque que la définition 5 implique que $|\det \Delta(\xi')|$ doit être uniformément minoré par $\varepsilon' > 0$ pour ξ' voisin du point η' considéré ici.

<u>Notation</u> - On notera les vecteurs ainsi obtenus :

$$d_{\bar{D}}(0) = d_{\mu',\bar{D}} \qquad g^{\bar{C}}(0) = g^{\bar{C}}_{\mu'}$$

On posera aussi : $\mathcal{H}_{\eta\mu'}(\xi) = \mathcal{H}_{\eta}(d_{\mu'}, g_{\mu'}, \xi)$ (cf. Déf. 6).

Nous indiquerons quelques propriétés des matrices localisées $\mathcal{H}_{\eta\mu'}$. Les démonstrations sont analogues à celles de ([11]).

<u>Lemme</u> 12 - Si $\bar{C} \neq \bar{D}$,
$$\mathcal{H}_{\eta\mu'}{}^{\bar{C}}_{\bar{D}}(N) = 0$$
$$\mathcal{H}_{\eta\mu'}{}^{\bar{C}}_{\bar{D}}(\mu') = 0$$

<u>Lemme</u> 13 - On pose, $\forall \bar{C}$, $\forall \alpha$:

$$p^{\alpha\bar{C}}(r) = \frac{(\frac{\partial}{\partial \xi_\alpha}\det H)(\eta + r\mu' + \lambda^{\bar{C}}(r)\, N)}{r^{k-1}} \quad , \quad \text{si } r \neq 0 \; ;$$

$$p^{\alpha \bar{C}}(0) = \frac{1}{(k-1)!} \frac{d}{dr^{k-1}} \left[\left(\frac{\partial}{\partial \xi_\alpha} \det H \right) (\eta + r \mu' + \lambda^{\bar{C}}(r) N) \right] (0) \quad .$$

$p^{\bar{C}}$ est ainsi une fonction vectorielle à valeurs dans E, analytique en r ; pour chaque $r \neq 0$, $p^{\bar{C}}(r)$ est proportionnel au vecteur bicaractéristique classique ; la direction de $p^{\bar{C}}(0)$ est la limite de la direction du vecteur bicaractéristique classique si r tend vers 0.

On a, $\forall \bar{C}$, $\forall \alpha$:

$$g^{\bar{C}}(r) \cdot \frac{\partial}{\partial \xi_\alpha} H(\eta + r \mu' + \lambda^{\bar{C}}(r) N) \cdot d_{\bar{C}}(r) = \mathcal{C}^{\bar{C}}(r) \cdot p^{\alpha \bar{C}}(r) \quad ;$$

$\mathcal{C}^{\bar{C}}(r)$ est une fonction analytique de r pour r petit.

On a aussi :

$$\mathcal{H}_{\eta \mu'}{}^{\bar{C}}_{\bar{C}} = \mathcal{C}^{\bar{C}}(0) \; p^{\bar{C}}(0)$$

et

$$\mathcal{H}_{\eta \mu'}{}^{\bar{C}}_{\bar{C}}(N) \neq 0 \quad .$$

et $\forall \bar{C}$, $\mathcal{H}_{\eta \mu'}{}^{\bar{C}}_{\bar{C}}(\mu^{\bar{C}}) = 0$ ou encore : $p^{\bar{C}}(0) \quad (\mu^{\bar{C}}) = 0$.

<u>Lemme</u> 14 - Si $d \left[(\det H)_\eta \right] \geq \frac{k(k+1)}{2}$, alors la matrice $\mathcal{H}_{\eta \mu'}$ est symétrisable par une matrice diagonale.

$\mathcal{H}_{\eta \mu'}$ est fortement hyperbolique par rapport à N d'après le lemme 8 ; elle est donc diagonalisable ; de la proposition 1 résulte que :

$$d(\mathcal{H}_{\eta \mu'}) \geq \frac{k(k+1)}{2} \quad .$$

Les lemmes 12 et 13 impliquent que $\mathcal{H}_{\eta \mu'}(N)$ est diagonale et inversible. Du lemme 12 résulte que $\mathcal{H}_{\eta \mu'}(\mu')$ est diagonale. On a donc :

$$\mathcal{H}'_{\eta \mu'}(\mu') = \mathcal{H}^{-1}_{\eta \mu'}(N) \; \mathcal{H}_{\eta \mu'}(\mu') \quad .$$

Le lemme 13 implique que :

$$\mu_o^{\bar{C}} = - \frac{\mathcal{H}_{\eta \mu'}{}^{\bar{C}}_{\bar{C}}(\mu')}{\mathcal{H}_{\eta \mu'}{}^{\bar{C}}_{\bar{C}}(N)} \quad .$$

μ' annule donc tous les vecteurs du sous-espace engendré par les éléments non diagonaux de $\mathcal{H}'_{\eta\,\mu'}$, mais n'annule pas la différence de deux éléments non diagonaux, puisque $\bar{C} \neq \bar{D}$ implique $\mu_o^{\bar{C}} \neq \mu_o^{\bar{D}}$; la différence de deux éléments diagonaux de $\mathcal{H}'_{\eta\,\mu'}$ n'appartient donc pas au sous-espace engendré par les éléments non diagonaux.

Toutes les hypothèses de la proposition 3 sont réalisées et le lemme est démontré.

<u>Théorème</u> 1 - Si H est une matrice de polynômes homogènes de degré t fortement hyperbolique par rapport à $N \neq 0$, $\eta \neq 0$ un point multiple d'ordre k pour le déterminant de H , si la dimension réduite du polynôme $(\text{dét } H)_\eta$, localisé en η de dét H , est supérieure ou égale à $\frac{k(k+1)}{2}$, alors toute matrice localisée $\mathcal{H}_\eta$ de H en η est symétrisable :

$$\mathcal{H}_\eta^{-1}(N) \quad \mathcal{H}_\eta(\xi) = T^{-1}\, S(\xi)\, T \quad ,$$

ou T est réelle inversible, S symétrique ; la dimension réduite de $(\text{dét } H)_\eta$ est en fait égale à $\frac{k(k+1)}{2}$.

Du lemme 8 , de la proposition 2 et du lemme 10 résulte qu'il existe au moins un μ' tel que :

$$\forall \bar{C} , \bar{D} , \bar{C} \neq \bar{D} \quad ,$$

on ait :

$$\mu_o^{\bar{C}} \neq \mu_o^{\bar{D}} \quad .$$

Choisissons le ; la matrice $\mathcal{H}_{\eta\,\mu'}$ qui lui correspond est symétrisable :

$$\mathcal{H}'_{\eta\,\mu'} = D^{-1}\, S\, D \quad .$$

Si $\mathcal{H}_\eta$ est une matrice localisée quelconque, il résulte du lemme 7 que :

$$\mathcal{H}'_\eta = M^{-1}\, \mathcal{H}'_{\eta\,\mu'}\, M$$

d'où :

$$\mathcal{H}'_\eta = M^{-1}\, D^{-1}\, S\, D\, M$$

<u>Remarque</u> 3 - Les conditions du théorème 1 limitent évidemment k ; on a :

$$\frac{k(k+1)}{2} < n+1 \qquad \text{et} \qquad k \leq m \quad .$$

(1) ATIYA H, BOTT, GÅRDING - Acta mathematica 124, 1970, p. 109-189.

(2) KASAHARA et YAMAGUTI - Memoirs of the college of Science, Kyoto, série A, 33, Math n° 1 - 1960.

(3) P.D. LAX - Comm. Pure and Appl. Math. 11 - 1958 - p. 175-194.

(4) J. RIVERO et J. VAILLANT - Comptes rendus de l'Académie des Sciences de Paris - 277 série A , 1973, p. 951.

(5) STRANG - J. Math. Kyoto University, 63 - 1967, p. 397-417.

(6) SVENSSON - Ark. Maths. 8 n° 17, 1970, p. 145-162.

(7) J. VAILLANT -Ann. Institut Fourier, Grenoble, t. 15, n° 2, 1965, p. 225-311

(8) J. VAILLANT - J. Maths. pures et appliquées, t. 50, 1971, p. 25-51.

(9) J. VAILLANT - Comptes rendus de l'Académie des Sciences de Paris, t. 284 série A , 1977, p. 489.

(10) D. LUDWIG et B. GRANOFF - J. Math Analysis and applications 21, 1968, p. 556-74.

(11) J. VAILLANT - J. Math. pures et appliquées 53, 1974, p. 71 à 98.

J. VAILLANT

U.E.R. de Mathématiques
Université Pierre et Marie Curie
4, Place Jussieu

75230 PARIS CEDEX 05

PROBLÈME DE CAUCHY À CARACTERISTIQUES MULTIPLES DANS LES CLASSES DE GEVREY

Claude WAGSCHAL

Dans cet exposé, nous nous proposons de donner quelques résultats concernant le problème de Cauchy non caractéristique pour des opérateurs différentiels linéaires à coefficients analytiques et à caractéristiques multiples. Ces résultats ont été obtenus par Y. Hamada, J. Leray et Cl. Wagschal dans [5] et ont été précisés ensuite avec J.Cl. de Paris dans [3,4] et indépendamment par H. Komatsu [7].

Indiquons le type de théorèmes auxquels conduisent ces études. On considère un opérateur a(x,D) d'ordre m à coefficients dans l'anneau $\mathbb{R}\{x\}$ des germes de fonctions analytiques à l'origine de $\mathbb{R}^{n+1}$ (les coordonnées d'un point x de $\mathbb{R}^{n+1}$ sont notées $(x^j)_{0\leqslant j\leqslant n}$ et $x' = (x^j)_{1\leqslant j\leqslant n}$) et on considère le problème de Cauchy local

$$(0.1)\qquad \begin{cases} a(x,D)u(x) = v(x), \\ D^h u(x)\big|_S = w_h(x'),\ 0 \leqslant h < m, \end{cases}$$

où S désigne l'hyperplan $x^0 = 0$, supposé non caractéristique, c'est-à-dire

$$(0.2)\qquad g(0;\ 1,0,\ \dots,\ 0) \neq 0,$$

$g(x,\xi)$ désignant le polynôme caractéristique de l'opérateur a(x,D). L'anneau des polynômes à n+1-indéterminées à coefficients dans l'anneau $\mathbb{R}\{x\}$ étant factoriel, on peut décomposer g en facteurs irréductibles

$$g(x,\xi) = \prod_s g_s(x,\xi)^{m_s}, \quad (m_s \geqslant 1);$$

chaque polynôme g_s est homogène, posons

$$d_s = \text{degré } g_s(x,\xi),$$

$$d = \sum_s d_s ,$$

et considérons le polynôme réduit de degré d

$$g_0(x,\xi) = \prod_s g_s(x,\xi).$$

Nous ferons une hypothèse d'hyperbolicité stricte sur le polynôme $g_0(x,\xi)$, à savoir

$$(0.3) \quad \begin{cases} \text{Pour tout } \xi' \in \mathbb{R}^n-\{0\}, \text{ l'équation en } \xi_0,\ g_0(0,\xi_0,\xi') = 0 \\ \text{admet d racines réelles et distinctes.} \end{cases}$$

Dans [5], nous avons établi le

THEOREME 0.1. *Sous les hypothèses* (0.2) *et* (0.3), *si les fonctions* v *et* $(w_h)_{0\leq h<m}$ *sont de classe de Gevrey* α *au voisinage de l'origine avec* $1 \leq \alpha < \alpha_0 = \frac{m_0}{m_0-1}$, $m_0 = \underset{s}{\text{Max}}\ m_s$, *le problème de Cauchy* (0.1) *admet une unique solution de classe de Gevrey* α.

Ce théorème ne nécessite aucune hypothèse sur les termes non principaux de l'opérateur. Des hypothèses supplémentaires sur la structure de la partie non principale permettent de préciser ce théorème, c'est-à-dire permettent d'améliorer la classe de Gevrey limite α_0. En particulier, si l'opérateur vérifie les conditions dites de Lévi, le problème de Cauchy est bien posé dans toute classe de Gevrey, ainsi que dans le $\mathcal{E}^\infty$; plus généralement, on peut faire des hypothèses de Lévi "partielles" ; ces hypothèses s'expriment simplement en terme de décomposition d'opérateur au sens de De Paris.

1. INDICE DE GEVREY ASSOCIE A UN OPERATEUR

On se donne un polynôme homogène $H(x,\xi)$ à n+1-indéterminées à coefficients dans $\mathbb{R}\{x\}$. Si $h(x,D)$ est un opérateur différentiel linéaire à coefficients dans $\mathbb{R}\{x\}$ et de symbole principal $H(x,\xi)$, on sait d'après De Paris ([2, prop. 1]) qu'il existe, pour tout $r \in \{0, \ldots, m\}$ des entiers $\nu_r \in \mathbb{N} \cup \{+\infty\}$ et des opérateurs différentiels linéaires $\ell_r(x,D)$ ($\ell_r \equiv 0$ si $\nu_r = +\infty$) à coefficients dans $\mathbb{R}\{x\}$ et de symbole principal non divisible par H si $\nu_r \in \mathbb{N}$, tels que

$$(1.1)\qquad \begin{cases} a(x,D) = \sum_{r=0}^{m} \ell_r(x,D)h(x,D)^{\nu_r}, \\ \text{ordre } \left(\ell_r h^{\nu_r}\right) = m-r, \quad \text{si } \nu_r \in \mathbb{N}, \end{cases}$$

où l'on convient que $\ell_r h^{\nu_r} \equiv 0$ si $\nu_r = +\infty$.

On constate sur des exemples simples qu'un même opérateur peut admettre plusieurs décompositions de la forme précédente avec des nombres ν_r différents; de plus ces entiers ν_r dépendent du choix de l'opérateur h de symbole principal H. Remarquons cependant que ν_0 est parfaitement déterminé : c'est simplement la multiplicité de H dans le symbole principal de l'opérateur a.

De Paris [2] a introduit une classe d'opérateurs, appelés bien décomposables, qui admettent une décomposition d'une forme particulière. La définition de cette classe utilise fondamentalement le résultat suivant [2, §4] : si l'opérateur $a(x,D)$ admet une décomposition particulière pour laquelle $\nu_r \geqslant \nu_0 - r$, alors ceci est encore vrai pour toute décompsition (quel que soit le choix de $h(x,D)$ de symbole principal $H(x,\xi)$). Un opérateur vérifiant la condition précédente est appelé par De Paris un *opérateur bien décomposable par rapport à* H : ceci signifie que

$$\begin{cases} a(x,D) = \sum_{r=0}^{\nu_0} \ell_r(x,D)h(x,D)^{\nu_0-r}, \\ \text{ordre } (\ell_r h^{\nu_0-r}) \leq m-r, \qquad 0 \leq r \leq \nu_0 , \end{cases}$$

où le symbole principal de ℓ_0 n'est pas divisible par H.

Si l'opérateur a n'est pas bien décomposable par rapport à H, on peut "en extraire" la partie bien décomposable : il suffit d'écrire

$$a = a_0 + b$$

avec

$$a = \sum_{\nu_r \geq \nu_0 - r} \ell_r h^{\nu_r}, \quad b = \sum_{\nu_r < \nu_0 - r} \ell_r h^{\nu_r};$$

l'opérateur a_0 est un opérateur bien décomposable d'ordre $n_0 = m$, la multiplicité α_0 de H dans le symbole principal de a_0 étant égale à ν_0; si n_1 désigne l'ordre de l'opérateur b et α_1 la multiplicité de H dans le symbole principal de b on a

$$n_1 = m - r_1, \quad \text{où} \quad r_1 = \text{Min}\{r;\ \nu_r < \nu_0 - r\} > 1,$$

$$\alpha_1 = \nu_{r_1},$$

d'où $n_1 = n_0 - r_1$ et $\alpha_1 < \alpha_0 - r_1$ et, par conséquent,

$$n_0 > n_1 \qquad \text{et} \qquad n_0 - \alpha_0 < n_1 - \alpha_1 .$$

En répétant le raisonnement précédent, on est conduit à la

<u>PROPOSITION 1.1</u>. *Etant donné un opérateur* a(x,D) *et un polynôme homogène* $H(x,\xi)$, *il existe des entiers* $q \in \mathbb{N}$ *et* $(n_p)_{0 \leq p \leq q}$, $(\alpha_p)_{0 \leq p \leq q}$ *déterminés de façon unique par les conditions suivantes*

(1.1) $$n_0 > n_1 > \ldots n_q \geq 0$$

(1.2) $$n_0 - \alpha_0 < \ldots < n_q - \alpha_q .$$

$$(1.3)\quad \begin{cases} \textit{il existe des opérateurs bien décomposables par rapport à } H \\ (a_j)_{0\leqslant j\leqslant q} \textit{ d'ordre } n_j, \textit{ la multiplicité de } H \textit{ dans le symbole} \\ \textit{principal de } a_j \textit{ valant } \alpha_j \textit{ et tels que } a = \sum_{j=0}^{q} a_j. \end{cases}$$

Nous définirons alors *l'indice de Gevrey* de l'opérateur a relatif à H par

$$(1.4)\qquad \alpha(H) = \begin{cases} \frac{\sigma(H)}{\sigma(H)-1}, & \text{si } q \geqslant 1, \\ +\infty \quad , & \text{si } q = 0, \end{cases}$$

où

$$\sigma(H) = \operatorname*{Max}_{1\leqslant p\leqslant q} \frac{\alpha_0-\alpha_p}{n_0-n_p}, \quad \text{si } q \geqslant 1.$$

Note.- Les trois propriétés "a est bien décomposable par rapport à H", "$q = 0$" et "$\alpha = +\infty$" sont donc équivalentes.

Remarque.- On vérifie facilement que cet indice coïncide avec celui proposé par H. Komatsu [6,7], à savoir

$$\sigma(H) = \operatorname*{Max}_{1\leqslant r\leqslant m} \frac{\nu_0-\nu_r}{r}.$$

Indiquons enfin le résultat suivant :

PROPOSITION 1.2. *On suppose le polynôme* H *irréductible. Si* a *et* b *sont deux opérateurs à coefficients analytiques, on a alors*

$$\alpha(a_\circ b;H) = \mathrm{Min}\,\big(\alpha(a;H),\alpha(b;H)\big).$$

En particulier, un produit d'opérateurs est bien décomposable par rapport à H si, et seulement si, chaque opérateur est bien décomposable par rapport à H; cette propriété généralise une propriété bien connue des polynômes hyperboliques (cf. par exemple [1, (3.11) et (3.12)])

2. RESULTATS

Revenons au problème de Cauchy (0.1); on peut montrer alors que ce problème est bien posé dans les espaces de Gevrey G^{α}, si $1 \leq \alpha \leq \alpha_0$, où

$$\alpha_0 = \operatorname*{Min}_{s} \alpha(g_s).$$

L'analyticité des coefficients permet en fait de faire des hypothèses d'hyperbolicité partielle, notions introduites par J. Leray [8] ; rappelons-les brièvement.

On se donne une sous-variété linéaire T de S de codimension q relativement à S qui, modulo un changement de coordonnées locales, sera prise sous la forme

$$T : x^0 = x^1 = \ldots = x^q = 0, \qquad 1 \leq q \leq n;$$

nous dirons que l'opérateur $a(x,D)$ est *partiellement hyperbolique relativement à* S *modulo* T si, pour tout $\eta = (\eta_1, \ldots, \eta_q) \in \mathbb{R}^q - \{0\}$ l'équation en ξ_0

(2.1) $\quad g_0(0;\xi_0,\eta,0, \ldots, 0) = 0$ admet d racines réelles et distinctes.

En posant $z = (x^{q+1}, \ldots, x^n)$ et en notant $\mathcal{Q}(\Omega;E)$ l'espace des fonctions $\mathbb{R}$-analytiques définies sur un ouvert Ω de $\mathbb{R}^{\ell}$ et à valeurs dans un e.v.t. localement convexe, séparé et complet, on a le

THEOREME 2.1. *On fait l'hypothèse d'hyperbolicité* (2.1) *et on suppose* $1 \leq \alpha < \alpha_0 = \operatorname*{Min}_{s} \alpha(g_s)$.

1. *Soient* Ω^j *des voisinages ouverts de l'origine de* $\mathbb{R}^j$ *(pour* $j = q, q+1, n-q$*); on suppose que les fonctions* $z \to w_h(\cdot,z)$ *et* $z \to v(\cdot,z)$ *appartiennent aux espaces* $\mathcal{Q}(\Omega^{n-q}; G^{\alpha}(\Omega^q))$ *et* $\mathcal{Q}(\Omega^{n-q}; G^{\alpha}(\Omega^{q+1}))$. *Alors, il existe un voisinage ouvert* Ω'^{n+1} *de l'origine de* $\mathbb{R}^{n+1}$ *et une unique solution* $u \in G^{\alpha}(\Omega'^{n+1})$ *du problème de Cauchy* (0.1).

2. *Si q = n, la variable* z *disparaît et les hypothèses précédentes signifient simplement* $w_h \in G^{\alpha}(\Omega^n)$ *et* $v \in G^{\alpha}(\Omega^{n+1})$.

3. *En outre, si* $\alpha_0 = +\infty$, *c'est-à-dire si l'opérateur est bien décomposable par rapport à chaque* g_s, *on peut substituer dans les énoncés qui précèdent, l'espace* $\mathcal{E}^\infty$ *aux espaces de Gevrey* G^α.

Lorsque $q = 1$, on peut apporter des précisions intéressantes au théorème 2.1; en particulier, on peut montrer l'existence d'un domaine d'influence partielle (cf. [5, Remarque 10.3]). Indiquons ici comment se propage la régularité analytique. Pour simplifier, supposons $w \equiv 0$; comme dans le théorème 2.1, on suppose que les fonctions $z \to w_h(\cdot,z)$ appartiennent à l'espace $\mathcal{A}(\Omega^{n-1}; G^\alpha(\Omega^1))$; les fonctions $w_h(x')$ sont donc analytiques par rapport aux variables $(x^2, \ldots, x^n)$ et de classe de Gevrey α par rapport à la variable x^1. Alors, si on note $k^i(x)$, $1 \leqslant i \leqslant d$, les d solutions de l'équation des caractéristiques $g_0(x, \text{grad } k^i(x)) = 0$ vérifiant $k^i(x)\big|_S = x^1$, on peut montrer que la solution du problème de Cauchy est de la forme

$$u(x) = \sum_{i=1}^{d} u^i\big(k^i(x),x\big),$$

où les fonctions $u^i(t,x)$ sont des fonctions analytiques par rapport aux variables $x = (x^0, \ldots, x^n)$ et de classe de Gevrey α par rapport à la variable réelle t. Chacune des fonctions $x \to u^i\big(k^i(x),x\big)$ est donc de classe de Gevrey α (donc u est de classe de Gevrey α) et admet une restriction analytique aux hypersurfaces analytiques $k^i(x) = ct$. En d'autres termes, la fonction u se décompose en une somme de fonctions, chacune d'elles admettant une restriction analytique sur l'une des familles des hypersurfaces caractéristiques issues des hyperplans de S parallèles à T.

3. METHODES

Indiquons dans cet exposé le principe de la démonstration du théorème 2.1 lorsque q = n.

La proposition 1.2 permet de supposer toutes les caractéristiques de même multiplicité, c'est-à-dire $m_s = m_0$, pour tout s : il suffit de chercher la solution du problème de Cauchy de la forme

$$u(x) = \prod_s g_s(x,D)^{m_s}\overline{u}(x).$$

On étudie d'abord le problème de Cauchy avec un second membre identiquement nul ($v \equiv 0$), le cas général s'obtenant ensuite grâce à la méthode de Duhamel. En outre, on peut supposer $\alpha > 1$ (le cas $\alpha = 1$ relevant du théorème de Cauchy-Kowalevski) et les fonctions w_h définies sur $\mathbb{R}^n$ et à support compact.

On utilise alors la méthode de Cauchy de la transformation de Fourier, qui consiste à chercher la solution sous la forme

$$(3.1) \qquad u(x) = \int_{\mathbb{R}^n} \mathcal{U}(\xi',x)d\xi', \quad \xi' = (\xi_1, \ldots, \xi_n),$$

où $\mathcal{U}$ est solution du problème

$$(3.2) \qquad \begin{cases} a(x,D)\mathcal{U}(\xi',x) = 0, \\ D_0^h\mathcal{U}(\xi',x)\big|_S = (2\pi)^{-n/2} \quad e^{i\langle x',\xi'\rangle}\, \hat{w}_h(\xi'), \end{cases}$$

$\hat{w}_h$ désignant la transformée de Fourier de w_h.

L'opérateur a(x,D) étant à coefficients analytiques, l'existence de $\mathcal{U}$ est assurée par le théorème de Cauchy-Kowalevski, mais ceci ne prouve ni l'intégrabilité de la fonction $\xi' \to \mathcal{U}(\xi',x)$, ni que l'éventuelle fonction définie par (3.1) est de classe de Gevrey α. Il s'agit essentiellement d'étudier le comportement de $\mathcal{U}$ quand ξ' tend vers l'infini. Pour faire cette étude, on procède de la façon suivante.

On construit les hypersurfaces caractéristiques issues des hyperplans de S : on note $\xi_0^i(\xi')$, $1 \leqslant i \leqslant d$, les racines de l'équation $g_0(0;\xi_0;\xi') = 0$ et on résoud les problèmes de Cauchy du 1er ordre

$$\begin{cases} g_0\left(x, \operatorname{grad}_x k^i(\theta,x)\right) = 0, \\ k^i(\theta,x)\big|_S = \langle x',\theta\rangle, \\ \operatorname{grad}_x k^i(\theta,x)\big|_{x=o} = \langle \xi_0^i(\theta),\theta\rangle, \end{cases}$$

où $\theta = \frac{\xi'}{\|\xi'\|} \in S^{n-1}$. On cherche alors $\mathcal{U}$ de la forme

$$\mathcal{U}(\xi',x) = \sum_{i=1}^{d} D_t^M \mathcal{U}^i\left(\xi',k^i(\theta,x),x\right), \tag{3.3}$$

où les fonctions inconnues $\mathcal{U}^i(\xi',t,x)$ sont des fonctions de $\xi' \in \mathbb{R}^n$, $t \in \mathbb{R}$, $x \in \mathbb{R}^{n+1}$ et où M est un entier $\geqslant 0$ suffisamment grand.

Il est alors aisé d'écrire des conditions suffisantes sur les fonctions $\mathcal{U}^i$ pour que (3.3) soit effectivement la solution problème (3.2). On utilise en particulier le lemme suivant, qui montre quel est le rôle des opérateurs bien décomposables.

LEMME 3.1. *Soit* $a(x,D)$ *un opérateur d'ordre* n, *bien décomposable par rapport à* H *de multiplicité* α. *Si* $H\left(x, \operatorname{grad} k(x)\right) = 0$, *on a, pour toute fonction* $u(t,x)$,

$$a(x,D)u\left(k(x),x\right) = \sum_{\ell=\alpha}^{n} P_\ell(x,D) D_t^{n-\ell} u(t,x)\Big|_{t=k(x)},$$

où $P_\ell(x,D)$ *est un opérateur différentiel linéaire d'ordre* $\leqslant \ell$ *et* $P_\alpha(x,D)$ *est une équation différentielle d'ordre* α *le long des bicaractéristiques tracées sur les hypersurfaces* $k(x) = $ cte.

On obtient ainsi des équations de la forme suivante (après avoir complexifié les variables $x = \left(x^0, \ldots, x^n\right)$) :

$$(3.4)\quad \begin{cases} D_0^{m_0}\mathcal{U}(t,x) = \sum_{\ell=1}^{N} A_\ell^{m_0}(x,D)D_t^{m_0-\ell}\mathcal{U}(t,x) + \mathcal{W}_{m_0}(t,x), \\ D_0^{h}\mathcal{U}(t,x) - \sum_{\ell=h+1}^{N} A_\ell^{h}(x,D)D_t^{h-\ell}\mathcal{U}(t,x) - \mathcal{W}_h(t,x) = O(x^0),\ 0 \leqslant h < m_0, \end{cases}$$

où

- les données $\mathcal{W}_h$ $(0 \leqslant h \leqslant m_0)$ et l'inconnue $\mathcal{U}$ sont des fonctions d'un paramètre réel t décrivant un intervalle compact I de $\mathbb{R}$ contenant l'origine et des variables complexes $x \in \mathbb{C}^{n+1}$; ces fonctions sont à valeurs dans un espace de Banach complexe F ;

- les opérateurs $A_\ell^h(x,D)$ sont des opérateurs différentiels linéaires, à coefficients holomorphes au voisinage de l'origine de $\mathbb{C}^{n+1}$ à valeurs dans un espace de Banach complexe E ;

- on se donne une application bilinéaire continue $(a,u) \to au$ de E×F dans F, notée multiplicativement, ce qui permet de donner un sens aux équations (3.4) ;

- enfin $D_t^{-j}\mathcal{U}(t,x)$, pour $j \geqslant 0$, désigne la primitive de $\mathcal{U}$ d'ordre j par rapport à t s'annulant j fois pour t = 0.

On a en outre les propriétés suivantes :

$$(3.5)\quad \begin{cases} \text{ordre } (A_\ell^h) \leqslant \ell \text{ , pour tout } \ell \text{ et tout } h, \\ \text{ordre}_{x^0}(A_{m_0}^{m_0}) < m_0, \\ a(\ell) = \text{ordre}(A_\ell^{m_0}) < \ell, \text{ pour } 1 \leqslant \ell < m_0. \end{cases}$$

Note.- Dans ces équations, il n'apparaît plus les paramètres i et ξ' : ces paramètres sont en fait "cachés" dans les espaces E et F qui sont, dans l'application qui est faite du théorème abstrait ci-dessous, des espaces de fonctions en ξ' (cf. [5]).

Posons

$$\alpha_0 = \operatorname*{Min}_{1\leq \ell < m_0} \frac{m_0 - a(\ell)}{m_0 - \ell} \in]1,+\infty] .$$

On a alors le

THEOREME 3.2. *Soit* $1 \leq \alpha < \alpha_0$. *Pour tout voisinage ouvert* $\mathcal{O}$ *de l'origine de* $\mathbb{C}^{n+1}$, *il existe un voisinage ouvert* $\mathcal{O}_1$ *de l'origine de* $\mathbb{C}^{n+1}$ *et un nombre* $\ell_0 > 0$ *tels que, si la longueur de l'intervalle* I *est inférieure à* ℓ_0 et si $\mathcal{W}_h \in \mathcal{H}(\mathcal{O};G^\alpha(I;F))$, *le problème* (3.4) *possède une unique solution* $\mathcal{U} \in \mathcal{H}(\mathcal{O}_1;G^\alpha(I;F))$. *En outre, si* $\alpha_0 = +\infty$, *on peut substituer à l'espace* $G^\alpha(I;F)$, *l'espace* $\mathcal{E}^\infty(I;F)$.

BIBLIOGRAPHIE

[1] M.F. ATIYAH, R. BOTT, L. GARDING.- Lacunas for hyperbolic differential operators with constant coefficients I, Acta Math., 124, 1970, pp. 109 à 189.

[2] J.-Cl. DE PARIS.- Problème de Cauchy oscillatoire pour un opérateur différentiel à caractéristiques multiples; lien avec l'hyperbolicité, J. Math. pures et appl. T. 51, 1972, p. 231 à 256.

[3] J.-Cl. DE PARIS et C. WAGSCHAL.- Problèmes de Cauchy analytique à caractéristiques multiples, C.R. Acad. Sc., Paris, t. 283, Série A, 1976, p. 345 à 348.

[4] J.-Cl. DE PARIS et C. WAGSCHAL.- Problème de Cauchy non caractéristique à données Gevrey pour un opérateur analytique à caractéristiques multiples, J. Math. pures et appl., à paraître.

[5] Y. HAMADA, J. LERAY et C. WAGSCHAL.- Système d'équations aux dérivées partielles à caractéristiques multiples : problème de Cauchy ramifié; hyperbolicité partielle, J. Math. pures et appl., 55, 1976, p. 297 à 352.

[6] H. KOMATSU.- Irregularity of characteristic elements and construction of null-solutions, J. Fac. Sci. Univ. Tokyo, 23, 1976, p. 297 à 342

[7] H. KOMATSU.- Irregularity of characteristic elements and hyperbolicity, Preprint.

[8] J. LERAY.- Opérateurs partiellement hyperboliques, C.R. Acad. Sci., Paris, t. 276, série A, 1973, p. 1685-1687.

Claude WAGSCHAL
LABORATOIRE CENTRAL DES PONTS & CHAUSSEES
58 bld Lefebvre - 75732 PARIS CEDEX 15 (France).